农机电气技术与维修

主　编　吴海东　刘凤波

副主编　岳兴莲　陈　松

参　编　李洪昌　孔晨飞

主　审　徐金德

北京理工大学出版社

BEIJING INSTITUTE OF TECHNOLOGY PRESS

内 容 提 要

本书全面系统地介绍了农机电气系统的结构与工作原理、故障诊断与维修等知识。包括 8 个项目 19 个任务，主要涉及农机电气技术基础认知、农机电气系统认知、农机电源系统维修、农机启动系统维修、发动机点火系统维修、农机辅助电气系统维修、联合收割机电气系统维修、插秧机电气系统维修等内容。全书融合了专业理论和实践技能，将应知、应会的学习内容在"教、学、做"理实一体化的学习情境中展开；内容组织条理清晰、编排循序渐进，通俗易懂，图文并茂，数据翔实。

本书可作为现代农业装备应用技术等相关专业的教材，也可作为应用型本科农业类专业教材，同时可供农业机械修理工与管理人员使用，还可供销售、质检和鉴定人员工作时参考。

图书在版编目(CIP)数据

农机电气技术与维修 / 吴海东，刘凤波主编.--北京：北京理工大学出版社，2022.10

ISBN 978-7-5763-0528-9

Ⅰ.①农… Ⅱ.①吴… ②刘… Ⅲ.①农业机械—电气设备—维修—高等职业教育—教材 Ⅳ.①S232.8

中国版本图书馆CIP数据核字（2021）第212331号

出版发行 / 北京理工大学出版社有限责任公司	
社　　址 / 北京市海淀区中关村南大街 5 号	
邮　　编 / 100081	
电　　话 / （010）68914775（总编室）	
（010）82562903（教材售后服务热线）	
（010）68944723（其他图书服务热线）	
网　　址 / http://www.bitpress.com.cn	
经　　销 / 全国各地新华书店	
印　　刷 / 河北鑫彩博图印刷有限公司	
开　　本 / 787 毫米 ×1092 毫米　1/16	
印　　张 / 21.5	责任编辑 / 阎少华
字　　数 / 572 千字	文案编辑 / 阎少华
版　　次 / 2022 年 10 月第 1 版　2022 年 10 月第 1 次印刷	责任校对 / 周瑞红
定　　价 / 89.00 元	责任印制 / 王美丽

图书出现印装质量问题，请拨打售后服务热线，本社负责调换

　　随着人工智能、大数据、物联网技术飞速发展，新一代信息技术与农机装备深度融合，现代农机技术朝着智能化、网联化方向创新发展。因此，培养满足新技术要求下的创新型、应用型、复合型农业机械化人才显得十分迫切。为了响应国家号召，加强基层农机推广人员岗位技能培养和知识更新，打造一支爱农业、懂技术、善经营的一线农机人才队伍，组织编写了本书。

　　本书充分挖掘岗位、课程、技能竞赛、职业资格证涉及的农机电气技术知识和维修技能，通过对农机电气维修工作过程系统的分析，将隐含在农机电气检修行动体系中的技术规范和工作经验生成为知识点，进一步对岗位实际工作内容进行教学化处理，归纳出了能承载学习和训练内容的工作任务，形成符合学生的认知规律和职业成长规律项目（任务）。本书将理论知识和技能训练有机融合，将爱农、为农、兴农的思政元素融入知识体系，注重培养学生的农机电气技术应用能力和素养，提高学生农机电气维修技能，实现农业实践强责任。

　　本书以我国广大农村农业生产耕、种、收作业中使用的农机机型为基础，系统地介绍了农业机械电气系统的构造、原理、故障诊断与修理等内容。在编写过程中，兼顾到学生的认知规律和接受能力，内容组织条理清晰、编排循序渐进，通俗易懂，图文并茂，数据翔实，配有内容丰富的在线信息资源，便于学生理解掌握。

　　全书包括8个项目19个任务，主要涉及农机电气技术基础认知、农机电气系统认知、农机电源系统维修、农机起动系统维修、发动机点火系统维修、农机辅助电气系统维修、联合收割机电气系统维修、插秧机电气系统维修等内容。本书融合了专业理论和实践技能，将应知、应会的学习在"教、学、做"理实一体化的学习情境中展开，有利于提高学习积极性，做到所教、所学、所用的衔接。本书的章节安排具有模块化的特点，便于各学校、各教师结合自己的教学特点、要求进行教学内容的调整组合。

　　本书是江苏省高等学校重点教材，由常州机电职业技术学院吴海东、辽宁农业职业技

F O R E W O R D

术学院刘凤波担任主编，常州机电职业技术学院岳兴莲、陈松担任副主编，常州机电职业
技术学院李洪昌、江苏常发农业装备公司孔晨飞参与编写。本书由江苏省农机化服务站徐
金德研究员担任主审，在此表示真诚的谢意。

　　由于编者水平有限，经验不足，书中难免有疏漏和不当之处，恳请广大读者批评指正。

编　者

CONTENTS 目录

CONTENTS

CONTENTS

项目1 农机电气技术基础认知

项目描述

本项目的要求是掌握直流电路、正弦交流电路、磁路和变压器、半导体器件及其应用等知识，完成电压和电位的测量、三相负载的星形连接、点火线圈及点火系统电路的检测、二极管(三极管)的识别与检测、整流器的检测等工作任务。

项目目标

1. 掌握电路基本概念、电路基本元件及其伏安特性、直流电路分析计算等知识，提高直流电路分析能力。

2. 掌握正弦交流电路的基本概念，单相交流电路、三相交流电路等知识，提高交流电路分析能力。

3. 掌握磁路和铁磁性材料、磁场基本定律、铁芯线圈和电磁铁、继电器电路、变压器等知识，提高磁路分析能力。

4. 掌握导体的基本知识，半导体二极管、半导体三极管、直流稳压电源等知识，提高简单电子电路分析能力。

5. 了解我国电工电子技术的创新发展史，以及取得的重大成果，增强爱国自豪感和技术自信。

课程思政学习指引

通过介绍我国电工电子技术的创新发展史，强化爱国主义教育，激励学生为国家电工电子技术高质量发展而努力学习。介绍我国自主创新、国际领先、具有特色的电工电子技术，让学生了解我国电工电子技术的辉煌发展史，激发学生爱国自豪感和技术自信。讲述我国电工电子技术创新案例，鼓励学生学好电工电子技术，不断技术创新，为我国电工电子技术发展做出贡献。

任务1　直流电路分析

任务描述

现代农业机械上装备电气化水平越来越高，电器种类日益繁多，控制电路设计得越来越复杂，直流电路是农业机械电气控制系统的基础。学习直流电路的基本知识，是深入学习农业机械电气控制电路及电路元件技术的基础，掌握直流电路的规律和分析方法，才能正确理解和维修农业机械电气控制系统。通过预备知识的学习，完成电压和电位的测量等工作任务。

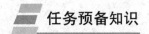

1.1 电路和电路模型

1.1.1 电路的概念

(1)电路及其组成。电路是电流通过的路径。实际电路通常由各种电路实体部件(如电源、电阻器、电感线圈、电容器、变压器、仪表、二极管、三极管等)组成。每一种电路实体部件具有各自不同的电磁特性和功能,按照人们的需要,把相关电路实体部件按一定方式进行组合,就构成了一个个电路。如果某个电路元器件数很多且电路结构较为复杂时,通常又把这些电路称为电网络。

电路的组成

手电筒电路、单个照明灯电路是实际应用中较为简单的电路,而电动机电路、雷达导航设备电路、计算机电路、电视机电路是较为复杂的电路,但无论简单还是复杂,电路的基本组成部分都离不开电源、负载和中间环节三个基本环节。

电源是向电路提供电能的装置。它可以将其他形式的能量,如化学能、热能、机械能、原子能等转换为电能。在电路中,电源是激励,也是激发和产生电流的因素。负载是取用电能的装置,其作用是把电能转换为其他形式的能量(如机械能、热能、光能等)。通常,在生产与生活中经常用到的电灯、电动机、电炉、扬声器等用电设备,都是电路中的负载。中间环节在电路中起着传递电能、分配电能和控制整个电路的作用。最简单的中间环节即开关和连接导线;一个实用电路的中间环节通常还有一些保护和检测装置。复杂的中间环节可以是由许多电路元件组成的网络系统。

在图1-1所示的手电筒照明电路中,电池作为电源,灯作为负载,导线和开关作为中间环节将灯和电池连接起来。

(2)电路的种类及功能。工程应用中的实际电路,按照功能的不同可概括为两大类:一类是完成能量的传输、分配和转换的电路。在图1-1中,电池通过导线将电能传递给灯,灯将电能转化为光能和热能。这类电路的特点是大功率、大电流。另一类是实现对电信号的传递、变换、存储和处理的电路,如图1-2所示是一个扩音机的工作电路。话筒将声音的振动信号转换为电信号,即相应的电压和电流,经过放大处理后,通过电路传递给扬声器,再由扬声器还原为声音。这类电路的特点是小功率、小电流。

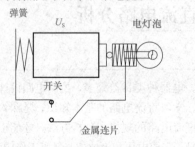

图1-1 手电筒照明实际电路

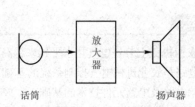

图1-2 扩音机的工作电路

1.1.2　电路模型

实际电路的电磁过程是相当复杂的，难以进行有效的分析和计算。在电路理论中，为了方便在实际电路中的分析和计算，通常在工程实际允许的条件下对实际电路进行模型化处理，即忽略次要因素，抓住足以反映其功能的主要电磁特性，抽象出实际电路器件的"电路模型"。

实际电路与电路模型

如电阻器、灯泡、电炉等，这些电气设备接受电能并将电能转换成光能或热能，光能和热能显然不可能再回到电路中，因此，把这种能量转换过程不可逆的电磁特性称为耗能。这些电气设备除具有耗能的电特性外，还有其他一些电磁特性，但在研究和分析问题时，即使忽略其他电磁特性，也不会影响整个电路的分析和计算。因此，就可以用一个只具有耗能电特性的"电阻元件"作为它们的电路模型。

将实际电路器件理想化而得到的只具有某种单一电磁性质的元件，称为理想电路元件，简称为电路元件。每种电路元件体现某种基本现象，具有某种确定的电磁性质和精确的数学定义。常用的有表示将电能转换为热能的电阻元件、表示电场性质的电容元件、表示磁场性质的电感元件及电压源元件和电流源元件等。其电路元件的符号如图 1-3 所示。后面将分别讲解这些常用的电路元件。

由理想电路元件相互连接组成的电路称为电路模型。例如图 1-1 中，电池对外提供电压的同时，内部也有电阻消耗能量，所以电池用其电动势 E 和内阻 R_0 的串联表示；灯除具有消耗电能的性质（电阻性）外，通电时还会产生磁场，具有电感性。但电感微弱，可忽略不计，于是可认为灯是一电阻元件，用 R 表示。图 1-4 是图 1-1 的电路模型。

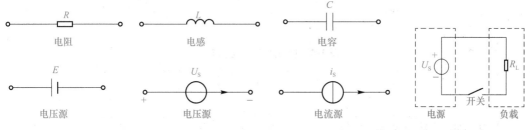

图 1-3　理想电路元件的符号 　　　　 图 1-4　手电筒电路
　　　　　　　　　　　　　　　　　　　　　　　 的电路模型

1.2　电流、电压及其参考方向

电路中的变量是电流和电压。无论是电能的传输和转换，还是信号的传递和处理，都是这两个变量变化的结果，因此，弄清楚电流与电压及其参考方向，对进一步掌握电路的分析与计算是十分重要的。

1.2.1　电流及其参考方向

（1）电流电荷的定向移动形成电流。电流的大小用电流强度来衡量，电流强度也简称为电流。其定义：单位时间内通过导体横截面的电荷量，用公式表示为

$$i=\frac{\mathrm{d}q}{\mathrm{d}t}$$

式中，i 表示随时间变化的电流，$\mathrm{d}q$ 表示在 $\mathrm{d}t$ 时间内通过导体横截面的电量。

在国际单位中，电流的单位为安培，简称安（A）。在实际应用中，大电流用千安培（kA）表示，小电流用毫安培（mA）表示或者用微安培（μA）表示。它们的换算关系为

$$1\text{ kA}=10^{3}\text{A}=10^{6}\text{ mA}=10^{9}\text{μA}$$

在外电场的作用下，正电荷将沿着电场方向运动，而负电荷将逆着电场方向运动（金属导体内是自由电子在电场力的作用下定向移动形成电流），习惯上规定：正电荷运动的方向为电流的正方向。

电流有交流和直流之分，大小和方向都随时间变化的电流称为交流电流；方向不随时间变化的电流称为直流电流；大小和方向都不随时间变化的电流称为稳恒直流。

（2）在电流的参考方向简单的电路中，电流从电源正极流出，经过负载，回到电源负极；在分析复杂电路时，一般难于判断出电流的实际方向，而列方程、进行定量计算时需要对电流有一个约定的方向；对于交流电流，电流的方向随时间改变，无法用一个固定的方向表示，因此引入电流的"参考方向"。

参考方向可以任意设定，如用一个箭头表示某电流的假定正方向，就称之为该电流的参考方向。当电流的实际方向与参考方向一致时，电流的数值就为正值（即 $i>0$），如图 1-5(a)所示；当电流的实际方向与参考方向相反时，电流的数值就为负值（即 $i<0$），如图 1-5(b)所示；需要注意的是，未规定电流的参考方向时，电流的正负没有任何意义，如图 1-5(c)所示。

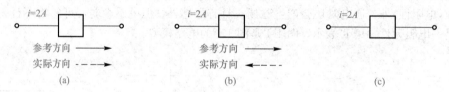

图 1-5　电流及其参考方向
(a)实际方向与参考方向一致；(b)实际方向与参考方向相反；(c)未规定电流的参考方向

1.2.2　电压及其参考方向

（1）电压。如图 1-6 所示的闭合电路，在电场力的作用下，正电荷要从电源正极 a 经过导线和负载流向负极 b（实际上是带负电的电子由负极 b 经负载流向正极 a），形成电流，而电场力就对电荷做了功。

电场力把单位正电荷从 a 点经外电路（电源以外的电路）移送到 b 点所做的功，叫作 a、b 两点之间的电压，记作 U_{ab}。因此，电压是衡量电场力做功本领大小的物理量。

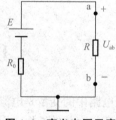

图 1-6　定义电压示意

若电场力将正电荷 $\mathrm{d}q$ 从 a 点经外电路移送到 b 点所做的功是 $\mathrm{d}w$，则 a、b 两点间的电压为

$$U_{ab}=\frac{\mathrm{d}w}{\mathrm{d}q}$$

在国际制单位中，电压的单位为伏特，简称伏（V）。实际应用中，大电压用千伏（kV）表示，小电压用毫伏（mV）表示或者用微伏（μV）表示。它们的换算关系为

$$1\text{ kV}=10^{3}\text{V}=10^{5}\text{mV}=10^{9}\text{μV}$$

电压的方向规定为从高电位指向低电位，在电路图中可用箭头表示。

（2）电压的参考方向。在比较复杂的电路中，往往不能事先知道电路中任意两点间的电压，为了分析和计算的方便，与电流的方向规定类似，在分析和计算电路之前必须对电压标以极性（正号、负号），或标以方向（箭头），这种标法是假定的参考方向，如图1-7所示。如果采用双下标标记时，电压的参考方向意味着从前一个下标指向后一个下标，图1-7所示元件两端电压记作u_{ab}；若电压参考方向选b点指向a点，则应写成u_{ba}，两者仅差一个负号，即$u_{ab}=-u_{ba}$。

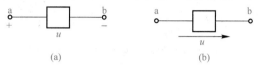

(a)   (b)

图1-7 电压参考方向的表示方法

(a)电压标以极性；(b)电压标以方向

分析求解电路时，先按选定的电压参考方向进行分析、计算，再由计算结果中电压值的正负来判断电压的实际方向与任意选定的电压参考方向是否一致；即电压值为正，则实际方向与参考方向相同，电压值为负，则实际方向与参考方向相反。

1.2.3 电位的概念及其分析和计算

为了分析问题方便，常在电路中指定一点作为参考点，假定该点的电位是零，用符号"⊥"表示。在生产实践中，把地球作为零电位点，凡是机壳接地的设备（接地符号是"⊥"），机壳电位即零电位。有些设备或装置，机壳并不接地，而是把许多元件的公共点作为零电位点，用符号"⊥"表示。

电路中其他各点相对于参考点的电压即各点的电位，因此，任意两点间的电压等于这两点的电位之差，可以用电位的高低来衡量电路中某点电场能量的大小。

电路中各点电位的高低是相对的，参考点不同，各点电位的高低也不同，但是电路中任意两点之间的电压与参考点的选择无关。电路中，凡是比参考点电位高的各点电位是正电位，比参考点电位低的各点电位是负电位。

【例1-1】 求图1-8中a点的电位。

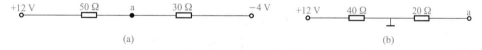

(a)   (b)

图1-8 例1-1电路

解：对于图1-8(a)有

$$U_a=-4+\frac{30}{50+30}\times(12+4)=2(V)$$

对于图1-8(b)，因20 Ω电阻中电流为零，故

$$U_a=0$$

【例1-2】 电路如图1-9所示，求开关S断开和闭合时A、B两点的电位U_A、U_B。

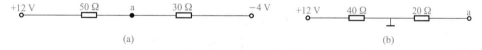

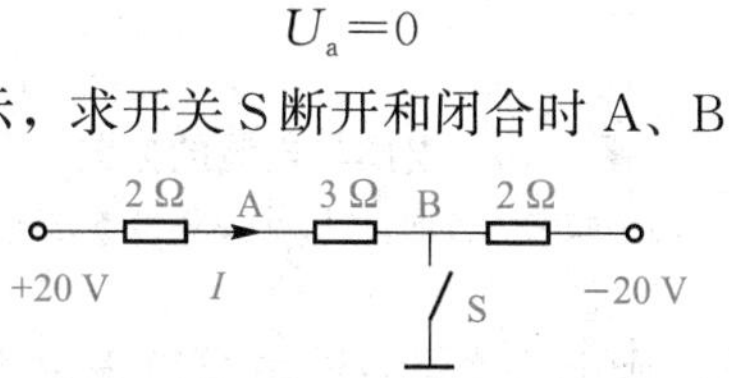

图1-9 例1-2电路

解：设电路中电流为 I，如图 1-9 所示。

开关 S 断开时：

$$I=\frac{20-(-20)}{2+3+2}=\frac{40}{7}(\text{A})$$

因为

$$20-U_A=2I$$

所以

$$U_A=20-2I=20-2\times\frac{40}{7}=\frac{60}{7}(\text{V})$$

同理

$$U_B=20-(2+3)I=20-5\times\frac{40}{7}=-\frac{60}{7}(\text{V})$$

开关 S 闭合时：

$$I=\frac{20-0}{2+3}=4(\text{A})$$

$$U_A=3I=3\times4=12(\text{V})$$

$$U_B=0\ \text{V}$$

1.3 电功率及电能的概念

1.3.1 电功率

电流通过电路时传输或转换电能的速率，即单位时间内电场力所做的功，称为电功率，简称功率。数学描述为

$$p=\frac{\mathrm{d}w}{\mathrm{d}t}$$

其中，p 表示功率。国际单位制中，功率的单位是瓦特（W），规定元件 1 s 内提供或消耗 1 J 能量时的功率为 1 W。常用的功率单位还有千瓦（kW），1 kW=1 000 W。

功率与电流、
电压的关系

将上式等号右边分子、分母同乘以 $\mathrm{d}q$ 后，变为

$$p=\frac{\mathrm{d}w}{\mathrm{d}t}=\frac{\mathrm{d}w}{\mathrm{d}q}\times\frac{\mathrm{d}q}{\mathrm{d}t}=ui$$

可见，元件吸收或发出的功率等于元件上的电压乘以元件上的电流。

为了便于识别与计算，对同一元件或同一段电路，往往把它们的电流和电压参考方向选为一致，这种情况称为关联参考方向，如图 1-10(a) 所示。如果两者的参考方向相反则称为非关联参考方向，如图 1-10(b) 所示。

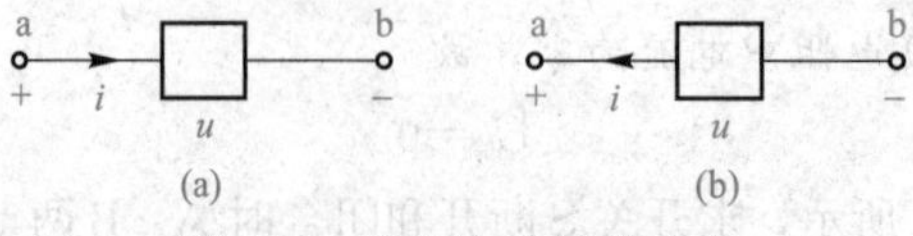

图 1-10　电压与电流的方向
(a)关联参考方向；(b)非关联参考方向

有了参考方向与关联的概念，则电功率计算式就可以表示为两种形式：第一种是当 u、i 为关联参考方向时 $p=ui$（直流功率 $P=UI$）；第二种是当 u、i 为非关联参考方向时 $p=-ui$（直流

功率 $P=-UI$）。

无论关联与否，只要计算结果 $p>0$，则该元件就是在吸收功率，即消耗功率，该元件是负载；若 $p<0$，则该元件是在发出功率，即产生功率，该元件是电源。

根据能量守恒定律，对一个完整的电路，发出功率的总和应正好等于吸收功率的总和。

【例 1-3】 计算图 1-11 中各元件的功率，指出是吸收还是发出功率，并求整个电路的功率。已知电路为直流电路，$U_1=4\ \text{V}$，$U_2=-8\ \text{V}$，$U_3=6\ \text{V}$，$I=2\ \text{A}$。

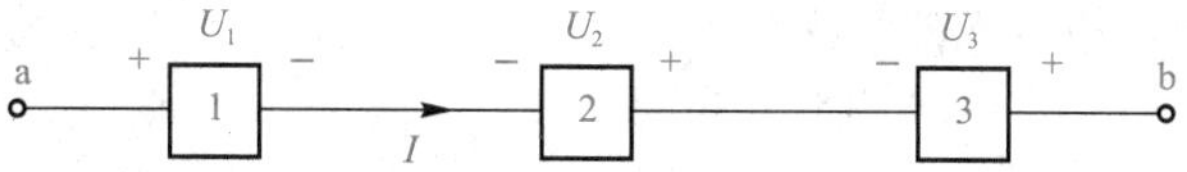

图 1-11　例 1-3 电路

解： 在图 1-11 中，元件 1 电压与电流为关联参考方向，得

$$P_1=U_1I=4\times2=8(\text{W})$$

故元件 1 吸收功率。

元件 2 和元件 3 电压与电流为非关联参考方向，得

$$P_2=-U_2I=-(-8)\times2=16(\text{W})$$

$$P_3=-U_3I=-6\times2=-12(\text{W})$$

故元件 2 吸收功率，元件 3 发出功率。

整个电路功率为

$$P=P_1+P_2+P_3=8+16-12=12(\text{W})$$

本例中，元件 1 和元件 2 的电压与电流实际方向相同，二者吸收功率；元件 3 的电压与电流实际方向相反，发出功率。由此可见，当电压与电流实际方向相同时，电路一定是吸收功率，反之则是发出功率。在实际电路中，电阻元件的电压与电流的实际方向总是一致的，说明电阻总在消耗能量；而电源则不然，其功率可能为正也可能为负，这说明它可能作为电源提供电能，也可能被充电，吸收功率。

1.3.2　电能

电路在一段时间内消耗或提供的能量称为电能。电路元件在 t_0 到 t 时间内消耗或提供的能量为

$$W=\int_{t_0}^{t}p\,\mathrm{d}t$$

直流时：$W=P(t-t_0)$。

在国际单位制中，电能的单位是焦耳(J)。1 J 等于 1 W 的用电设备在 1 s 内消耗的电能。通常电业部门用"度"作为单位测量用户消耗的电能，"度"是千瓦时(kW·h)的简称。1 度(或 1 kW·h)电等于功率为 1 kW 的元件在 1 h 内消耗的电能。即：1 度=1 kW·h=10^3 W×3 600 s=3.6×10^6 J。

如果通过元件的实际电流过大，会由于温度升高使元件的绝缘材料损坏，甚至使导体熔化；如果电压过大，会使绝缘材料击穿，所以必须加以限制。

电气设备或元件长期正常运行的电流容许值称为额定电流，其长期正常运行的电压容许值称为额定电压；额定电压和额定电流的乘积为额定功率。通常，电气设备或元件的额定值标在产品的铭牌上。如一白炽灯标有"220 V、40 W"，表示它的额定电压为 220 V，额定功率为 40 W。

1.4 电阻元件、电感元件和电容元件

电阻元件、电感元件、电容元件都是理想的电路元件，它们均不发出电能，称为无源元件。它们有线性和非线性之分，线性元件的参数为常数，与所施加的电压和电流无关。这里主要分析讨论线性电阻、电感、电容元件的特性。

1.4.1 电阻元件

电阻是一种最常见的、用于反映电流热效应的二端电路元件。电阻元件可分为线性电阻和非线性电阻两类。如无特殊说明，本书所称电阻元件均指线性电阻元件。在实际交流电路中，像白炽灯、电阻炉、电烙铁等，均可看成是线性电阻元件。图1-12(a)是线性电阻的符号，在电压、电流关联参考方向下，其端钮伏安关系为

实电阻测量

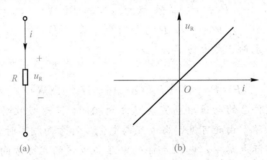

图 1-12 电阻元件及其伏安特性曲线

(a)电阻元件；(b)伏安特性曲线

$$u = Ri$$

式中，R 为常数，用来表示电阻及其数值。

上式表明，凡是服从欧姆定律的元件即是线性电阻元件。图1-12(b)为它的伏安特性曲线。若电压、电流在非关联参考方向下，伏安关系应写成：

$$u = -Ri$$

在国际单位制中，电阻的单位是欧姆(Ω)，规定当电阻电压为 1 V、电流为 1 A 时的电阻值为 1 Ω。另外，电阻的单位还有千欧(kΩ)、兆欧(MΩ)。电阻的倒数称为电导，用符号G表示，即：

$$G = \frac{1}{R}$$

电导的单位是西门子(S)，或1/欧姆(1/Ω)。

电阻是一种耗能元件。当电阻通过电流时会发生电能转换为热能的过程。而热能向周围扩散后，不可能再直接回到电源而转换为电能。电阻所吸收并消耗的电功率计算得到：

$$p = ui = i^2 R = \frac{u^2}{R}$$

一般地，电路消耗或发出的电能可由以下公式计算：

$$W = \int_{t_0}^{t} ui \, dt$$

在直流电路中：

$$P=UI=I^2R=\frac{U^2}{R}$$

$$W=UI(t-t_0)$$

1.4.2 电感元件

电感元件是实际的电感线圈，即电路元件内部所含电感效应的抽象，它能够存储和释放磁场能量。空心电感线圈常可抽象为线性电感，用图 1-13 所示的符号表示。

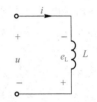

其中

$$u=-e_{\mathrm{L}}=L\frac{\mathrm{d}i}{\mathrm{d}t}$$

上式表明，电感元件上任一瞬间的电压大小，与这一瞬间电流对时间的变化率成正比。如果电感元件中通过的是直流电流，因电流的大小不变，即 $\mathrm{d}i/\mathrm{d}t=0$，那么电感上的电压就为零，所以电感元件对直流可视为短路。

在关联参考方向下，电感元件吸收的功率为

$$p=ui=Li\frac{\mathrm{d}i}{\mathrm{d}t}$$

图 1-13 电感元件

电感测量

则电感线圈在 $0\sim t$ 时间内，线圈中的电流由 0 变化到 I 时，吸收的能量为

$$W=\int_0^t p\mathrm{d}t=\int_0^I Li\,\mathrm{d}i=\frac{1}{2}LI^2$$

即电感元件在一段时间内存储的能量与其电流的平方成正比。当通过电感的电流增加时，电感元件就将电能转换为磁能并存储在磁场中；当通过电感的电流减小时，电感元件就将存储的磁能转换为电能释放给电源。所以，电感是一种储能元件，它以磁场能量的形式储能，同时电感元件也不会释放出多余其吸收或存储的能量，因此它是一个无源的储能元件。

1.4.3 电容元件

电容器种类很多，但从结构上都可看成是由中间夹有绝缘材料的两块金属极板构成的。电容元件是实际的电容器，即电路器件的电容效应的抽象，用于反映带电导体周围存在电场，能够存储和释放电场能量的理想化的电路元件。它的符号及规定的电压和电流参考方向，如图 1-14 所示。

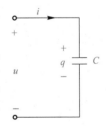

当电容接上交流电压 u 时，电容器不断被充电、放电，极板上的电荷也随之变化，电路中出现了电荷的移动，形成电流 i。若 u、i 为关联参考方向，则有

$$i=\frac{\mathrm{d}q}{\mathrm{d}t}=C\frac{\mathrm{d}u}{\mathrm{d}t}$$

图 1-14 电容元件

上式表明，电容器的电流与电压对时间的变化率成正比。如果电容器两端加直流电压，因电压的大小不变，即 $\mathrm{d}u/\mathrm{d}t=0$，那么电容器的电流就为零，所以，电容元件对直流可视为断路，因此电容具有"隔直通交"的作用。

在关联参考方向下，电容元件吸收的功率为

$$p=ui=uC\frac{\mathrm{d}u}{\mathrm{d}t}=Cu\frac{\mathrm{d}u}{\mathrm{d}t}$$

电容测量

则电容器在 $0 \sim t$ 时间内，其两端电压由 0 V 增大到 U 时，吸收的能量为

$$W = \int_0^t p \, dt = \int_0^U Cu \, du = \frac{1}{2} CU^2$$

上式表明，对于同一个电容元件，当电场电压高时，它存储的能量就多；对于不同的电容元件，当充电电压一定时，电容量大的存储的能量多。从这个意义上说，电容 C 也是电容元件储能本领大小的标志。

当电压的绝对值增大时，电容元件吸收能量，并转换为电场能量；电压减小时，电容元件释放电场能量。电容元件本身不消耗能量，同时，也不会放出多余其吸收或存储的能量，因此，电容元件也是一种无源的储能元件。

1.5　独立电源和受控电源

在组成电路的各种元件中，电源是提供电能或电信号的元件，常称为有源元件，如发电机、电池和集成运算放大器等。电源中，能够独立地向外电路提供电能的电源，称为独立电源；不能向外电路提供电能的电源称为非独立电源，又称为受控源。本节介绍独立电源，它包括电压源和电流源。

1.5.1　独立电源

一个电源可用两种不同的电路模型表示。用电压形式表示的称为电压源；用电流形式表示的称为电流源。

(1)电压源。理想电压源是实际电源的一种抽象。它的端钮电压总能保持某一恒定值或时间函数值，而与通过它们的电流无关，也称为恒压源。图 1-15(a)所示为理想电压源的一般电路符号，图 1-15(b)所示为理想电源符号，专指理想直流电压源。理想电压源的伏安特性可写为 $u = u_S(t)$。

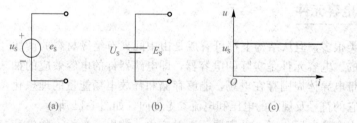

(a)　　　　　　(b)　　　　　　(c)

图 1-15　理想电压源

(a)理想电压源符号；(b)理想电源符号；(c)理想电压源的伏安特性曲线

理想电压源的电流是任意的，与电压源的负载(外电路)状态有关。图 1-15(c)所示为理想电压源的伏安特性曲线。

实际的电源总是有内部消耗的，只是内部消耗通常都很小，因此可以用一个理想的电压源元件与一个阻值较小的电阻(内阻)串联组合来等效，如图 1-16(a)所示的虚线部分。

电压源两端接上负载 R_L 后，负载上就有电流 i 和电压 u，分别称为输出电流和输出电压。在图 1-16(a)中，电压源的外特性方程为

$$u = u_S - iR_0$$

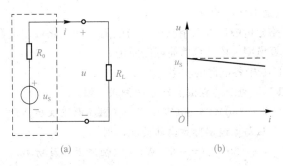

(a)   (b)

图 1-16　实际电压源及其外部特性曲线

(a)实际电压源；(b)外部特性曲线

由此可画出电压源的外部特性曲线，如图 1-16(b)所示的实线部分，它是一条具有一定斜率的直线段，因内阻很小，所以外特性曲线较平坦。

电压源不接外电路时，电流总等于零值，这种情况称为"电压源处于开路"。当 $u_S(t)=0$ 时，电压源的伏安特性曲线为 u-i 平面上的电流轴，输出电压等于零，这种情况称为"电压源处于短路"，实际中是不允许发生的。

(2)电流源。理想电流源也是实际电源的一种抽象。它提供的电流总能保持恒定值或时间函数值，而与它两端所加的电压无关，也称为恒流源。如图 1-17(a)所示为理想电流源的一般电路符号。理想电流源的伏安特性可写为

$$i=i_S(t)$$

理想电流源两端所加电压是任意的，与电流源的负载(外电路)状态有关。图 1-17(b)为理想电流源的伏安特性曲线。

实际的电源总是有内部消耗的，只是内部消耗通常都很小，因此可以用一个理想的电流源元件与一个阻值很大的电阻(内阻)并联组合来等效，如图 1-18(a)所示的虚线部分。

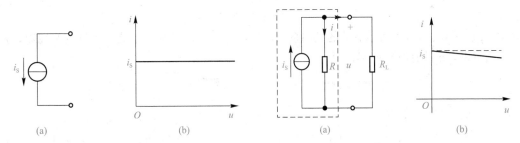

(a)   (b)   (a)   (b)

图 1-17　理想电流源　　　　　　**图 1-18　实际电流源及其外部特性曲线**

(a)理想电流源符号；(b)理想电流源的伏安特性曲线　　(a)实际电流源；(b)外部特性曲线

电压流两端接上负载 R_L 后，负载上就有电流 i 和电压 u，分别称为输出电流和输出电压。在图 1-18(a)中，电压源的外特性方程为

$$i=i_S-\frac{u}{R_0}$$

由此可画出电流源的外部特性曲线，如图 1-18(b)所示的实线部分，它是一条具有一定斜率的直线段，因内阻很大，所以外特性曲线较平坦。

电流源两端短路时，端电压等于零值，$i(t)=i_S(t)$，即电流源的电流为短路电流。当 $i_S(t)=0$ 时，电流源的伏安特性曲线为 u-i 平面上的电压轴，相当于"电流源处于开路"，实际中"电流源

开路"是没有意义的，也是不允许的。

一个实际电源在电路分析中，可以用电压源与电阻串联电路或电流源与电阻并联电路的模型表示，采用哪一种计算模型，依计算繁简程度而定。

【例 1-4】 计算图 1-19 中各电源的功率。

解：对 30 V 的电压源，电压与电流实际方向关联，则

$$P_{Us}=30\times2=60(W) \qquad （恒压源吸收功率）$$

对 2 A 的电流源，电压与电流实际方向非关联，则

$$P_{Is}=-(30\times2)=-60(W) \qquad （恒流源释放功率）$$

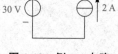

图 1-19　例 1-4 电路

1.5.2　受控电源

发电机和电池等类型的电源，因能独立地为电路提供能量，所以被称为独立电源。而有些电路元件，如晶体管、运算放大器、集成电路等，虽不能独立地为电路提供能量，但在其他信号控制下仍然可以提供一定的电压或电流，这类元件可以用受控电源模型来模拟。受控电源的输出电压或电流，与控制它们的电压或电流之间有正比关系时，称为线性受控源。受控电源是一个二端口元件，由一对输入端钮施加控制量，称为输入端口；一对输出端钮对外提供电压或电流，称为输出端口。

按照受控变量的不同，受控电源可分为电压控制的电压源（VCVS）、电压控制的电流源（VCCS）、电流控制的电压源（CCVS）和电流控制的电流源（CCCS）四类。

为区别于独立电源，用菱形符号表示其电源部分，以 u、i 表示控制电压、控制电流，则四种电源的电路符号如图 1-20 所示。四种受控源的端钮伏安关系，即控制关系为

$$VCVS：u_1=\mu u$$
$$CCVS：u_1=\gamma i$$
$$VCCS：i_1=gu$$
$$CCCS：i_1=\beta i$$

式中，μ、γ、g、β 分别表示有关的控制系数，且均为常数，其中 μ、β 是没有量纲的纯数，γ 具有电阻量纲，g 具有电导量纲。

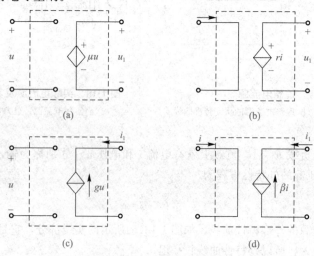

图 1-20　理想受控电源模型

(a)VCVS；(b)CCVS；(c)VCCS；(d)CCCS

受控电压源输出的电压及受控电流源输出的电流，在控制系数、控制电压和控制电流不变的情况下，都是恒定的或是一定的时间函数。

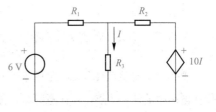

图 1-21　含有受控源的电路

注意：判断电路中受控电源的类型时，应看它的符号形式，而不应以它的控制量作为判断依据。图 1-21 所示电路中，由符号形式可知，电路中的受控电源为电流控制电压源，大小为 $10I$，其单位为伏特而非安培。

【例 1-5】 图 1-22 电路中 $I=5$ A，求各个元件的功率并判断电路中的功率是否平衡。

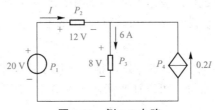

图 1-22　例 1-5 电路

解：

$$P_1=-20\times5=-100(\text{W})\qquad \text{发出功率}$$
$$P_2=-12\times5=-60(\text{W})\qquad \text{消耗功率}$$
$$P_3=8\times6=48(\text{W})\qquad \text{消耗功率}$$
$$P_4=-8\times0.2I=-8\times0.2\times5=-8(\text{W})\qquad \text{发出功率}$$
$$P_1+P_4+P_2+P_3=0\qquad \text{电路中功率平衡}$$

1.6　基尔霍夫基本定律

在电路分析计算中，其依据来源于两种电路规律，一种是各类理想电路元件的伏安特性，这一点取决于元件本身的电磁性质，即各元件的伏安关系，与电路联结状况无关；另一种是与电路的结构及联结状况有关的定律，而与组成电路的元件性质无关。基尔霍夫定律就是表达电压、电流在结构方面的规律和关系的。

1.6.1　常用电路术语

基尔霍夫定律是与电路结构有关的定律。在研究基尔霍夫定律之前，先介绍几个有关的常用电路术语。

(1)支路任意两个节点之间无分叉的分支电路称为支路。如图 1-23 中的 bafe 支路、be 支路、bcde 支路。

(2)节点电路中，三条或三条以上支路的汇交点称为节点。如图 1-23 中的 b 点、e 点。

(3)回路电路中由若干条支路构成的任一闭合路径称为回路。如图 1-23 中 abefa 回路、bcdeb 回路、abcdefa 回路。

(4)网孔不围任何支路的单孔回路称为网孔。如图 1-23 中 abefa 回路和 bcdeb 回路都是网孔，而 abcdefa 回路不是网孔。网孔一定是回路，而回路不一定是网孔。

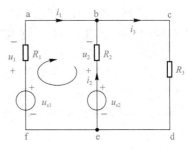

图 1-23　电路举例

1.6.2 基尔霍夫电流定律

基尔霍夫电流定律(KCL)是用来反映电路中任意节点上各支路电流之间关系的。其内容为对于任何电路中的任意节点，在任意时刻，流过该节点的电流之和恒等于零。其数学表达式为 $\sum i = 0$。

如果选定电流流出节点为正，流入节点为负，如图 1-23 所示的 b 节点，有 $-i_1 - i_2 + i_3 = 0$ 将上式变换得：$i_1 + i_2 = i_3$。

所以，基尔霍夫电流定律还可以表述：对于电路中的任意节点，在任意时刻，流入该节点的电流总和等于从该节点流出的电流总和。即 $\sum i_I = \sum i_o$。

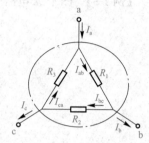

KCL 不仅适用于电路中的任一节点，还可推广应用于广义节点，即包围部分电路的任一闭合面。可以证明流入或流出任一闭合面电流的代数和为 0。

在图 1-24 中，对于虚线所包围的闭合面，可以证明有如下关系：$I_a - I_b + i_c = 0$。

图 1-24　广义节点

基尔霍夫电流定律是电路中连接到任一节点的各支路电流必须遵守的约束，而与各支路上的元件性质无关。这一定律对于任何电路都普遍适用。

1.6.3 基尔霍夫电压定律

基尔霍夫电压定律(KVL)是反映电路中各支路电压之间关系的定律。可表述为对于任何电路中任一回路，在任一时刻，沿着一定的循行方向(顺时针方向或逆时针方向)绕行一周，各段电压的代数和恒为零。其数学表达式为 $\sum u = 0$。

如图 1-23 所示的闭合回路中，沿 abefa 顺序绕行一周，则有 $-u_{s1} + u_1 - u_2 + u_{s2} = 0$。式中，$u_{s1}$ 之前之所以加负号，是因为按规定的循行方向，由电源负极到正极，属于电位升；u_2 的参考方向与 i_2 相同，与循行方向相反，所以也是电位升。u_1 和 u_{s2} 与循行方向相同，是电位降。当然，各电压本身还存在数值的正负问题，这是需要注意的。

由于 $u_1 = R_1 i_1$ 和 $u_2 = R_2 i_2$，代入上式有 $-u_{s1} + R_1 i_1 + u_{s2} = 0$ 或 $R_1 i_1 - R_2 i_2 = u_{s1} - u_{s2}$。

这时，基尔霍夫电压定律可表述为对于电路中任一回路，在任一时刻，沿着一定的循行方向(顺时针方向或逆时针方向)绕行一周，电阻元件上电压降之和恒等于电源电压升之和。其表达式为 $\sum Ri = \sum u_s$。

按上式列回路电压平衡方程式时，当绕行方向与电流方向一致时，则该电阻上的电压取"＋"，否则取"－"；当从电源负极循行到正极时，该电源参数取"＋"，否则取"－"。

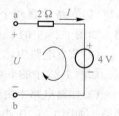

注意应用 KVL 时，首先要标出电路各部分的电流、电压或电动势的参考方向。列电压方程时，一般约定电阻的电流方向和电压方向一致。

KVL 不仅适用于闭合电路，还可推广到开口电路。图 1-25 中，$U = 2I + 4$。

图 1-25　开口电路

【例 1-6】　在图 1-26 中 $I_1 = 3$ mA，$I_2 = 1$ mA。试确定电路元件 3 中的电流 I_3 和其两端电压 U_{ab}，并说明它是电源还是负载。

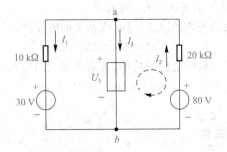

图 1-26 例 1-6 电路

解：根据 KCL，对于节点 a 有：

$$I_1 - I_2 + I_3 = 0$$

代入数值得：

$$(3 - 1) + I_3 = 0$$
$$I_3 = -2 \text{ mA}$$

根据 KVL 和图 1-26 右侧网孔所示绕行方向，可列写回路的电压平衡方程式为

$$-U_{ab} - 20I_2 + 80 = 0$$

代入 $I_2 = 1$ mA 数值，得：

$$U_{ab} = 60 \text{ V}$$

显然，元件 3 两端电压和流过它的电流实际方向相反，是产生功率的元件，即使电源。

1.7　电路的工作状态

根据电源与负载之间的连接方式不同，电路有通路(负载)、开路(空载)和短路三种不同的工作状态，这三种工作状态各有其用处。

1.7.1　通路(负载)状态

在图 1-27 所示的电路中，若将开关闭合，电源则向负载 R_L 提供电流，负载 R_L 处于开路工作状态，这时电路为通路状态，也即负载状态。电路有如下几个特征：

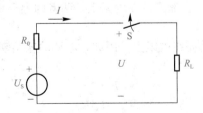

图 1-27　电路工作状态

(1)电路中的电流为

$$I = \frac{U_S}{R_L + R_0}$$

式中，当 U_S 与 R_0 一定时，I 的值取决于 R_L 的大小。

(2)电源的端电压等于负载两端的电压(忽略线路上的电压降)，即

$$U = U_S - IR_0$$

(3)电源输出的功率等于负载所消耗的功率(忽略线路上的损失)，即

$$P_S = I^2R_L + I^2R_0$$

1.7.2　开路(空载)状态

在图 1-27 所示的电路中，若将开关断开，由于电路没有接上负载，故也称为空载状态。电路空载时，外电路的电阻可视为无穷大。电路有如下几个特征：

(1)电路中的电流为零，即

$$I = 0$$

(2)电源的端电压为开路电压 U_0，并且有

$$U = U_0 = U_S - IR_0 = U_S$$

(3)电源对外电路不输出电流，所以有

$$P = 0$$

1.7.3　短路状态

在图 1-28 所示的电路中，由于某种原因使电源两端直接搭接时，电源被直接短路，称为短路状态。

当电源被短路时，外电路的电阻可视为 0，这时电路具有如下特征：

(1)电源中的电流最大，但对外电路的输出电流为0，即

$$I = I_S = \frac{U_S}{R_0}$$

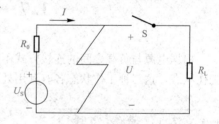

图 1-28　电路短路状态

式中　I_S——短路电流。因为一般电源内阻 R_0 很小，所以 I_S 很大。

(2)电源和负载的端电压均为 0，即

$$U = 0$$

上式表明，电源的恒定电压全部降落在内阻上，两者的大小相等，方向相反，因此无输出电压。

(3)电源输出的功率全部消耗在内阻上，因此，电源的输出功率和负载所消耗的功率均为0，即

$$P = 0$$
$$P_S = I_S{}^2R_0$$

由于电源输出的功率全部消耗在内阻上，因而会使电源发热以致损坏。所以，在实际工作中，应经常检查电气设备和线路的绝缘情况，以防电源被短路的事故发生。另外，通常还在电路中接入熔断器等保护装置，以便在发生短路时能迅速切断电路，达到保护电源、电路及电气设备的目的。

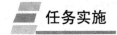

测量电路的电压和电位

1.1.1 实验目的

(1)用实验证明电路中电位的相对性、电压的绝对性。
(2)掌握电路电位图的绘制方法。

1.1.2 原理说明

在一个确定的闭合电路中，各点电位的高低视所选电位参考点的不同而改变，但任意两点间的电位差(即电压)是绝对的，它不因参考点电位的变动而改变。据此性质，可用一只电压表来测量出电路中各点的电位及任意两点间的电压。

若以电路中的电位值作纵坐标，电路中各点位置(电阻)作横坐标，将测量到的各点电位在该坐标平面中标出，并把标出点按顺序用直线条相连接，就可得到电路的电位变化图。每一段直线段即表示该两点间电位的变化情况。

在电路中参考电位点可任意选定，对于不同的参考点，所绘制出的电位图形是不同的，但其各点电位变化的规律却是一样的。在作电位图或实验测量时必须正确区分电位和电压的高低，按照惯例，以电流方向上的电压降为正，所以，在用电压表测量时，若仪表指针正向偏转，则说明电表正极的电位高于负极的电位。

电路电位图的绘制方法：电路中各点位置作横坐标，各点对应电位作纵坐标，将各点电位标记于坐标中，并用线段按顺序相连，即得到电路电位变化图。

1.1.3 实验设备

(1)试验箱1台。
(2)数字万用表1台。

1.1.4 实验内容

实验线路如图1-29所示。

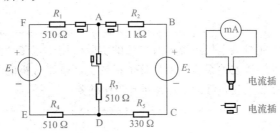

图 1-29 实验线路

(1)分别将两路直流稳压电源(E_1 为 +6 V、+12 V 切换电源；E_2 为 0~+30 V 可调电源）接入电路，令 $E_1=6$ V，$E_2=12$ V。

(2)以图 1-29 中 A 为参考点，分别测量 B、C、D、E、F 各点的电位值 Φ 及相邻两点之间的电压值 U_{AB}、U_{BC}、U_{CD}、U_{DE}、U_{EF}、U_{FA}，填入表 1-1 中。

(3)以 D 点为参考点，重复实验内容(2)的步骤，测得数据填入表 1-1。

表 1-1 数据列表

电位参考点	Φ/U 方式	Φ_A	Φ_B	Φ_C	Φ_D	Φ_E	Φ_F	U_{AB}	U_{BC}	U_{CD}	U_{DE}	U_{EF}	U_{FA}
A	计算值												
	测量值												
	相对误差												
D	计算值												
	测量值												
	相对误差												

1.1.5 实验注意事项

(1)实验线路板系多个实验通用，本次实验中不使用电流插头和插座。

(2)测量电位时，用万用表的直流电压挡或用数字直流电压表测量时，用负表棒(黑色)接参考电位点，用正表棒(红色)接被测各点，若指针正向偏转或显示正值，则表明该点电位为正(即高于参考点电位)；若指针反向偏转或显示负值，此时应调换万用表的表棒，然后读出数值，此时在电位值之前应加一负号(表明该点电位参考点电位)。

任务 2　正弦交流电路分析

任务描述

正弦交流电路在农业机械电气系统中有广泛的实际应用，正弦交流电的基本概念、相量法表示法、单一元件的伏安关系等知识是整个正弦交流电路分析的基础和重要内容。通过预备知识的学习，完成三相负载的星形连接等工作任务。

2.1　正弦交流电概述

2.1.1　正弦交流电的基本概念

随时间按正弦规律变化的电压或电流，称为正弦交流电。通常所说的交流电就是指正弦交流电，对正弦交流电的数学描述，可采用正弦函数，也可以用余弦函数。本书对正弦交流电采用正弦函数描述。

以正弦电流为例，其瞬时表达式为

$$i = I_m \sin(\omega t + \varphi_i)$$

其波形如图 1-30 所示（$\varphi_i \geqslant 0$），横轴可用 ωt 表示，也可用 t 表示。

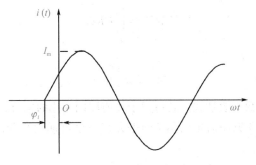

图 1-30　正弦电流波形

2.1.2　正弦量的三要素

大小方向随时间按正弦规律变化的电压或电流都称为正弦量。以电流为例，上式中三个常数 I_m、ω、φ_i 称为正弦量的三要素。

I_m 称为正弦量的振幅，也称为最大值。正弦量是一个等幅振荡、正负交替变化的周期函数。振幅是正弦量在整个振荡过程中达到的最大值，在一定程度上反映正弦量的大小。

ω 称为正弦量的角频率，表示正弦量每秒钟变化的角度大小。在国际单位制（SI）中，角频率的单位是弧度·秒$^{-1}$（rad·s^{-1}）。角频率 ω 与正弦量的周期 T 和频率 f 之间的关系是 $T = 2\pi\omega$、$\omega = 2\pi f$、$f = \dfrac{1}{T}$。频率 f 的单位为赫兹（Hz），简称赫。我国工业用电频率为 50 Hz，称为工频。

$\omega t + \varphi_i$ 称为正弦量的相位角，简称相位，是随时间变化的角度。φ_i 为 $t = 0$ 时的相位角，称为初相位角，简称初相。初相位角的单位用弧度或度表示，通常在主值范围内取值，即 $|\varphi_i| \leqslant \pi$；初相位值与计时零点有关。在工程上有时习惯以"度"为单位计量 φ_i，因此，在计算中应注意将 ωt 与 φ_i 变换成相同的单位。

2.1.3 正弦电流、电压的有效值和相位差

交流电的大小和方向随时间变化，如果随意取值，不能反映它在电路中的实际效果，如果采用最大值，就会夸大交流电，于是需要一个数值来等效反映交流电做功的能力。因此，在电工技术中，常用有效值来衡量正弦交流电的大小。有效值用大写字母表示，如 I 和 U，与直流量的形式相同。交流电的有效值是根据它的热效应确定的。

有效值的定义：以交流电流为例，当某一交流电流和一直流电流分别通过同一电阻 R 时，如果在一个周期 T 内产生的热量相等，那么这个直流电流 I 的数值叫作交流电流的有效值。

正弦交流电流 $i=I_m\sin(\omega t+\varphi_i)$ 一个周期内在电阻 R 上产生的能量为

$$W=\int_0^T i^2 R\mathrm{d}t$$

直流电流 I 在相同时间 T 内，在电阻 R 上产生的能量为

$$W=I^2 RT$$

根据有效值的定义，有

$$I^2 RT=\int_0^T i^2 R\mathrm{d}t$$

于是得

$$I=\sqrt{\frac{1}{T}\int_0^T i^2\mathrm{d}t}$$

式中为有效值定义的数学表达式。其适用于任何周期变化的电流、电压及电动势。

正弦电流的有效值等于其瞬时电流值 i 的平方在一个周期内积分的平均值再取平方根，所以有效值又称为均方根值。

将正弦交流电流 $i=I_m\sin(\omega t+\varphi_i)$ 代入上式，得

$$I=\sqrt{\frac{1}{T}\int_0^T I_m^2\sin^2(\omega t+\varphi_i)\mathrm{d}t}$$

$$=\sqrt{\frac{1}{T}\int_0^T I_m^2\left(\frac{1}{2}-\cos 2(\omega t+\varphi_i)\right)\mathrm{d}t}$$

$$=\frac{1}{\sqrt{2}}I_m=0.707 I_m$$

同理　　　　　　　　　　$$U=\frac{1}{\sqrt{2}}U_m=0.70 U_m$$

正弦量的最大值与有效值之间有固定的 $\sqrt{2}$ 倍的关系。通常，所说的交流电的数值都是指有效值。交流电压表、电流表的表盘读数及电气设备铭牌上所标的电压、电流也都是有效值。用有效值表示正弦电流的数学表达式为

$$i=\sqrt{2}I\sin(\omega t+\varphi_i)$$

【例 1-7】　一个正弦电压的初相角为 45°，最大值为 537 V，角频率 $\omega=314$ rad/s，试求它的有效值、解析式，并求 $t=0.03$ s 时的瞬时值。

解： 因为 $U_m=537$ V，所以其有效值为

$$U=\frac{U_m}{\sqrt{2}}=\frac{537}{\sqrt{2}}=380(\mathrm{V})$$

则电压的解析式为

$$u = 380\sqrt{2}\sin\left(314t + \frac{\pi}{4}\right)\text{V}$$

将 $t = 0.03$ s 代入上式得

$$u = 380\sqrt{2}\sin\left(314 \times 0.03 + \frac{\pi}{4}\right) = 16.2(\text{V})$$

在分析和计算正弦电路时，电路中常引用"相位差"的概念描述两个同频率正弦量之间的相位关系，两个同频率正弦量相位之差，称为相位差，用 φ 表示。例如，设电流、电压分别为 $i = I_m\sin(\omega t + \varphi_i)$，$u = U_m\sin(\omega t + \varphi_u)$ 时，则电压与电流的相位差为

$$\varphi_{ui} = (\omega t + \varphi_u) - (\omega t + \varphi_i) = \varphi u - \varphi_i$$

可见，同频率正弦量的相位差始终不变，它等于两个正弦量初相角之差。相位差也是在主值范围内取值 $|\varphi| \leqslant \pi$。

若 $\varphi_{ui} > 0$，则电压 u 超前电流 i，大小为 φ_{ui}，如图 1-31 所示。

若 $\varphi_{ui} < 0$，则电压 u 滞后电流 i，大小为 $-\varphi_{ui}$，如图 1-32 所示。

若 $\varphi_{ui} = 0$，则电压 u 与电流 i 同相位，如图 1-33 所示。

若 $\varphi_{ui} = \pm\pi$，则称 u 与 i 反相，如图 1-34 所示。

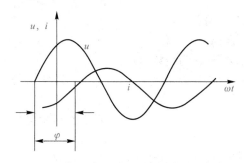

图 1-31　电压 u 超前电流 i

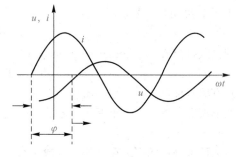

图 1-32　电压 u 滞后电流 i

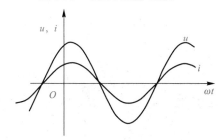

图 1-33　电压 u 与电流 i 同相位

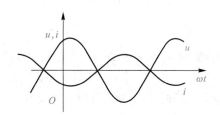

图 1-34　u 与 i 反相

若 $\varphi_{ui} = \pm\frac{\pi}{2}$，则称 u 与 i 正交，如图 1-35 所示。

当两个同频率正弦量的计时起点改变时，它们的初相角也随之改变，但两者之间的相位差却保持不变。对于两个频率不相同的正弦量，其相位差随时间而变化，不再是常量，需要指出的是只有两个同频率正弦量之间的相位差才有意义。

【例 1-8】　有两个正弦电流分别为 $i_1(t) = 100\sqrt{2}\sin(\omega t + 35°)$A，$i_2(t) = 50\sqrt{2}\sin(\omega t - 35°)$A，问两个电流的相位关系如何？

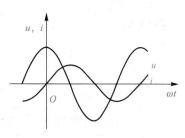

图 1-35　u 与 i 正交

解：$\varphi_{12}=\varphi_1-\varphi_2=35°-(-35°)=70°$（符合取值范围$|\varphi\leqslant\pi|$）

即 i_1 相位超前 i_2 相位 $70°$。

2.2 正弦交流电的相量表示

2.2.1 复数和常用的表示方法

如图 1-36 所示，向量 F 复数代数表达式为 $F=a+jb$，式中 $j=\sqrt{-1}$ 为虚单位（与数学中常用的 i 等同）。图 1-36 中 r 表示复数的大小，称为复数的模，a、b 为复数 F 的实部和虚部。有向线段与实轴正方向间的夹角，称为复数的幅角，用 φ 表示，规定幅角的绝对值小于 $180°$。

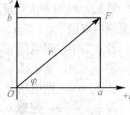

图 1-36　复数坐标

$$r=\sqrt{a^2+b^2},\ \varphi=\arctan\left(\frac{b}{a}\right)$$

$$a=r\cos\varphi\quad b=r\sin\varphi$$

由图 1-36 可得，复数的代数式 $F=a+jb$ 转化为三角形式：

$$F=r(\cos\varphi+j\sin\varphi)$$

根据欧拉公式 $e^{j\varphi}=\cos\varphi+\sin\varphi$，将复数的三角形式转化为指数形式：

$$F=re^{j\varphi}$$

还有极坐标形式：$F=r\angle\varphi$。

实部相等、虚部大小相等而异号的两个复数叫作共轭复数，用 $F*$ 表示 F 的共轭复数，则有 $F=a+jb$；$F*=a-jb$。

复数可以进行四则运算。两个复数进行乘除运算时，可将其化为指数形式或极坐标形式来进行计算。

如将两个复数 $F_1=a_1+jb_1=r_1\angle\varphi_1$；$F_2=a_2+jb_2=r_2\angle\varphi_2$ 相除得

$$\frac{F_1}{F_2}=\frac{r_1\angle\varphi_1}{r_2\angle\varphi_2}=\frac{|r_1|}{r_2}\angle(\varphi_1-\varphi_2)$$

如将复数 $A_1=re^{j\varphi}$ 乘以另一个复数 $e^{j\omega t}$，则得

$$A_2=re^{j\varphi}e^{j\omega t}=re^{j(\omega t+\varphi)}$$

如两个复数进行加减运算时，用代数形式计算。

例：$F_1=a_1+jb_1$，$F_2=a_2+jb_2$，则

$$F_1\pm F_2=(a_2\pm a_2)+(b_1\pm b_2)$$

也可以按平行四边形法则在复平面上作图求得，如图 1-37 所示。

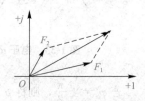

图 1-37　复平面上作图

【例 1-9】　计算 $5\angle 47°+10\angle-25°$ 等于多少？

解：$5\angle 47°+10\angle-25°=(3.41+j3.657)+(9.063-j4.226)$

$$=12.47-j0.569$$

$$=12.48\angle-2.61°$$

2.2.2 正弦量的相量表示方法

正弦量的数学表达式 $i=I_m\sin(\omega t+\varphi_i)$，能准确表示任意时刻 t 正弦量的值，但两个同频率正弦量之间进行加、减运算时不方便，采用相量表示正弦量，可以使其运算得到简化。

用复数形式表示的正弦量称为正弦量的相量表示形式，为了与一般的复数相区别在大写字母上打"·"表示。在三要素中，频率可以作为已知量，要确定电路中的电压或电流，只需把电压或电流的幅值和初相角两个要素用复数来描述。

于是表示正弦电压 $u=U_\mathrm{m}\sin(\omega t+\varphi)$ 的相量为 $\dot U_\mathrm{m}=U_\mathrm{m}\angle\varphi$ 或 $\dot U=$ $U\angle\varphi$。其中，$\dot U_\mathrm{m}$ 为电压的幅值相量；$\dot U$ 为电压的有效值相量。

一般情况用有效值相量表示正弦量。

相量和复数一样，可以在复平面上用矢量表示。相量之间的运算可用复数间的运算完成，如图 1-38 所示。

【例 1-10】 已知

$$i=141.4\cos(314t+30°)\mathrm{A}$$

$$u=311.1\cos(314t-60°)\mathrm{V}$$

试用相量表示 i，u。

解：

$$\dot I=100\angle30°\mathrm{A}$$

$$\dot U=220\angle60°\mathrm{V}$$

图 1-38　相量图

2.3　单一元件伏安关系

2.3.1　电阻元件伏安关系

(1)电阻元件的电压与电流相量关系。如图 1-39 所示为电阻元件伏安关系的相量形式。

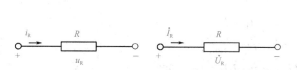

图 1-39　电阻元件伏安关系的相量形式

当电阻元件流过正弦电流 $i_\mathrm{R}=I_\mathrm{m}\sin(\omega t+\varphi_i)$ 时，稳态下的伏安关系为

$$u_\mathrm{R}=Ri_\mathrm{R}=RI_\mathrm{m}\sin(\omega t+\varphi_i)$$

U_R 和 i_R 是同频率的正弦量，其相量形式为

$$\dot U_\mathrm{R}=R\dot I_\mathrm{R}$$

或

$$U_\mathrm{R}\angle\varphi_u=RI_\mathrm{R}\angle\varphi_i$$

上式是电阻元件伏安关系的相量形式，由此可得出：

1)$U_\mathrm{R}=RI_\mathrm{R}$，即电阻电压有效值等于电流有效值乘以电阻值。

2)$\angle\varphi_u=\angle\varphi_i$，即电阻上电压与电流同相位。

(2)电阻电路的功率在任一瞬间，电阻两端电压瞬时值与流过电流瞬时值的乘积称为瞬时功率，用小写字母 p 表示。瞬间功率波形如图 1-40 所示。

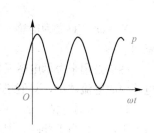

图 1-40　瞬时功率波形

$$p_\mathrm{R}=u_\mathrm{R}i$$

$$=U_{Rm}I_m\sin^2(\omega t+\varphi_i)$$
$$=U_R I[1-\cos^2(\omega t+\varphi_i)]$$

由瞬时功率的表达式及图 1-40 可知，$p\geqslant0$，表明电阻元件在除过零点的任一瞬间均从电源吸取能量，并将电能转化为热能，电阻元件是耗能元件。

瞬时功率实用意义不大，通常电路的功率是指瞬时功率在一个周期的平均值，称为平均功率（也称有功功率），用 P 表示，即

$$p=\frac{1}{T}\int_0^T U_R I[1-\cos(2\omega t+\varphi_i)]\mathrm{d}t=U_R I=I^2 R$$

2.3.2 电感元件的伏安关系

(1)电感元件的电压与电流相量关系。如图 1-41 所示的电感元件电路，设 $i_L=I_m\sin(\omega t+\varphi_i)$，在正弦稳态下伏安关系为

$$u_L=L\frac{\mathrm{d}i_L}{\mathrm{d}t}=LI_m\omega\sin(\omega t+\varphi_i)=LI_m\omega\sin(\omega t+\varphi_i+90°)$$

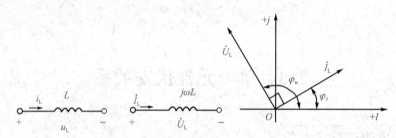

图 1-41 电感元件伏安关系的相量形式

其相量形式为

$$\dot{I}_L=\dot{I}_m\angle\varphi_i$$
$$\dot{U}_L=j\omega L\dot{I}_L$$

或
$$U_L\angle\varphi_u=\omega L I_L\angle(\varphi_i+90°)$$

上式称为电感元件伏安关系的相量形式，由此可得出：

1)$U_L=\omega L I_L$，电感元件的端电压有效值等于电流有效值、角频率和电感三者之积。

2)$\varphi_u=\varphi_i+90°$，电感上电压相位超前电流相位 90°。

图 1-41 所示的电路给出了电感元件的端电压、电流相量形式的示意图，电感元件的端电压与电流的相量图。由上式，得

$$\frac{U_L}{I_L}=\omega L,\quad \frac{I_L}{U_L}=\frac{1}{\omega L}$$

$X_L=\omega L$，称之为电感元件的感抗。在国际单位制(SI)中，其单位为欧姆(Ω)。$B_L=1/X_L$ 称为感纳。

感抗是用来表示电感元件对电流阻碍作用的一个物理量。在电压一定的条件下，感抗越大，电路中的电流越小，其值正比与频率 f，有两种特殊情况如下：

1)$f\rightarrow\infty$ 时，$X_L=\omega L\rightarrow\infty$，$I_L\rightarrow0$。即电感元件对高频率的电流有极强的抑制作用，在极限情况下，它相当于开路。因此，在电子电路中，常用电感线圈作为高频扼流圈。

2)$f\rightarrow0$ 时，$X_L=\omega L\rightarrow0$，$U_L\rightarrow0$。即电感元件对于直流电流相当于短路。

如图 1-42、图 1-43 所示的曲线。一般电感元件具有通直流隔交流的作用。

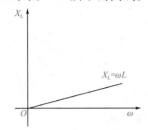

图 1-42 感抗随频率变化曲线

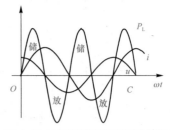

图 1-43 感抗随频率变化的情况

必须注意，感抗是电压、电流有效值之比，而不是它们的瞬时值之比。

【例 1-11】 一个 $L=10$ mH 的电感元件，其两端电压为 $u(t)=100\sin\omega t$，当电源频率为 50 Hz 与 50 kHz 时，求流过电感元件的电流 I。

解：当 $f=50$ Hz 时：

$$X_L = 2\pi fL = 2\pi \times 50 \times 10 \times 10^{-3} = 3.14(\Omega)$$

通过线圈的电流为

$$I = \frac{U}{X_L} = \frac{100}{\sqrt{2}} \times \frac{1}{3.14} = 22.5(\text{A})$$

当 $f=50$ kHz 时：

$$X_L = 2\pi fL = 2\pi \times 50 \times 10^3 \times 10^{-3} = 3\,140(\Omega)$$

通过线圈的电流为

$$I = \frac{U}{X_L} = \frac{100}{\sqrt{2}} \times \frac{1}{3\,140} = 22.5(\text{mA})$$

可见，电感线圈能有效阻止高频电流通过。

(2)电感电路的功率假设电流的初相角 $\varphi_i = 0$，瞬时功率的表达式：

$$
\begin{aligned}
p_L &= u_L i \\
&= \sqrt{2}U_L\cos\omega t \sqrt{2}I\sin\omega t \\
&= U_L I\sin2\omega t
\end{aligned}
$$

由表达式可见，p 是一个以 2ω 的角频率随时间交变的正弦量，其变化曲线如图 1-43 所示。

在第一和第三个 1/4 周期内，p 为正值，这表明电感从电源吸收电能并把它转换为电磁能存储起来，电感相当于负载。在第二和第四周期内，p 为负值，这表明电感将存储的磁场能转换为电能送还给电源，电感起着一个电源的作用。

电感电路的平均功率为

$$p = \frac{1}{T}\int_0^T p\,dt = \frac{1}{T}\int_0^T UT\sin2\omega t\,dt = 0$$

电感电路的平均功率在一个周期内等于零，故没有能量消耗，也就是说电感从电源吸收的能量全部送回电源。

2.3.3 电容元件的伏安关系

(1)电容电路的电压与电流相位关系。如图 1-44 所示正弦稳态下的电容元件，设 $u_c = U_m\sin(\omega t + \varphi_u)$，在正统稳态下的伏安关系为

$$i_c = C\frac{du_c}{dt} = CU_m\omega\cos(\omega t + \varphi_u) = CU_m(\omega t + \varphi_u + 90°)$$

其相量形式为

$$\dot{U}_C = \dot{U}_m\angle\varphi_u$$

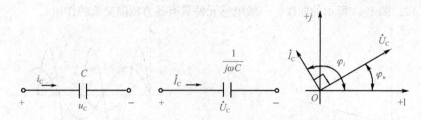

图1-44 电容元件伏安关系的相量形式

$$\dot{I}_C = j\omega C\dot{U}_C$$

或
$$I_C \angle \varphi_i = \omega CU_C \angle(\varphi_u + 90°)$$

上式称为电容元件伏安关系的相量形式。由此可得出：$I_C = \omega CU_C$，即电容上电流有效值等于电压有效值、角频率、电容量之积；$\varphi_i = \varphi_u + 90°$，即电容上电流相位超前电压相位90°。

由上式，得：

$$\frac{U_C}{I_C} = \frac{1}{\omega C}, \qquad \frac{I_C}{U_C} = \omega C$$

$X_C = \dfrac{1}{\omega C}$，称之为电容元件的容抗。在国际单位制（SI）中，其单位为 Ω，其值与频率成反比；$B_C = \omega C$，称之为电容元件的容纳，其单位为 S。

对于高频电流的直流电流两种极端的情况，有：

1）$f \to \infty$ 时，$X_C = \dfrac{1}{\omega C} \to 0$，$U_C \to 0$。电容元件对高频率电流有极强的导流作用，在极限情况下，它相当于短路。因此，在电子线路中，常用电容元件做旁路高频电流元件使用。

2）$f \to 0$ 时，$X_C = \dfrac{1}{\omega C} \to \infty$，$I_C \to 0$。即电容对于直流电流相当于开路。因此，电容元件具有隔直流通交流的作用。

在电子线路中，常用电容元件做隔离直流元件使用。容抗和容纳随频率变化如图1-45所示。必须注意，容抗是电压、电流有效值之比，而不是它们的瞬时值之比。

（2）电容电路的功率。假设电压的初相角 $\varphi_u = 0$，瞬时功率的表达式为

$$p = ui = 2UI\sin\omega t\cos\omega t$$
$$= UI\sin 2\omega t$$

瞬时功率 p 的波形如图1-46所示。从图中可知，在第一和第三个 1/4 周期内，p 为正值，这表明电容从电源吸收电能并把它转换为电场能存储起来；在第二和第四周期内，p 为负值，这表明电容将存储的电场能转换为电能送还给电源。

电容电路的平均功率在一个周期内等于零，故也没有能量消耗，只与电源进行等量交换。

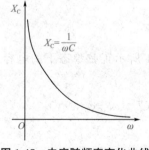

图1-45 电容随频率变化曲线

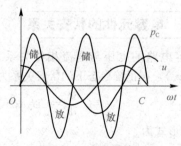

图1-46 变化的情况

2.4　三相交流电路

2.4.1　三相交流电源

由三个幅值相等、频率相同、相位互差120°的单相交流电源所构成的电源称为三相电源。由三相电源构成的电路称为三相交流电路。目前，发电厂均以三相交流电方式向用户供电。遇到有单相负载时，可以使用三相中的任一相。

交流发电机工作原理

三相交流电源一般来自三相交流发电机或变压器副边的三相绕组。三相交流发电机的基本原理如图 1-47 所示。

发电机的固定部分称为定子，其铁芯的内圆周表面冲有沟槽，放置结构完全相同的三相绕组 U_1U_2、V_1V_2、W_1W_2。它们的空间位置互差 120°，分别称为 U 相、V 相、W 相。引出线 L_1、L_2、L_3 对应 U_1、V_1、W_1 为三个绕组的始端，U_2、V_2、W_2 为绕组的末端。

发电机二极旋转磁场

转动的磁极称为转子。转子铁芯上绕有直流励磁绕组。当转子被原动机拖动做匀速转动时，三相定子绕组切割转子磁场而产生三相交流电动势。

若将三个绕组的末端 U_2、V_2、W_2 连接在一起引出一根连线称为中性线 N（中性线接地时又称为零线），三个绕组的始端 U_1、V_1、W_1 分别引出称为端线（中性线接地时又称为火线），这种连接称为电源的星形连接，如图 1-48 所示。

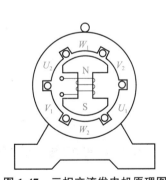

图 1-47　三相交流发电机原理图

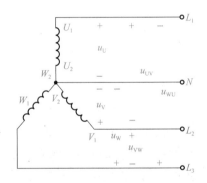

图 1-48　电源的星形连接

由三根端线和一根中性线所组成的供电方式称为三相四线制。只用三根端线组成的供电方式称为三相三线制。

电源每相绕组两端的电压称为电源相电压。参考方向规定为从绕组始端指向末端，分别用 u_U、u_V、u_W 表示。其有效值用 U_P 表示。

三相电源相电压的瞬时值表达式为

$$u_U = \sqrt{2}U_P \sin\omega t$$

$$u_V = \sqrt{2}U_P \sin(\omega t - 120°) \quad u_W = \sqrt{2}U_P \sin(\omega t - 240°) = \sqrt{2}U_P \sin(\omega t + 120°)$$

其波形图和相量图如图 1-49 所示。

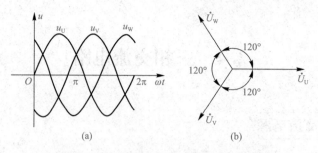

图 1-49 三相电源相电压的波形图和相量图

(a)三相电源相电压的波形图;(b)三相电源相电压的相量图

电源任意两根端线之间的电压称为线电压,分别用 u_{UV}、u_{VW}、u_{WU} 表示。其中的下标字母 UV、VW、WU 即各电压的参考方向。线电压和相电压之间的关系如下:

$$u_{UV} = u_U - u_V$$

$$u_{VW} = u_V - u_W$$

$$u_{WU} = u_W - u_U$$

或用相量表示为

$$\dot{U}_{UV} = \dot{U}_U - \dot{U}_V$$

$$\dot{U}_{VW} = \dot{U}_V - \dot{U}_W$$

$$\dot{U}_{WU} = \dot{U}_W - \dot{U}_U$$

用相量法进行计算得到三个线电压也是对称三相电压。

如图 1-50 所示,设 U_L 表示线电压的有效值,从相量图上可以看出:

$$\frac{1}{2}U_L = U_P \cos 30° = \frac{\sqrt{3}}{2}U_P$$

即 $$U_L = \sqrt{3}U_P$$

则有 $u_{UV} = U_L \sin(\omega t + 30°) = \sqrt{3}U_P \sin(\omega t + 30°)$

$u_{VW} = U_L \sin(\omega t - 90°) = \sqrt{3}U_P \sin(\omega t - 90°)$

$u_{WU} = U_L \sin(\omega t + 150°) = \sqrt{3}U_P \sin(\omega t + 150°)$

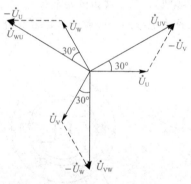

图 1-50 相电压与线电压的相量图

式中表明,三个线电压的有效值相等,均为相电压的有效值的 $\sqrt{3}$ 倍。线电压的相位超前对应的相电压相位 30°。线电压、相电压均为三相电压。

通常的三线四线制低压供电系统线电压为 380 V,相电压为 220 V,可以提供两种电压供负载使用。

一般常提到的三相供电系统的电源电压,都是指其线电压。

2.4.2 三相负载的连接

三相负载有星形(Y)和三角形(△)两种连接方式。

若负载所需的电压是电源的相电压,像电照明负载、家用电器等,应当将负载接到端线与中线之间。当负载数量较多时,应当尽量平均分配到三相电源上,使三相电源得到均衡的利用,这就构成了负载的星形连接，如图 1-51(a)所示。

若负载所需的电压是电源的线电压，像电焊机、功率较大的电炉等，应当将负载接到端线与端线之间。当负载数量较多时，应当尽量平均分配到三相电源上，这就构成了负载的三角形连接，如图 1-51(b)所示。

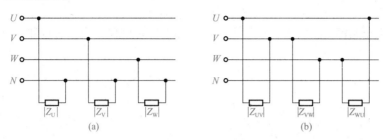

图 1-51　负载的星形、三角形连接

(a)星形连接；(b)三角形连接

若三相电源上接入的负载完全相同，即阻抗值相同、阻抗角相等的负载，称为三相对称负载。像三相电动机、三相变压器等，它们均有三个完全相同的绕组。

(1)负载的星形连接。图 1-52 所示为三相负载的星形连接。每相负载两端的电压是电源的相电压，每相负载中的电流称为相电流 I_P（I_{UN}、I_{VN}、I_{WN}）；每根端线上的电流称为线电流 I_L（I_U、I_V、I_W）；中线上的电流称为线电流 I_0。

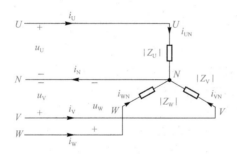

图 1-52　三相负载的星形连接

由图 1-52 可得，各相负载电流的有效值为

$$I_{UN}=\frac{U_{UN}}{|Z_U|}$$

$$I_{VN}=\frac{U_{VN}}{|Z_V|}$$

$$I_{WN}=\frac{U_{WN}}{|Z_W|}$$

各端线电流等于对应的各相电流为

$$I_U=I_{UN}$$
$$I_V=I_{VN}$$
$$I_W=I_{WN}$$

根据基尔霍夫定律的中线电流为

$$i_N=i_{UN}+i_{VN}+i_{WN}=i_U+i_V+i_W$$
$$\dot{I}_N=\dot{I}_U+\dot{I}_V+\dot{I}_W$$

下面分两种情况讨论。

1)对称三相负载阻抗值相等、阻抗角相等且为同性质的负载即为三相对称负载。

$$|Z_U|=|Z_V|=|Z_W|=|Z_P|$$

$$\varphi_U=\varphi_V=\varphi_W=\varphi_P$$

$$I_{UN}=I_{VN}=I_{WN}=I_P$$

各相电流大小相等，相位依次互差120°。其电流瞬时值代数和、相量和均为零(图1-53)，中线电流为零。

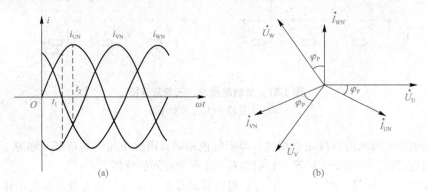

图 1-53　对称三相负载星形连接时电流的波形图及相量图

(a)电流的波形图；(b)相量图

$$i_N=i_{UN}+i_{VN}+i_{WN}=0$$

$$\dot{I}_N=\dot{I}_{UN}+\dot{I}_{VN}+\dot{I}_{WN}=0$$

因此，星形连接的三相对称负载，中性线可以省去，采用三相三线制供电。低压供电系统中的动力负载(电动机)就采用这样的供电方式。

2)不对称三相负载，中性线电流不为零，中性线不能省去，一定采用三相四线制供电。

中性线的存在，保证了每相负载两端的电压是电源的相电压，保证了三相负载能独立正常工作。各相负载有变化时都不会影响到其他相。如果中性线断开，中性线电流被切断，各相负载两端的电压会根据各相负载阻抗值的大小重新分配。有的相可能低于额定电压使负载不能正常工作；有的相可能高于额定电压以致将用电设备损坏，这是决不允许的。因此，中性线决不能断开，在中性线上不能安装开头、熔断器等装置。

(2)负载的三角形连接。如图1-54所示为负载的三角形连接。每相负载两端的电压都是电源的线电压。各负载中流过的电流为负载的相电流。其有效值为

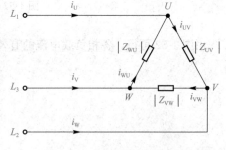

图 1-54　负载的三角形连接

$$I_{UV}=\frac{U_{UV}}{|Z_{UV}|}$$

$$I_{VW}=\frac{U_{VW}}{|Z_{VW}|}$$

$$I_{WU}=\frac{U_{WU}}{|Z_{WU}|}$$

由基尔霍夫定律可确定各端线电流与各相电流的关系为

$$\dot{I}_U = \dot{I}_{UV} - \dot{I}_{WU}$$

$$\dot{I}_V = \dot{I}_{VW} - \dot{I}_{UV}$$

$$\dot{I}_W = \dot{I}_{WU} - \dot{I}_{VW}$$

假设三相负载为感性负载，每相负载上的电流均滞后对应的电压 φ 角，由图 1-55 可作出各相电流及各线电流。

由相量图可知，三个相电流、三个线电流均为数值相等、相位互差 120° 的三相对称电流，可以证明，线电流等于 $\sqrt{3}$ 倍的相电流。即 $I_L = \sqrt{3}\, I_P$。

【例 1-12】 三相对称负载，每相 $R=6\ \Omega$，$X_L=8\ \Omega$，接到 $U_L=380$ V 的三相四线制电源上，试分别计算负载作星形、三角形连接时的相电流、线电流。

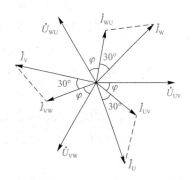

图 1-55 三相对称感性负载三角形连接时各相电流及各线电流的相量图

解：负载作星形连接时，每相负载两端承受的是电源的相电压，即

$$U_{UN}=U_{VN}=U_{WN}=U_P=220(V)$$

每相负载的阻抗值：
$$|Z|=\sqrt{R^2+X_L{}^2}=\sqrt{6^2+8^2}=10(\Omega)$$

相电流：
$$I_P=\frac{U_P}{|Z|}=\frac{220}{10}=22(A)$$

线电流等于相电流：
$$I_L=I_P=22(A)$$

负载作三角形连接时，每相负载两端承受的是电源的线电压，即

$$U_{UV}=U_{VW}=U_{WU}=U_L=380(V)$$

相电流：
$$I_P=\frac{U_P}{|Z|}=\frac{380}{10}=38(A)$$

线电流等于 $\sqrt{3}$ 倍的相电流，线电流 $I_L=\sqrt{3}\, I_P=\sqrt{3}\times 38=66(A)$

2.4.3　三相电路的功率

三相交流电路可以看成是三个单相交流电路的组合，因此，三相交流电路的有功功率、无功功率为各相电路有功功率、无功功率之和，无论负载是星形连接还是三角形连接，当三相负载对称时，电路总的有功功率、无功功率均是每相负载有功功率、无功功率的 3 倍。即

$$P=3P_P=3U_P I_P \cos\varphi$$

$$Q=3Q_P=3U_P I_P \sin\varphi$$

在实际中，线电流的测量比较容易，因此，三相功率的计算常用线电流 I_L、线电压 U_L 表示，即

$$P=\sqrt{3}\,U_L I_L \cos\varphi$$

$$Q=\sqrt{3}\,U_L I_L \sin\varphi$$

而视在功率为

$$S=\sqrt{P^2+Q^2}=\sqrt{3}\,U_L I_L$$

【例 1-13】 计算出例 1-12 中负载作星形、三角形连接时的有功功率、无功功率、视在功率。

解：负载作星形连接时 $I_L = I_P = 22$ A $U_L = \sqrt{3}U_P = 380$ (V)

$$\cos\varphi = \frac{R}{|Z|} = \frac{6}{10} = 0.6 \quad \sin\varphi = \frac{X_L}{|Z|} = \frac{8}{10} = 0.8$$

$$P = \sqrt{3}U_L I_L \cos\varphi = \sqrt{3} \times 380 \times 22 \times 0.6 = 8\ 712\,(\text{W}) \approx 8.7 \text{ kW}$$

$$Q = \sqrt{3}U_L I_L \sin\varphi = \sqrt{3} \times 380 \times 22 \times 0.8 = 11\ 616\,(\text{V} \cdot \text{A}) \approx 11.6 \text{ kV} \cdot \text{A}$$

$$S = \sqrt{P^2 + Q^2} = \sqrt{3}U_L I_L = \sqrt{3} \times 380 \times 22 = 14\ 520\,(\text{V} \cdot \text{A}) \approx 14.5 \text{ kV} \cdot \text{A}$$

负载作三角形连接时 $I_L = 66$ A，$U_L = 380$ (V)

$$P = \sqrt{3}U_L I_L \cos\varphi = \sqrt{3} \times 380 \times 66 \times 0.6 = 25\ 992\,(\text{W}) \approx 26 \text{ kW}$$

$$Q = \sqrt{3}U_L I_L \sin\varphi = \sqrt{3} \times 380 \times 66 \times 0.8 = 34\ 656\,(\text{V} \cdot \text{A}) \approx 34.7 \text{ kV} \cdot \text{A}$$

$$S = \sqrt{P^2 + Q^2} = \sqrt{3}U_L I_L = \sqrt{3} \times 380 \times 66 = 43\ 320\,(\text{V} \cdot \text{A}) \approx 43 \text{ kV} \cdot \text{A}$$

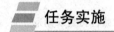 **任务实施**

连接三相负载的星形连接电路

2.1.1　原理说明

（1）三相负载可接成星形（又称"Y"形）。当三相对称负载作 Y 形连接时，线电压 U_L 是相电压 U_P 的 $\sqrt{3}$ 倍，线电流 I_L 等于相电流 I_P，即

$$U_L = \sqrt{3}U_P, \quad I_L = I_P$$

流过中线的电流 $I_0 = 0$，所以可以省去中线。

（2）不对称三相负载作 Y 形连接时，必须采用三相四线制接法，即 Y_0 接法。而且中线必须牢固连接，以保证三相不对称负载的每相电压维持对称不变。

倘若中线断开，会导致三相负载电压的不对称，致使负载轻的那一相的相电压过高，使负载遭受损坏；负载重的一相相电压又过低，使负载不能正常工作，尤其是对于三相照明负载，无条件地一律采用 Y_0 接法。

2.1.2　实验设备

电学综合技能实训装置、DG-19 仪表综合测试模板、DG-11 电工综合实验模板、万用表、220 V 10 W 灯泡、JW-6314 电动机、导线。

2.1.3　实验内容

（1）三相负载星形连接（三相四线制供电）。按图 1-56 连接实验电路，经指导教师检查后，方可合上三相电源开关，并观察各相灯组亮暗的变化程度，特别要注意观察中线的作用。

（2）连接电动机电路，方法同上。

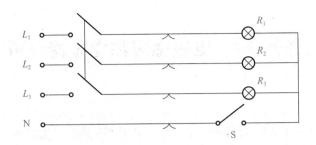

图 1-56 三相负载星形连接

2.1.4 实验步骤

(1)测量星形接法平衡负载的线电压、相电压、线电流(相电流),用三只 10 W 灯泡按图 1-56 接成星形三相平衡负载,然后按有中线和无中线两种情况进行实验。

1)有中线。线路接好后接通中线开关,合上三相电源闸刀,用电流表和电压表测量各电压和电流,结果记入表 1-2。

2)无中线。断开中线开关,合上三相电源闸刀,观察灯泡的亮度有无变化,测量各电压和电流,结果记入表 1-2。

表 1-2 星形接法平衡负载

	$U_{L_1L_2}$/V	$U_{L_2L_3}$/V	$U_{L_3L_1}$/V	U_{L_1}/V	U_{L_2}/V	U_{L_3}/V	I_{L_1}/mA	I_{L_2}/mA	I_{L_3}/mA	I_N/mA
有中线										
无中线										
注:$U_{L_1L_2}$、$U_{L_2L_3}$、$U_{L_3L_1}$ 是线电压;U_{L_1}、U_{L_2}、U_{L_3} 是负载两端的电压。

(2)测量星形接法不平衡负载的线电压、相电压、线电流(相电流)(图 1-56),L_1 相灯泡仍为 10 W,L_2 相灯泡改为两只 10 W 并联,L_3 相灯泡改为三只 10 W 并联。仍按有中线和无中线两种情况测量各电压和电流,结果记入表 1-3。

表 1-3 星形接法不平衡负载

	$U_{L_1L_2}$/V	$U_{L_2L_3}$/V	$U_{L_3L_1}$/V	U_{L_1}/V	U_{L_2}/V	U_{L_3}/V	I_{L_1}/mA	I_{L_2}/mA	I_{L_3}/mA	I_N/mA
有中线										
无中线										

2.1.5 实验注意事项

每次接线完毕,同组同学应自查一遍,然后由指导教师检查后,方可接通电源,必须严格遵守先接线,后通电;先断电,后拆线的实验操作原则。

任务 3 电磁感应和变压器分析

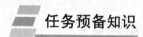

变化的电流能产生磁场，磁场在一定条件下又能产生电流，农机电气设备的工作原理是基于电磁的相互作用，如变压器、电机、电磁铁、电工测量仪表以及其他各种铁磁元件。只有同时掌握了电路和磁路的基本理论，才能对各种电气设备的工作原理做全面的分析。通过任务预备知识的学习，能对变压器原理及应用进行分析，能完成点火线圈及点火系统电路的检测工作任务。

任务预备知识

3.1 磁场的概念

3.1.1 磁场的基本物理量

（1）磁感应强度 B。磁感应强度是用来描述磁场内某点磁场强弱和方向的物理量，是一个矢量。它与电流（电流产生磁场）之间的方向关系满足右手螺旋定则，其大小可用通电导体在磁场中某点受到的电磁力与导体中的电流和导体的有效长度的乘积的比值来表示，并称为该点磁感应强度 B。其计算式为

$$B = \frac{F}{LI}$$

在国际单位制(SI)中，F 表示该点电磁力的大小，I 表示导体中的电流，L 表示导体有效长度。B 的单位是特斯拉，简称特(T)；以前也常用电磁制单位高斯(Gs)。两者的关系是 1 T＝ 10^4 Gs。

如果磁场内各点磁感应强度 B 的大小相等，方向相同，则称为均匀磁场。在均匀磁场中，B 的大小可用通过垂直于磁场方向的单位截面上的磁力线来表示。

由上式可知，一载流导体在磁场中受电磁力作用。电磁力的大小 F 与磁感应强度 B、电流 I、垂直于磁场的导体有效长度 L 成正比。其计算式为

$$F = BIL\sin\alpha$$

式中，α 为磁场与导体的夹角；B、F、I 三者的方向由左手定则确定。若 $\alpha = 90°$，则 $F = BIL$。

（2）磁通 Φ 磁感应强度 B。（如果不是均匀磁场，则取 B 的平均值）与垂直于磁场方向的面积 S 乘积称为该面积的磁通 Φ，即

$$\Phi = BS$$

可见，磁感应强度在数值上可以看成与磁场方向相垂直的单位面积所通过的磁通，故又称为磁通密度。

在国际单位制(SI)中，Φ 的单位是韦伯，简称韦(Wb)；在工程上有时用电磁制单位麦克斯韦(Mx)。两者的关系是 $1\ \text{Wb}=10^8\ \text{Mx}$。

(3)磁导率 μ。磁导率 μ 是表示磁场媒质磁性的物理量，也就是用来衡量物质导磁能力的物理量。它与磁场强度的乘积等于磁感应强度，单位是亨/米(H/m)。其计算式为

$$B=\mu H$$

直导体通电后，在周围产生磁场，在导体附近 X 点处的磁感应强度 B_X 与导体中的电流 I、X 点所处的空间几何位置及磁介质的磁导率 μ 有关。其计算式为

$$B_\text{X}=\mu H_\text{X}=\mu\frac{I}{2\pi r}$$

由上式可知，磁场内某一点的磁场强度 H 只与电流大小以及该点的几何位置有关，而与磁场媒质的磁导率(μ)无关，也就是说在一定电流值下，同一点的磁场强度不因磁场媒质的不同而有异。但磁感应强度是与磁场媒质的磁性有关的。当线圈内的媒质不同时，则磁导率 μ 不同，在同样电流下，同一点的磁感应强度的大小不同，线圈内的磁通也不同。

自然界的物质，就导磁性能而言，可分为铁磁物质($\mu_\text{r}\leqslant1$)和非铁磁物质($\mu_\text{r}\leqslant1$)两大类。非铁磁物质和空气的磁导率与真空磁导率 μ_0 很接近，$\mu_0=4\pi\times10^{-7}\ \text{H/m}$。

任意一种物质磁导率 μ 和真空的磁导率 μ_0 的比值，称为该物质的相对磁导率 μ_r，即

$$\begin{cases} \mu_\text{r}=\dfrac{\mu}{\mu_0} \\[2mm] \mu_\text{r}=\dfrac{\mu H}{\mu_0 H}=\dfrac{B}{B_0} \end{cases}$$

在国际单位制(SI)中，单位是亨/米(H/m)。

上式表示相对磁导率就是当磁场媒质是某种物质时某点的磁感应强度 B 与在同样电流值下在真空中该点的磁感应强度 B_0 之比所得的倍数。

(4)磁场强度 H。磁场强度 H 是计算磁场时所引用的一个物理量，也是矢量。磁场内某点的磁场强度的大小等于该点磁感应强度除以该点的磁导率，即

$$H=\frac{B}{\mu}$$

式中，H 单位为安每米(A/m)。

上式是安培环路定律(或称为全电流定律)的计算式。它是计算磁路的基本公式。

例如，X 点的磁场强度 H_X 为

$$H_\text{X}=\frac{B_\text{X}}{\mu}=\frac{I}{2\pi r}$$

由上式可知，磁场强度的大小取决于电流的大小、载流导体的形状及几何位置，而与磁介质无关。

3.1.2 电流的磁场及磁场对电流的作用

(1)电流周围的磁场。如果一条直的金属导线通过电流，那么在导线周围的空间将产生圆形磁场。导线中流过的电流越大，产生的磁场越强，磁场成圆形，围绕在导线周围。通电金属导线产生的磁场分布如图 1-57 所示。

通电螺旋管的磁场分布与条形磁体相似，磁极的分布可以用右手螺旋定则来判断，通电螺旋管的磁场分布如图 1-58 所示。

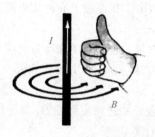
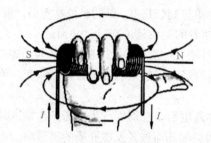

图 1-57 通电金属导线的磁场分布　　图 1-58 通电螺旋管的磁场分布

1)右手定则。电磁学中,右手定则主要判断与力无关的方向。如果是与力有关的方向,则全依靠左手定则。也就是说,关于力的判断用左手定则,其他的用右手定则。

可以用右手的手掌和手指的方向来分析导线切割磁感线时所产生的电流的方向,即伸开右手,使拇指与其余四个手指垂直,并且都与手掌在同一平面内,让磁感线穿过手心,拇指指向导线的运动方向,这时四指所指的方向就是感应电流的方向。这就是判定导线切割磁感线时感应电流方向的右手定则,如图 1-59 所示。

右手螺旋定则又叫作安培定则。其可以表述为,用右手握螺线管,让四指弯向与螺线管的电流方向相同,大拇指所指的那一端就是通电螺线管产生的磁场的 N 极,如图 1-58 所示。若是直流电流产生的磁场,则大拇指指向电流方向,则四指弯曲指的方向为磁感线的方向,如图 1-57 所示。

2)左手定则。导体的运动方向可用左手定则判断。其可以表述为,将左手平展,使大拇指与其余四指垂直,并且都跟手掌在同一个平面内。把左手放入磁场中,让磁感线垂直穿过手心,四指指向电流的方向,则大拇指的指向就是导体的受力方向,如图 1-60 所示。

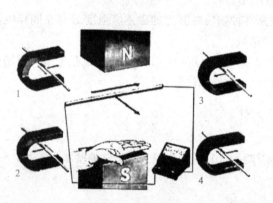

图 1-59　右手定则

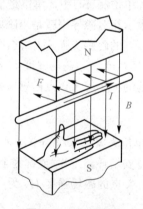

图 1-60　左手定则

(2)磁场对电流的作用。通电导体在磁场中会受到力的作用,通电导体在磁场中受力的方向,跟导体中的电流方向和磁感线方向有关。磁场对电流产生力的作用的原因:两个磁体之间的相互作用是通过磁场而发生的,电流周围也存在磁场,当通电导体被放入磁场中时,由于磁场对磁体会产生力的作用,因此通电导体在磁场中受到力的作用,实质上还是磁体与磁体之间的相互作用。

通电线圈在磁场中受到力的作用可以发生转动,当线圈平面垂直于磁感线时,线圈受到磁力平衡,这个位置叫作平衡位置。通电线圈在磁场中转动如图 1-61(a)所示,把一个线圈放在磁场里,接通电源,让电流流过线圈,它的 ab 边和 cd 边受到的力分别向左和向右,线圈在这两个力的作用下将按逆时针方向转动,当线圈转动到线圈平面垂直于磁感线的位置[图 1-61(b)]时,线圈的 ab 边和 cd 边所受力的方向不但相反,力的作用线也在一条直线上,这时线圈受到平衡力。

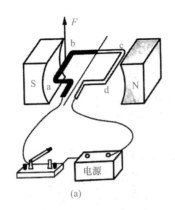
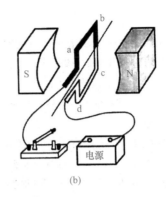

(a)   (b)

图 1-61　电动机的工作原理

当通电导体在磁场中因受到磁力的作用而发生运动时，消耗了电能，得到了机械能，即将电能转化为机械能。

区分电磁感应和磁场对电流的作用两种电磁现象：电磁感应现象和磁场对电流的作用，虽然都反映了电和磁的联系，但这是两种不同的电磁现象。其中，电磁感应现象是闭合电路的一部分导体靠外力的作用，在磁场中做切割磁感线运动，这时导体中有电流产生，由此可以看出在电磁感应现象中是消耗机械能，得到电能，利用电磁感应现象制成了发电机。在磁场对电流的作用中，是导体中通入电流，由于磁场对电流的作用，使通电导体在磁场中运动，因此在这个过程中是消耗电能，获得机械能，利用通电线圈在磁场中受力而转动的原理制成了电动机。电动机的工作原理如图 1-61 所示。

3.1.3　电磁感应现象

（1）法拉第电磁感应定律。电磁感应是指闭合电路的一部分导体在磁场中做切割磁感线运动，导体中就会产生电流的现象。这种利用磁场产生电流的方法称为电磁感应，产生的电流称为感应电流。

可以产生感应电流的五种类型：变化的电流、变化的磁场、运动的恒定电流、运动的磁铁、在磁场中运动的导体。法拉第电磁感应定律指出，任何封闭电路中感应电动势的大小，等于穿过这一电路磁通量的变化率。定律揭示导体线圈中产生的感应电动势的大小正比于单位时间内线圈所切割的磁感线数量。这一定律的重要意义在于用实验证明了机械功可以经过电磁感应的作用转变为电磁能，这成为现代发电机的基本理论依据，在电工技术中得到广泛应用。

发电机的工作原理如图 1-62 所示，当闭合电路的一部分导体在磁场中做切割磁感线运动时，导线中会产生感应电流。感应电动势和感应电流的方向，与导体的运动方向和磁感线的方向有关，它们之间的方向关系可以用右手定则判断。汽车发电机就是通过导体切割磁感线而产生感应电动势发电的。

（2）自感现象。自感现象是一种特殊的电磁感应现象，是由于导体本身的电流发生变化而引起自身产生的磁场变化，从而导致其本身产生电磁感应的现象。

流过线圈的电流发生变化，导致穿过线圈的磁通量发生变化而产生的自感电动势，总是阻碍线圈中原来电流的变化，当原来电流增大时，自感电动势与原来电流的方向相

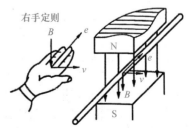

图 1-62　发电机的工作原理

反；当原来电流减小时，自感电动势与原来电流的方向相同。自感现象中产生的感应电动势称为自感电动势。

自感系数 L 是用来表示线圈的自感特性的物理量，单位为亨〔利〕(H)。在线圈通电瞬间和断电瞬间，自感电动势都要阻碍线圈中电流的变化，使线圈中的电流不能立即增大到最大值或立即减小为零，这种特性称为电磁惯性。线圈中的自感系数越大，电磁惯性越大。

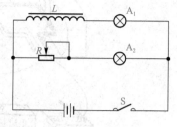

图 1-63　自感现象实验

自感现象实验如图 1-63 所示，闭合开关 S 的瞬间，灯 A_2 立刻正常发光，A_1 却比 A_2 迟一段时间才正常发光。由于线圈 L 自身的磁通量增加而产生了感应电动势，这个感应电动势总是阻碍磁通量的变化，也就是阻碍线圈中电流的变化，因而通过 A_1 的电流不能立即增大，所以灯 A_1 的亮度只能慢慢增加，最终与 A_2 相同。自感现象在各种电气设备和无线电技术中有广泛的应用，如日光灯的镇流器就是利用线圈的自感现象。

在实际生活中也要防止自感现象产生不利的一面，如在断开电动机、变压器电路时，会因自感现象产生高压电。原因是在自感系数很大而电流很强的电路中，在切断电路的瞬间，由于电流强度在很短的时间内发生了很大的变化，会产生很高的自感电动势，使开关的闸刀和固定夹片之间的空气电离而变成导体，形成电弧，这会烧坏开关，甚至危害到人员安全，因此切断这段电路时必须采取特制的安全开关。

(3)互感现象。互感现象是指在两个相邻线圈中，一个线圈的电流随时间变化时导致穿过另一个线圈的磁通量发生变化，而在该线圈中产生感应电动势的现象，如图 1-64 所示。互感现象产生的感应电动势称为互感电动势。两个线圈之间的互感系数与其各自的自感系数有一定的联系。互感现象不仅发生在绕在同一铁芯上的两个线圈之间，而且可以发生在任何相互靠近的电路之间。

互感系数与线圈的形状、大小、匝数、相对位置以及周围介质的磁导率有关。

通过互感线圈能够使能量或信号由一个线圈方便地传递到另一个线圈。电工、无线电技术中使用的各种变压器都是互感器件。互感现象在电工、电子技术中应用广泛，如变压器就是应用两个线圈之间存在互感耦合制成的。汽车传统点火系统中的点火线圈也是利用互感原理工作的。在实际生活中，有时也需要防止互感现象，以免影响电路正常工作。

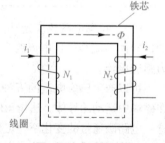

图 1-64　互感现象

3.2　电磁铁及磁路

3.2.1　磁性材料

磁导率 μ 是表示磁场中介质导磁能力的物理量。真空的磁导率是一个常数，即 $\mu_0 = 4\pi \times 10^{-7}$ H/m。自然界的物质，就导磁性能而言，可分为铁磁物质和非铁磁物质两大类。其中，非铁磁物质的磁导率与真空的磁导率很接近，如空气、塑料、铜、铝、橡胶等；铁磁物质的磁导率远大于真空的磁导率，如铁、镍、钴、钢及其合金等，这些物质的导磁能力非常强，其磁导率一般为真空磁导率的几百、几万、几千万倍。铁芯线圈中的铁芯一般选用导磁性能好的硅钢片作为材料。

铁磁物质只要在很弱的磁场作用下就能被磁化到饱和，其磁化强度 M 与磁场强度 H 之间的关系是非线性的复杂函数关系，这种类型的磁性称为铁磁性。铁磁物质只有在居里温度以下才具有铁磁性；在居里温度以上，由于受现晶体热运动的干扰，原子磁矩的定向排列被破坏，使得铁磁性消失，这时物质转变为顺磁性。

(1)铁磁材料的特性。

1)高导磁性。磁性材料的磁导率通常都很高，即 $\mu_r > 1$（如坡莫合金，其 μ_r 可达 2×10^5）。

磁性材料能被强烈的磁化，具有很高的导磁性能。为什么磁性物质具有被磁化的特性呢？因为磁性物质不同于其他物质，有其内部特殊性。在没有外磁场作用的普通磁性物质中，各个磁畴排列杂乱无章，磁场互相抵消，整体对外不显磁性，如图 1-65(a)所示。磁性物质内部形成许多小区域，其分子间存在的一种特殊的作用力使每一区域内的分子磁场排列整齐，显示磁性，称这些小区域为磁畴，如图 1-65(b)所示。这样，便产生了一个较强的与外磁场同方向的磁化磁场，从而使磁性物质内的磁感应强度大大增加，也就是说磁性物质被强烈的磁化了。

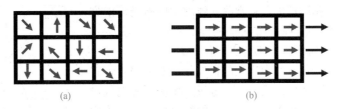

图 1-65 磁性物质的磁化

(a)磁畴排列不整齐；(b)磁畴排列整齐

磁性物质的高导磁性被广泛地应用于电工设备中，如电机、变压器及各种铁磁元件的线圈中都放有铁芯。在这种具有铁芯的线圈中通入不太大的励磁电流，便可以产生较大的磁通和磁感应强度。

2)磁饱和性。磁性物质由于磁化所产生的磁化磁场不会随着外磁场的增强而无限的增强。当外磁场增大到一定程度时，磁性物质的全部磁畴的磁场方向都转向与外部磁场方向一致，磁化磁场的磁感应强度将趋向某一定值，如图 1-66、图 1-67 所示。

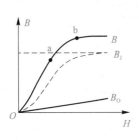

图 1-66 磁化曲线

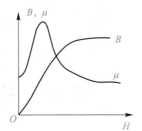

图 1-67 B 和 μ 与 H 的关系

B_J：磁场内磁性物质的磁化磁场的磁感应强度曲线；

B_0：磁场内不存在磁性物质时的磁感应强度直线；

B：B_J 曲线和 B_0 直线的纵坐标相加即磁场的 $B-H$ 磁化曲线。

B-H 磁化曲线的特征：

Oa 段：B 与 H 几乎成正比地增加；

ab 段: B 的增加缓慢下来;

b 点以后: B 增加很少, 达到饱和。

有磁性物质存在时, B 与 H 不成正比, 磁性物质的磁导率 μ 不是常数, 随 H 而变; Φ 与 I 不成正比。

磁性物质的磁化曲线在磁路计算上极为重要, 其为非线性曲线, 实际中通过实验得出。

3)磁滞性。磁滞现象: 当铁芯线圈中通入交流电时, 随着与电流成正比的磁场强度 H 的交变, 磁感应强度 B 将沿着图 1-68 所示闭合曲线变化。这种磁感应强度的变化滞后于磁场强度的变化的现象称为磁滞现象。

在铁芯线圈中通入交流电, 铁芯被交变的磁场反复磁化, 在电流变化一次时, 磁感应强度 B 随磁场强度 H 而变化的关系如图 1-68 所示, 由图可见, 当 H 已减到零值时, B 并未回到零值。这种磁感应强度滞后于磁场强度变化的性质称为磁性物质的磁滞性, 由此画出的 B-H 曲线称为磁滞回线。

当线圈中电流减小到零值(即 $H=0$)时, 铁芯在磁化时所获得的磁性还未完全消失。这时铁芯中所保留的磁感应强度称为剩磁感应强度 B_r(也叫作剩磁)。

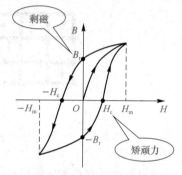

如果要使铁芯的剩磁消失, 通常改变线圈中励磁电流的方向, 也就是改变磁场强度 H 的方向来进行反向磁化。使 $B=0$ 的 H 值(图 1-68)称为矫顽磁力 H_c(也叫作矫顽力)。

铁磁材料在反复磁化过程中产生的损耗称为磁滞损耗, 它是导致铁磁性材料发热的原因之一, 对电机、变压器等电气设备的运行不利。因此, 常采用磁滞损耗小的铁磁性材料作为它们的铁芯。

图 1-68 磁滞回线

由实验可知, 不同的铁磁性材料, 其磁化曲线和磁滞回线都不一样。如图 1-69 所示, 标出了几种常见磁性物质的磁化曲线。同一类铁磁材料的磁化曲线也不相同, 如不同的硅钢片的磁化曲线 c 是不同的。

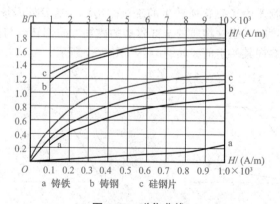

图 1-69 磁化曲线

(2)磁性物质的分类。按磁化特性的不同, 铁磁材料可以分成三种类型: 软磁材料、硬磁材料、矩磁材料。

1)软磁材料。软磁材料具有较小的剩磁和矫顽力, 磁滞回线较窄, 但是它的磁导率较高, 一般用来制造电机、电器及变压器等的铁芯。常用的软磁材料有铸铁、硅钢、坡莫合金及铁氧体等。铁氧体在电子技术中应用也很广泛, 可做计算机的磁芯、磁鼓以及录音机的磁带、磁头。

2）硬磁材料。硬磁材料又称永磁材料，具有较大的剩磁和矫顽力，磁滞回线较宽，它们被磁化后，其剩磁不易消失，一般用来制造永久磁铁。常用的硬磁材料有碳钢、钴钢及铁镍铝钴合金等。

3）矩磁材料。矩磁材料具有较小的矫顽力和较大的剩磁，磁滞回线接近矩形，稳定性也良好。在计算机和控制系统中可用作记忆元件、开关元件和逻辑元件。常用的矩磁材料有镁锰铁氧体等。

3.2.2 磁路

为了使较小的励磁电流产生足够大的磁通（或磁感应强度），在电机、变压器及各种铁磁元件中常用磁性材料做成一定形状的铁芯。由于铁芯的磁导率比周围空气或其他物质的磁导率高得多，因此磁通的绝大部分经过铁芯而形成一个闭合通路。这种人为造成的磁通路径，称为磁路，如图1-70所示，它是由铁芯和气隙组成。当励磁绕组通过励磁电流时，便有磁场产生，其磁力线的绝大部分经过铁芯而形成一个闭合回路，这部分磁通成为主磁通Φ。此外还有很少一部分磁通经过铁芯外的空气而闭合，称为漏磁通Φ_S，在工程上常把它忽略。

（1）直流铁芯线圈磁路。直流电磁铁采用直流电流励磁，铁芯中的磁通恒定，没有产生感应电动势，因而线圈的励磁电流由电源电压和线圈的电阻决定。直流铁芯线圈电路如图1-71所示。若电源电压和线圈的电阻不变，则励磁电流不变，所以磁动势也不变，因为直流铁芯线圈可制成直流电磁铁，所以直流电磁铁具有以下特点：

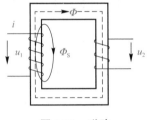
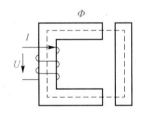

图1-70 磁路　　　　　**图1-71 直流铁芯线圈电路**

1）线圈中的直流励磁电流只取决于电源电压和线圈的电阻，恒定不变。

2）直流电磁铁在衔铁吸合的过程中空气隙是逐渐变小的，磁路中的磁阻也逐渐变小。

3）当励磁电流不变时，磁通量与磁阻成反比，在衔铁吸合的过程中磁通量逐渐变大，由此说明直流电磁铁的吸力大小与衔铁所处的空间位置有关，电磁铁在启动时的吸力要比工作时的吸力小很多。

4）利用直流铁芯线圈制成很多电磁继电器，可以实现用低电压、弱电流来控制高电压、强电流的工作，也可以实现远距离操纵和自动控制。在农机电路中，常利用继电器达到用小电流来控制大电流的目的，如卸荷继电器、雾灯继电器、启动机继电器、喇叭继电器等。

（2）交流铁芯线圈磁路。如图1-72所示，线圈两端加上交流电压u，将产生交变电流i和交变电动势，并产生通过磁路形成闭合路径的交变主磁通和通过空气形成闭合路径的交变漏磁通。根据电磁感应定律，它们将分别产生主磁感应电动势和漏磁感应电动势。

在交流铁芯线圈电路中，主磁通的大小与磁阻无关，主磁通不变时，磁路的变化直接影响励磁电流的大小。在交流铁芯线圈中有两部分功率损耗，分别是线圈电阻上的铜损耗和铁芯中的铁损耗。其中，铁损耗包含磁滞损耗和涡流损耗。

1）磁滞损耗。磁滞损耗是因为铁磁材料反复磁化而引起的损耗，其大小与频率和磁感应强度的幅值有关。铁磁材料磁滞回线所包含的面积大小可以直观地反映磁滞损耗的大小，面积越大，损耗越大。磁滞损耗会引起铁芯发热。为了减小磁滞损耗，应选用磁滞回线狭小的磁性材料制造铁芯。硅钢就是变压器和电动机中常用的铁芯材料，其磁滞损耗较小。

2）涡流损耗。铁磁材料不仅具有导磁能力，还具有导电能力，因而在交变磁通的作用下铁芯内将产生感应电动势和感应电流，感应电流在垂直于磁通的铁芯平面内围绕磁力线呈漩涡状涡流并使铁芯发热，其功率损耗称为涡流损耗。涡流如图 1-73 所示。

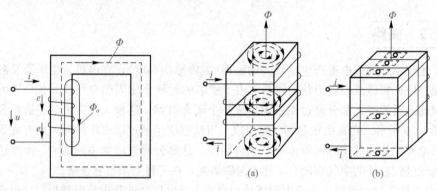

图 1-72　交流铁芯线圈电路　　　　图 1-73　涡流

涡流损耗不仅会造成电能的浪费，设备本身也容易遭受损坏。因此，变压器等设备为了减小损耗，通常不用整块的铁芯，而采用厚度薄、电阻率较大、涂有绝缘漆的硅钢片来叠装铁芯。这样做可以将涡流限制在狭窄的薄片之内，而且由于硅钢材料具有较大的电阻率，故回路电阻较大，可使涡流大为减弱，如图 1-73（b）所示。在设计电动机、变压器等设备时，都希望尽量减小涡流损耗，提高效率。

3.2.3　直流电磁铁与交流电磁铁

电磁铁由线圈、铁芯和衔铁三部分组成，如图 1-74 所示。

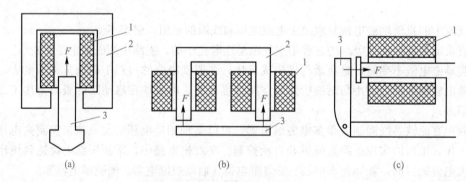

图 1-74　电磁铁的结构
（a）电磁阀；（b）电磁吸盘；（c）电磁开关
1—线圈；2—铁芯；3—衔铁

内部带有铁芯，利用通有电流的线圈使其像磁铁一样具有磁性的装置叫作电磁铁。当在通电螺线管内部插入铁芯后，铁芯被螺线管的磁场磁化，磁化后的铁芯也变成了一个磁体，这样由于两个磁场互相叠加，从而使螺线管的磁性大大增强。为了使电磁铁的磁性更强，通常将铁芯制成蹄形。铁芯要用容易磁化，又容易消失磁化的软铁或硅钢来制作，这样的电磁铁在通电时有磁性，断电后就随之消失。

（1）直流铁芯线圈及直流电磁铁。

1）电磁铁的吸力 F 与空气隙的关系：$F=g(\delta)$。

2）电磁铁的励磁电流 I 与空气隙的关系：$I=g(\delta)$。

电磁铁的工作特性可由实验得出，如图 1-75 所示。直流电磁铁线圈励磁电流 I 的大小与衔铁的运动过程无关，即与 δ 的大小无关。

直流电磁铁工作原理：通电的铁芯线圈对衔铁会产生吸力，吸力大小为

$$F=4B_0^2 S_0 \times 10^5 N$$

式中，B_0 为电磁感应强度；S_0 为铁芯截面积；N 为线圈匝数。

直流铁芯线圈的特点：衔铁吸合前、后的两个稳定运行状态（不考虑衔铁吸合过程），励磁电流不会发生变化，即磁路的改变对直流铁芯线圈的励磁电流没有影响，如图 1-76 所示。

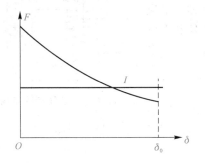

图 1-75　电磁铁的工作特性

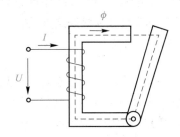

图 1-76　直流铁芯线圈通电图

（2）交流铁芯线圈与交流电磁铁。如图 1-77 所示，当交流继电器的线圈 1（即交流电磁铁的线圈）通过交变电流时，虽然电流的方向经常改变，但铁芯 2 中的磁通方向以及两个磁极也随之改变，因此磁极之间始终能互相吸引。于是衔铁 3 被吸下，带动绝缘杆 4，使触头 6 闭合，接通另一电路。反之，当线圈断电时，在弹簧 5 的作用下，触头分断，切断另一电路。

交流电磁铁两磁极间的吸力 F 与两极间磁感应强度 B 的平方成正比。当磁感应强度等于零时，极间的吸力基本上也等于零（因为铁芯选用软磁材料，剩磁很小），当磁感应强度为最大值时，吸力也为最大。由此可见，吸力在零和最大值之间脉动，如图 1-77 所示。

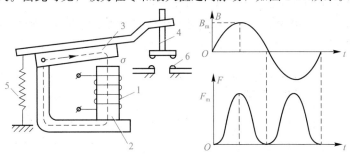

图 1-77　交流铁芯线圈通电图

1—线圈；2—铁芯；3—衔铁；4—绝缘杆；5—弹簧；6—触头

3.3 变压器

3.3.1 变压器的用途、种类和结构

(1)变压器的用途。变压器是根据电磁感应原理工作的一种常见的电气设备，具有变电压、变电流、变阻抗的功能，在电力系统和电子线路中应用广泛。变压器的主要功能有变电压(电力系统)、变电流(电流互感器)、变阻抗(电子线路中的阻抗匹配)。

(2)变压器的种类。变压器按相数可分为单相变压器、三相变压器、多相变压器；按用途可分为电压互感器、电流互感器、焊接变压器；按升、降压可分为升压变压器和降压变压器；按线圈绕组分为双绕组变压器、三绕组变压器、多绕组变压器、自耦变压器；按铁芯结构形式分为壳式、心式。

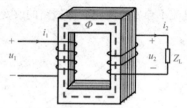

图 1-78　变压器的结构示意

(3)变压器的结构。变压器基本组成部分均为闭合铁芯和线圈绕组，如图 1-78 所示。绕组分为一次绕组、二次绕组、变压器的电路。铁芯由高导磁硅钢片叠成，厚度一般为 0.35～0.55 mm。

3.3.2 变压器的工作原理

图 1-79 所示为变压器的工作原理图。变压器的基本工作原理是电磁感应原理，以单相变压器为例，在变压器原绕组上接入交流电压 u 时，原绕组中便有电流 i_1 通过。原绕组的磁动势 $i_1 N_1$ 产生的磁通绝大部分通过铁芯而闭合，从而在副绕组中感应出电动势。如果副绕组接有负载，那么副绕组中就有电流 i_2 通过，副绕组的磁动势 $i_2 N_2$ 也产生磁通，其绝大部分也通过铁芯而闭合。因此，铁芯中的磁通是一个由原、副绕组的磁动势共同产生的合成磁通，它称为主磁通，用 Φ 表示，主磁通穿过原绕组和副绕组而在其中感应出的电动势分别为 e_1、e_2。对原、副绕组产生的漏磁通忽略不计。

变压器工作原理

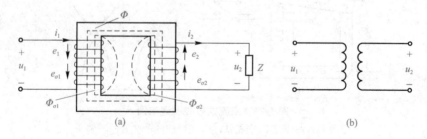

图 1-79　变压器的结构和符号

(a)变压器的结构示意；(b)变压器的符号

原绕组匝数为 N_1，电压 u_1，电流 i_1，主磁电动势 e_1，主磁电动势 $e_{\sigma 1}$；副绕组匝数为 N_2，电压 u_2，电流 i_2，主磁电动势 e_2，漏磁电动势 $e_{\sigma 2}$。

空载运行：原绕组接交流电源，副绕组开路。

（1）电压变换。原副绕组同受主磁通作用，所以在两个绕组中产生的感应电动势为

$$e_1 = -N_1\frac{\mathrm{d}\Phi}{\mathrm{d}t} \rightleftharpoons e_2 = -N_2\frac{\mathrm{d}\Phi}{\mathrm{d}t}$$

原、副绕组上产生的感应电动势的有效值为

$$E_1 = 4.44fN_1\Phi_\mathrm{m} \quad E_2 = 4.44fN_2\Phi_\mathrm{m}$$

式中，E_1、E_2 为感应电势有效值；f 为工作频率，N 为匝数，Φ_m 为主磁通最大值。

忽略电阻 R_1 和漏抗 $X_{\sigma 1}$ 的电压，则 $U_1 \approx E_1$

变压器空载时： $\qquad\qquad I_2 = 0，U_2 \approx E_2$

式中　I_2——副边电路的电流；

$\qquad U_2$——空载时副绕组的端电压。

以上各式说明，由于原、副绕组的匝数 N_1、N_2 不相等，故 E_1 和 E_2 的大小也不等，因而输入电压 U_1（电源电压）和输出电压 U_2（负载电压）的大小也是不等的。

原、副绕组的电压之比为

$$\frac{U_1}{U_2} \approx \frac{E_1}{E_2} = \frac{N_1}{N_2} = K$$

式中，K 称为变压器的变比，即原、副绕组的匝数比。可见，当电源电压 U_1 一定时，只要改变匝数比，就可得出不同的输出电压 U_2。当 $K>1$ 时，为降压变压器；当 $K<1$ 时，为升压变压器。

（2）电流变换。由 $U_1 = E_1 = -4.44fN_1\Phi_\mathrm{m}$ 可见，当电源电压 U_1 和工作频率 f 不变时，E_1 和 Φ_m 也都近于常数，就是说，铁芯中主磁通的最大值在变压器空载或有负载时差不多是恒定的。因此有负载时产生主磁通的原、副绕组的合成磁动势（$i_1 N_1 + i_2 N_2$）应该和空载时产生主磁通的原绕组的磁动势 $i_0 N_1$ 差不多相等，即：$i_1 N_1 + i_2 N_2 = i_0 N_1$。

变压器应用示例

变压器的空载电流 i_0 是励磁用的。由于铁芯的磁导率高，空载电流是很小的。它的有效值 I_0 在原绕组额定电流 I_{1N} 的 10% 以内。

因 $I_0 N_1$ 与 $I_1 N_1$ 相比，常可忽略。于是 $i_1 N_1 = -i_2 N_2$，其有效值形式为

$$I_1 N_1 = I_2 N_2$$

所以 $I_1/I_2 = N_2/N_1 = 1/K$。式中，I_1、I_2 为电流有效值。

（3）阻抗变换。变压器一次侧的等效阻抗模，为二次侧所带负载的阻抗模的 K^2 倍。变压器不但可以变换电压和电流，还有变换阻抗的作用，以实现"匹配"。比如将负载阻抗 Z' 接在变压器副边以实现等效。所谓等效，就是输入电路的电压、电流和功率不变，即直接接在电源上的阻抗和接在变压器副边的负载阻抗是等效的。阻抗等效变换图如图 1-80 所示。

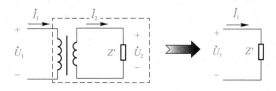

图 1-80　阻抗等效变换图

$$|Z| = \frac{U_2}{I_2}\quad |Z'| = \frac{U_1}{I_1}$$

$$|Z'| = \frac{U_1}{I_1} = \frac{KU_2}{\frac{I_2}{K}} = K^2\frac{U_2}{I_2} = K^2|Z|$$

$$|Z'| = K^2|Z|$$

匝数比不同，负载阻抗折算到（反映到）原边的等效阻抗也不同。可以采用不同的匝数比，把负载阻抗变换为所需要的、比较合适的数值。这种做法通常称为阻抗匹配。

3.3.3　变压器的主要参数

(1)工作频率 f。变压器铁芯损耗与频率关系很大，故应根据使用频率来设计和使用，这种频率称为工作频率，单位 Hz。我国使用的标准频率为 50 Hz。

(2)额定电压(kV)。变压器的额定电压 U_{1N} 和 U_{2N} 是指变压器长时间运行时原、副绕组所能承受的工作电压。在变压器的铭牌上，它通常以"U_{1N}/U_{2N}"的形式表示原、副绕组的额定电压。

(3)额定电流(A)。变压器的额定电流 I_{1N} 和 I_{2N} 是指变压器长时间连续工作时原、副绕组允许通过的最大电流。它们是根据绝缘材料允许的温度确定的，在三相变压器中均代表线电流。

单相
$$I_{1N} = \frac{S_N}{U_{1N}}$$

$$I_{2N} = \frac{S_N}{U_{2N}}$$

三相
$$I_{1N} = \frac{S_N}{\sqrt{3}U_{1N}}$$

$$I_{2N} = \frac{S_N}{\sqrt{3}U_{2N}}$$

式中　S_N——变压器的额定容量；

　　　U_{1N}、U_{2N}——变压器原、副绕组额定电压。

(4)额定容量(kVA)。额定容量是变压器在额定电压、额定电流下连续运行时能输送的容量，也称视在功率。

$$S_N = U_{2N}I_{2N}(单相)，\quad S_N = \sqrt{3}U_{2N}I_{2N}(三相)$$

(5)空载电流(%)。变压器次级开路时，初级仍有一定的电流，这部分电流称为空载电流，一般以额定电流的百分数表示。变压器的空载电流 i_0 是励磁用的。空载电流由磁化电流（产生磁通）和铁损电流（由铁芯损耗引起）组成。对于 50 Hz 电源变压器而言，空载电流基本上等于磁化电流。

(6)空载损耗(kW)。空载损耗是指变压器次级开路时，在初级测得的功率损耗。主要损耗是铁芯损耗 P_{Fe}，其次是空载电流在初级线圈电阻上产生的铜损 P_{Cu}，这部分损耗很小。铁损即铁芯的磁滞损耗和涡流损耗；铜损是原、副边电流在绕组的导线电阻中引起的损耗。

(7)效率。变压器的输出功率 P_2 与输入功率 P_1 之比的百分数称为变压器的效率，用 η 表示。

$$\eta = \frac{P_2}{P_1} \times 100\% = \frac{P_2}{P_2 + \Delta P_{Fe} + \Delta P_{Cu}} \times 100\%$$

小型变压器的效率为 $70\% \sim 85\%$，大型变压器效率可达 98%，通常变压器的额定功率越大，效率就越高。

3.3.4 点火线圈

汽油机驱动的农机有点火线圈，它能将电源系统提供的低压，变为高达几千伏甚至上万伏的高压，用于点燃发动机内的汽油混合气，点火线圈可以认为是一种特殊的脉冲变压器，主要是通过初级线圈绕组的电流作为磁场存储。当初级线圈绕组电流突然被切断(通过功率晶体管断开电路接地端)时，磁场衰减，使次级线圈绕组产生感应电动势，该感应电动势的电压足以使火花塞放电。

(1)开磁路式点火线圈。开磁路式点火线圈的结构如图1-81所示。点火线圈的上端装有胶木盖，其中央突出部分为高压接线柱，其他的接线柱为低压接线柱。根据低压接线柱的数目不同，点火线圈有两接线柱式和三接线柱式之分。

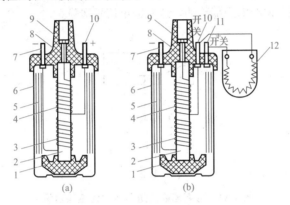

图1-81　开磁路式点火线圈

(a)两接线柱式；(b)三接线柱式

1—瓷杯；2—铁芯；3——次绕组；4—二次绕组；5—钢片；6—外壳；7—"—"接线柱；

8—胶木盖；9—高压接线柱；10—"＋"接线柱或开关接线柱；11—"＋"接线柱；12—附加电阻

开磁路式点火线圈采用柱形铁芯，初级绕组在铁芯中产生的磁通，通过导磁钢套构成磁回路，而铁芯的上部和下部的磁力线从空气中穿过，磁路的磁阻大，泄漏的磁通量多，转换效率低，一般只有60％左右，现已逐渐被淘汰。

(2)闭磁路式点火线圈。闭磁路式点火线圈的结构如图1-82所示。在"日"字形铁芯内绕有一次绕组，在一次绕组外面绕有二次绕组，其磁路如图1-83所示。

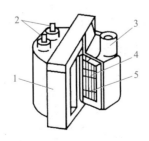

图1-82　闭磁路式点火线圈

1—"日"字形铁芯；2——次绕组接线柱；

3—高压接线柱；4——次绕组；5—二次绕组

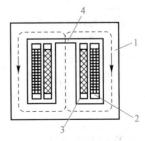

图1-83　闭磁路式点火线圈的磁路

1—"日"字形铁芯；2——次绕组；

3—二次绕组；4—空气隙

由图可知，磁感线经铁芯构成闭合磁路。闭磁路式点火线圈的优点是漏磁少，磁路的磁阻小，因而能量损失小，能量变换率高，可达75%（开磁路式点火线圈只有60%）。并且闭磁路式点火线圈采用热固性树脂作为绝缘填充物，外壳以热熔性塑料注塑成型，其绝缘性、密封性均优于开磁路式点火线圈。

闭磁路式点火线圈体积小，可直接装在分电器盖上，不仅结构紧凑，而且省去了点火线圈与分电器之间的高压导线，并可使二次电容减小，所以在电子点火系统中广泛使用。

除了点火线圈以外，现在农机上还安装有基于变压器原理的传感器。下面以可变电感式进气压力传感器来说明。

如图1-84所示，当振荡器输出的交流电通过一次线圈 W_1，由于互感作用，使二次线圈 W_2 产生输出电压，其大小取决于两线圈的耦合情况。耦合越紧，输出电压越大。因此，当铁芯向两线圈中间移动时，输出信号就会增强。

在可变电感式进气压力传感器中，铁芯与线圈的相对位置同膜盒控制。进气管绝对压力升高时，膜盒收缩，使铁芯向线圈中部移动，这时输出信号增强。

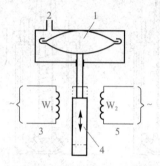

图1-84　可变电感式进气压力传感器示意
1—膜盒；2—进气管；3—一次线圈；4—铁芯；5—二次线圈

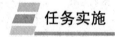 **任务实施**

检测点火线圈及点火系统电路

3.1.1　实验目的

(1)掌握点火线圈的外部检验及初次级绕组短路、断路、搭铁检验。
(2)掌握点火线圈的发火强度检验。
(3)掌握点火系统的电路工作原理及检修方法。

3.1.2　主要实验仪器

(1)被测试的点火线圈、良好的点火线圈各一个。
(2)万能电器试验台，常用工具一套，万用表、试灯各一个。
(3)点火系统电路板三套(不同系统)。

3.1.3 点火系统工作原理

传统点火系统是由蓄电池、点火开关、分电器、点火线圈、高压导线和火花塞等组成，其工作原理如图 1-85 所示。

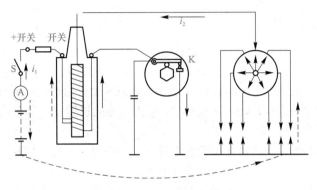

图 1-85 点火系统原理

发动机工作时，分电器轴连同凸轮一起在发动机凸轮轴的驱动下旋转，凸轮旋转时交替地使断电器触点打开与闭合。在点火开关接通的情况下，当触点闭合时，点火线圈一次绕组中有电流流过，流过一次绕组的电流称为一次电流 I_1，一次电流所流过的路径称为一次电路，或低压电路。其路径如下：

蓄电池正极→电流表→点火开关→点火线圈"＋开关"接线柱→附加电阻→"开关"接线柱→点火线圈一次绕组→点火线圈"－"接线柱→断电器触点→搭铁→蓄电池负极。

电流通过一次绕组时，在铁芯中产生磁场。当断电器凸轮将触点打开时，一次电路被切断，一次绕组中的电流迅速下降到零，引起磁通突降，在一次绕组中产生自感电动势，达 200～300 V。因此，二次绕组中将在互感的作用下产生与二次绕组和一次绕组匝比成正比的高压电动势，达 15～20 kV。该电动势击穿火花塞间隙，产生电火花，点燃混合气。二次绕组上产生的电压称为二次电压 U_2，二次绕组所在的电路称为二次电路，或高压电路。其路径如下：

二次绕组→附加电阻→点火开关→蓄电池正极→蓄电池负极→高压导线→配电器旁电极→分火头→高压导线→二次绕组。

发动机工作期间，断电器凸轮每转一周，各缸按点火顺序轮流点火一次。

3.1.4 实验步骤

(1)点火线圈检测。

1)外部检验。目测点火线圈，若有绝缘盖破裂或外壳破裂，就会受潮而失去点火能力，应予以更换。

2)初次级绕组断路、短路和搭铁检验。

①测量电阻法。用万用表测量点火线圈的初级绕组、次级绕组以及附加电阻的电阻值，应符合技术标准，否则说明有故障，应予以更换。

②试灯检验法。用试灯，接在初级绕组的两接线柱上，若灯不亮则是断路；当检查绕组是否有搭铁故障时，可将试灯的一端与初级绕组相连，另一端接外壳，如灯亮，便表示有搭铁故障；短路故障用试灯不易查出。

3)次级绕组的检验。因为次级绕组的一端接于高压插孔,另一端与初级绕组相连,所以检验中,当试灯的一个触针接高压插孔,另一触针接低压接柱时,若试灯发出亮光,说明有短路故障;若试灯暗红,说明无短路故障;若试灯根本不发红,则应注意观察,当将触针从接柱上移开时,看有无火花发生,如没有火花,说明绕组已断路。

因为次级绕组和初级绕组是相通的,若次级绕组有搭铁故障,在检查初级绕组时就已反映出来了,无须检查。

4)发火强度检验。

①电器试验台检验。检查点火线圈产生的高电压时,可与分电器配合在试验台上进行试验。检验时将放电电极间隙调整到7 mm,先以低速运转,待点火线圈的温度升高到工作温度(60 ℃～70 ℃)时,再将分电器的转速调至规定值(一般四、六缸发动机的点火线圈为1 900 r/min,八缸发动机用的点火线圈为2 500 r/min),在0.5 min内,若能连续发出蓝色火花,表示点火线圈良好。

②用对比跳火法检验。此方法在试验台上或车上均可进行,将被检验的点火线圈与好的点火线圈分别接上进行对比,看其火花强度是否一样。

点火线圈经过检验,如内部有短路、断路、搭铁等故障,或发火强度不符合要求时,一般均应更换为新品。

(2)点火系统检测。

1)接线检查。在实验前应检查点火系统的接线情况,有无接错、漏接、接触不良的现象,如有应首先处理后方可进行下面的检测。

2)供电电压的检测。用万用表检测点火线圈正极与地之间的压降应与供电电池的压降相等(无附加电阻的类型),如果差值大于0.5 V应检查电路的连接情况是否有断路,短路或接触不良。

3)发火性能的检测。接好系统后,运转检测发火性能,如果无火则进入下面的检修,如果有火但呈黄色则检查电容本身和其线路,或点火线圈[方法如(1)点火线圈检测],或高压线,或分火头的情况;正常点火为白色。

4)传感器的检测。如果是无触点的点火系统,没有点火可先检查传感器,无论是霍尔式、光电式都需要来自控制器的供电电压,所以先检查此电压是否正常。若没有异常则检查控制器;有则检测传感器的输出信号(由于电磁式点火系统传感器不需供电电源,故可直接检测传感器),信号会随发动机运转而发生相应的变化(电磁式为0.4～0.8 V,霍尔式为3～6 V,光电式为2～3 V),如果转速不低于1 500 r/min且不符合要求,则更换传感器。

5)控制器的检测。如果上述检测都没有问题,只可能是控制器的故障,可采用替换法检测。

任务4   半导体器件分析

任务描述

半导体由于它独有的导电特性,可制作成不同的半导体器件,已被广泛应用在农机电气领域。本任务将对半导体及各种半导体器件的基础理论知识做详细介绍,通过对各种半导体器件的特征和工作原理的学习,分析由它们构成的各种基本电路,从而了解各电路的基本作用和功能。完成二极管(三极管)的识别与检测、整流器的检测等工作任务。

4.1 半导体的基本知识

4.1.1 本征半导体及其导电特性

(1)本征半导体。自然界的各种物质就其导电性能来区分，可以分为导体、绝缘体和半导体三大类。导体具有良好的导电特性，常温下，其内部存在着大量的自由电子，它们在外电场的作用下做定向运动形成较大的电流，如铜、铝、银等。绝缘体几乎不导电，在这类材料中，几乎没有自由电子，即使有外电场作用也不会形成电流，如橡胶、陶瓷、塑料等。

半导体的导电能力介于导体和绝缘体之间。这种导电特性是由它的内部结构和导电机理决定的。常用的半导体材料是硅和锗，都是四价元素。纯净的半导体具有晶体结构，所以半导体也称晶体。当单晶硅和单晶锗的结晶纯度高于99.999 999 999 9%时，此时的半导体叫作本征半导体。

(2)本征半导体的导电原理。当半导体中只有一种元素的时候，就会有价电子之间的轨道交叠，形成共价键结构，图1-86所示是硅(Si)本征半导体共价键的结构示意。在半导体共价键结构中，原子的最外层电子被束缚得很紧，所以在热力学温度是零时，本征半导体没有导电能力。在获得一定能量(如光照、升温、电磁场激发等)之后，电子受到激发，即可摆脱原子核的束缚，成为自由电子，同时共价键中留下对应的空位置，这个空位置称为空穴。

当空穴出现时，相邻原子的价电子比较容易离开它所在的共价键而填补到这个空穴中来，使该价电子原来所在共价键中出现一个新的空穴，这个新的空穴又可能被其他相邻原子的价电子填补，再次出现新的空穴。价电子填补空穴的这种运动无论在形式上还是效果上都相当于空穴在运动，且运动方向与价电子运动方向相反。为了区别于自由电子的运动，把这种运动称为空穴运动，并把空穴看成是一种带正电荷的粒子。此时半导体中将出现两种电流：一种是自由电子运动形成的电子电流；另一种是仍被原子核束缚的价电子递补空穴形成的空穴电流。也就是说，在半导体中存在自由电子和空穴两种运载电荷的粒子，称其为载流子，如图1-86所示。

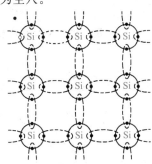

图 1-86 硅(Si)本征半导体 共价键的结构示意
●电子；○空穴

本征半导体中的自由电子和空穴总是成对出现的，同时又不断复合，本征半导体的导电能力就决定于载流子的数目和速度。

(3)本征半导体的导电特性。一般来说，本征半导体相邻原子间存在稳固的共价键，导电能力并不强。但在不同条件下的导电能力却有很大差别。例如以下几种情况的导电特性：

1)有些半导体在温度升高的条件下，导电能力大大增强，也称为半导体材料的热敏性。利用这种特性可制成热敏电阻等敏感元件。

2)有些半导体在光照的条件下，导电能力大大增强，也称为半导体材料的光敏性。利用这种特性可制成光敏电阻、光电二极管、光电池等器件。

3)在本征半导体中掺入微量杂质元素后，其导电能力就可增加几十万乃至几百万倍，利用这种特性可以制成杂质半导体，由此制成了二极管、三极管等重要的半导体器件。

4.1.2　N型半导体和P型半导体的形成

实际应用中所用的都是杂质半导体，分为N型半导体和P型半导体两种。

（1）N型半导体：即在本征半导体中掺入微量5价元素（如磷、砷、锑等）。这样它的活性大大的得到提高，在室温时，由于在构成的共价键中存在多余的价电子，从而产生大量的自由电子。如图1-87所示为掺入5价的磷（P）元素构成的N型半导体。因此，在N型半导体中多数载流子为电子，少数载流子为空穴。

（2）P型半导体：即在本征半导体中掺入微量3价元素（如硼、镓、铝、铟等）。由于在构成的共价键中剩余出很多的空位置，从而产生大量的空穴。如图1-88所示为掺入3价的硼（B）元素构成的P型半导体。因此，在P型半导体中多数载流子是空穴，少数载流子是电子，与N型恰恰相反。

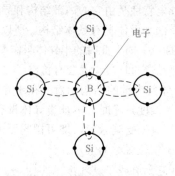

图1-87　N型半导体的分子结构

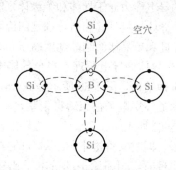

图1-88　P型半导体的分子结构

4.1.3　PN结的形成及单向导电性

（1）PN结的形成。在同一块半导体基片的两边分别形成N型半导体和P型半导体，它们的交界区域会形成一个很薄的空间电荷区，称为PN结。PN结的形成过程如图1-89所示。

由图1-89（a）可见，界面两边存在着载流子的浓度差，N区的多子（多数载流子）是电子，P区的多子是空穴，在它们的交界区域会发生扩散的现象，N区的电子向P区移动，P区的空穴向N区移动，在中间的交界区复合而消失，使P区留下不能移动的负电荷离子，N区留下不能移动的正电荷离子。扩散的结果使交界区域出现了空间电荷区，即形成了一个由N区指向P区的内电场，如图1-89（b）所示。内电场的存在阻碍了扩散运动，但却使P区少子（电子）向N区漂移，N区的少子（空穴）向P区漂移。多子的扩散运动使空间电荷区加厚，而少子的漂移运动使空间电荷区变薄。当扩散与漂移达到动态平衡时，便形成了一定厚度的空间电荷区，即为PN结。由于空间电荷区缺少能移动的载流子，故又称PN结为耗尽层或阻挡层，整体对外还是显电中性。

（2）PN结的单向导电性。PN结正向导通，将电源的正极接PN结的P区，负极接PN结的N区（即正向连接或正向偏置），如图1-90（a）所示。由于PN结为耗尽层高阻区，而P区与N区电阻很小，因而外加电压几乎全部落在PN结上。由图可见，外电场方向与内电场方向相反，外电场将推动P区多子（空穴）向右扩散，与原空间电荷区的负离子中和，同时也推动N区的多子(电子)向左扩散与原空间电荷区的正离子中和,使空间电荷区变薄,打破了原来的动态平衡。电源不断地向 P 区补充正电荷,向 N 区补充负电荷,结果使电路中形成较大的正向电流,由 P 区流向 N 区。这时 PN 结对外呈现较小的阻值,处于正向导通状态。

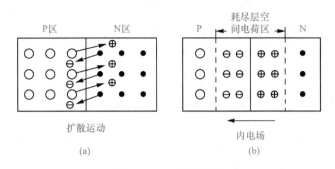

图 1-89　PN 结的形成

(a)多子扩散示意;(b)扩散结果出现的空间电荷区

PN 结反向截止,将电源的正极接 PN 结的 N 区,负极接 PN 结的 P 区(即 PN 结反向偏置),如图 1-90(b)所示。外电场方向与内电场方向一致,它将 N 区的少子(空穴)向左侧拉进 PN 结,同时将 P 区的少子(电子)向右侧拉进 PN 结,使原空间电荷区电荷增多,PN 结变宽,呈现大的阻值,且打破了原来的动态平衡,使漂移运动增强。由于漂移运动是少子运动,因而漂移电流很小。若忽略漂移电流,则可以认为 PN 结截止。

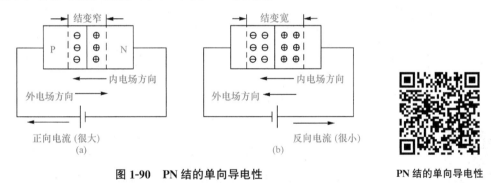

图 1-90　PN 结的单向导电性

(a)正向连接示意;(b)反向连接示意

PN 结的单向导电性

因此,当 PN 结正向偏置时,正向电阻较小,正向电流很大,此时 PN 结导通;当 PN 结反向偏置时,反向电阻值较大,反向电流很小,此时 PN 结截止。这就是 PN 结的单向导电性。

4.2　半导体二极管

4.2.1　半导体二极管的结构和符号

半导体二极管(以下简称二极管)是由一个 PN 结、相应的电极引线和管壳构成的电子元件。P 区的引出线称为正极或阳极,N 区的引出线称为负极或阴极,如图 1-91 所示。按所用材料可分为硅管、锗管和砷化镓管等；按其不同的结构可分为点接触型二极管和面接触型二极管。

(1)点接触型二极管的结构如图1-91(a)所示。它的特点是PN结的面积非常小，因此不能通过较大电流；但高频性能好，故适用于高频和小功率工作，一般用作高频检波管和数字电路里的开关元件。

(2)面接触型二极管的结构如图1-91(b)所示。它的主要特点是PN结的面积很大，故可通过较大的电流；但工作频率较低，一般用于整流电路。

二极管的文字符号为VD，电路符号如图1-91(c)所示。有关二极管的型号命名方法可参见有关资料。

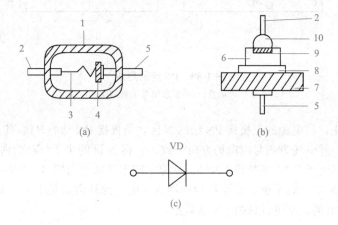

图1-91　二极管的结构与电路符号

(a)点接触型；(b)面接触型；(c)电路符号

1—外壳；2—阳极引线；3—金属触丝；4—N型锗片；5—阴极引线；6—N型硅；

7—底座；8—金锑合金；9—PN结；10—铝合金小球

二极管特性

4.2.2　半导体二极管的伏安特性

二极管两端电压与通过电流的关系称为二极管的伏安特性。二极管的电压与电流的关系曲线称为伏安特性曲线，如图1-92所示。

(1)正向特性。正向特性如图1-92中的①段所示。当加在二极管两端的正向偏置电压很小时，二极管仍然不能导通，流过二极管的正向电流十分微弱。只有当正向电压超过某一数值后，才出现明显的正向电流，该电压称为门槛电压(又称死区电压)。在室温下，硅管的门槛电压约为0.5 V，锗管约为0.1 V。正向导通后，硅管的压降约为0.7 V，锗管约为0.3 V，称为二极管的"正向压降"。

(2)反向特性。反向特性如图1-92中的②段所示。当二极管处于反向偏置时，仍然会有微弱的反向电流流过二极管，称为漏电流。因为反向电流极小，可以认为二极管基本不导通。反向电流越小，二极管的反向截止性能越好。但温度升高，反向电流将随之增加。

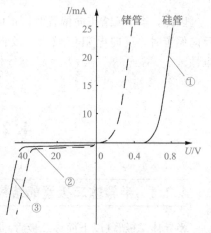

图1-92　二极管的伏安特性曲线

当反向电压增加到一定数值时，反向电流突然剧增，二极管失去单向导电性，这种现象称为"反向击穿"，此时所加的反向电压称为"反向击穿电压"，如图 1-92 中的③段所示。反向击穿电压因材料和结构的不同，一般在几十伏以上，有的甚至可达几千伏。

4.2.3 半导体二极管的主要参数

(1)最大整流电流 I_F。最大整流电流是指二极管长期运行时允许通过的最大正向平均电流。超过这一数值时二极管将因过热而烧坏。工作电流较大的大功率管子还必须按规定安装散热装置。

(2)最高反向工作电压 U_{RM}。最高反向工作电压是指二极管在使用时所允许加的反向电压峰值。加在二极管两端的反向电压高于最高反向工作电压时，会有被反向击穿的危险，从而失去单向导电能力。一般手册上给出的最高反向工作电压约为反向击穿电压的一半，以保证管子安全运行。

(3)反向电流 I_R。反向电流是指二极管在规定的温度和最高反向电压作用下，管子未被击穿时流过二极管的反向电流。反向电流越小，管子的单方向导电性能越好。值得注意的是反向电流与温度有着密切的关系，当温度增加，反向电流会急剧增加，所以在使用二极管时要注意温度的影响。

二极管的参数还有最高工作频率、极间电容等，均在半导体器件手册中可查到。

4.3 半导体三极管

在生产和测量中，电信号放大电路的应用十分广泛，经常需要将微弱的电信号(电压、电流或电功率)进行放大，以便有效进行观察、测量、控制或调节。例如收音机和电视机，它们天线收到的包含声音和图像信息的微弱电信号，只有通过电信号放大电路变换来推动扬声器和显像管工作，而这样的电路可以用晶体管、运算放大器等电子元件组成。

4.3.1 半导体三极管的结构、符号及特性曲线

(1)半导体三极管的结构和符号。半导体三极管(以下简称三极管)，也称为晶体三极管，是最重要的一种半导体器件，常用的一些三极管外形如图 1-93 所示。

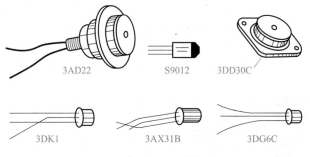

图 1-93 常用的三极管外形

三极管最常见的结构有平面型三极管（主要为硅管）和合金型三极管（主要为锗管）两类，如图 1-94 所示。

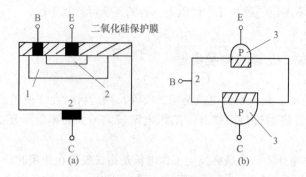

图 1-94　晶体三极管的结构
(a)平面型三极管；(b)合金型三极管；
1—P 型硅；2—N 型硅；3—铟球

无论是平面型三极管还是合金型三极管，内部都由三层 N、P、N 型半导体或三层 P、N、P 型半导体材料构成，因此又把三极管分为 NPN 型三极管和 PNP 型三极管两类。其结构示意和电路符号如图 1-95 所示，图 1-95(a)为 NPN 型三极管的结构与电路符号，图 1-95(b)为 PNP 型三极管的结构与电路符号。

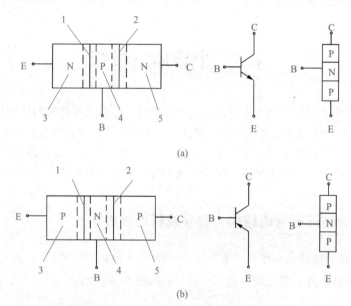

图 1-95　晶体三极管的结构及电路符号
(a)NPN 型三极管的结构与电路符号；(b)PNP 型三极管的结构与电路符号
1—发射结；2—集电结；3—发射区；4—基区；5—集电区

每一类三极管都由基区(B)、发射区(E)、集电区(C)组成，每个区分别引出一个电极，即基极 B、发射极 E、集电极 C。三极管有两个 PN 结，基区和集电区之间的 PN 结称为集电结，基区和发射区之间的称为发射结。电路符号中的箭头表示发射极电流的方向。

晶体管结构有一种重要的特点，那就是 E 区的掺杂浓度高，B 区掺杂浓度低且很薄，C 区面积较大，因此 E 区和 C 区不可调换使用。

(2)三极管的放大原理。为了解三极管的电流放大作用,先做一个实验,实验电路如图1-96所示,基极电源U_B、基极电阻R_B、基极 B 和发射极 E 组成输入回路。集电极电源U_C、集电极电阻R_C、集电极 C 和发射极 E 组成输出回路。发射极是公共电极。这种电路称为共发射极电路。

如图1-96所示,在 B、E 两端接电源U_B,在 C、E 两端接电源U_C,并且使$U_B<U_C$,这样就保证了发射结加的是正向电压(正向偏置),集电结加的是反向电压(反向偏置),这是三极管实现电流放大作用的外部条件。此时,在电路中就会形成三个电流I_B、I_C和I_E。

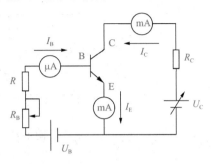

图1-96　晶体管内部载流子
运动与外部电流图

此时,三极管内部载流子的运动过程如下:

1)电子从发射区向基区扩散的过程:当发射结处于正向偏置时,发射结阻挡层变薄,发射区的多数载流子(自由电子)不断扩散到基区,由于发射区的掺杂浓度较大,发射区的电子更容易扩散入基区,形成发射极电流I_E。

2)电子在基区复合及扩散的过程:由于基区很薄,多数载流子(空穴)浓度很低,所以从发射极扩散过来的电子只有极少部分可以和基区空穴复合,形成比较小的基极电流I_B,而剩下的绝大部分电子都能扩散到集电结边缘。

3)电子被集电区收集的过程:由于集电结反向偏置,从发射区扩散到基区并到达集电区边缘的电子会在其作用下,被拉动至集电区,从而形成较大的集电极电流I_C。

当调整电阻R_B时,基极电流I_B、集电极电流I_C和发射极电流I_E都会发生变化。通过以上实验得出表1-4所示的测量结果。

表1-4　三极管电流测量结果

I_B/mA	0	0.01	0.02	0.03	0.04	0.05
I_C/mA	<0.001	0.50	1.00	1.60	2.20	2.90
I_E/mA	<0.001	0.51	1.02	1.63	2.24	2.95
I_C/I_B		50	50	53	55	58
$\Delta I_C/\Delta I_B$			50	60	60	70

由实验测量结果分析可得出下面的结论:

1)发射极电流等于基极电流和集电极电流之和。此结果符合基尔霍夫电流定律。

$$I_E = I_B + I_C$$

2)I_C比I_B大得多。从第二列以后的I_C/I_B数据可看出这点,即:I_C要比I_B大数十倍。

3)很小的I_B变化可以引起很大的I_C变化。比较第二列以后,后一列与前一列数据的基极电流和集电极电流的相对变化,即:$\Delta I_C/\Delta I_B$,当基极电流发生较小的变化时,集电极电流的变化却较大。也就是说,基极电流对集电极电流具有控制作用,这就是晶体管的电流放大作用。

(3)三极管的特性曲线。晶体管的伏安特性曲线反映了晶体管的性能和各电极的电流与电压之间的关系,实际上是其内部特性的外部表现,是分析放大电路的重要依据。这些特性曲线可用晶体管特性图示仪直观地显示出来,也可以通过图1-97所示的实验电路进行测绘。

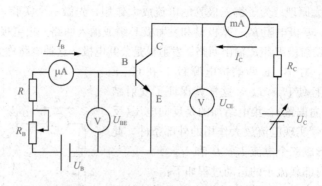

图 1-97　三极管伏安特性曲线实验电路

1) 输入特性曲线。三极管的输入特性曲线是指当集电极－发射极电压 U_{CE} 为常数时，基极电流 I_B 与基极－发射极电压 U_{BE} 之间的关系曲线，如图 1-98 所示。

$$i_B = f(u_{BE}) \mid U_{CE} = \text{常数}$$

对硅管而言，当 U_{CE} 超过 1 V 时，集电结已达到足够反偏，可以把从发射区扩散到基区的电子中的绝大部分拉入集电区。如果此时再增大 U_{CE}，只要 U_{BE} 保持不变，从发射区发射到基区的电子数就一定，即 I_B 也就基本不变。就是说，当 U_{CE} 超过 1 V 后的输入特性曲线基本上是重合的。所以，通常只画 $U_{CE} \geqslant 1$ V 的一条输入特性曲线，如图 1-98 所示。

由图 1-98 可见，三极管的输入特性与二极管的正向特性相似，也有一段死区，只有当发射结外加电压 U_{BE} 大于死区电压时，三极管才会出现基极电流 I_B。通常硅管的死区电压约为 0.5 V，锗管约为 0.1 V。在正常工作情况下，NPN 型硅管的发射结电压 U_{BE} 为 0.6～0.7 V，PNP 型锗管的发射结电压 U_{BE} 为 0.2～0.3 V。

2) 输出特性曲线。输出特性曲线是指当基极电流一定时，集电极电流与集电极 - 发射极电压之间的关系曲线，即

$$I_C = f(U_{CE}) \mid I_B = \text{常数}$$

给定一个基极电流 I_B，就对应一条特性曲线，所以三极管的输出特性曲线是一组曲线，如图 1-99 所示。从曲线上看，它大致可以分出以下三个区域：

① 放大区。输出特性曲线近于水平的部分是放大区。在此区域内，I_C 和 I_B 成正比关系。三极管工作在放大状态时，发射结处于正向偏置，集电结处于反向偏置，即对 NPN 型管而言，应使 $U_{BE} > 0$，$U_{BC} < 0$。

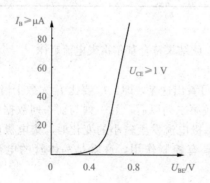

图 1-98　三极管输入特性曲线

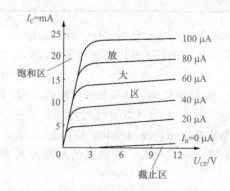

图 1-99　三极管输出特性曲线

② 截止区。$I_B = 0$ 曲线以下的区域称为截止区。为了使三极管可靠截止，常使 $U_{BE} \leqslant 0$。因

此，三极管在截止工作状态时，发射结和集电结均处于反向偏置。

③饱和区。输出特性曲线的陡直部分是饱和区。当$U_{BC}>0$、$U_{BE}>0$且$U_{CE}<U_{BE}$时，发射结和集电结均处于正向偏置，晶体管工作于饱和状态。在饱和区，I_B的变化对I_C的影响较小，I_C仅由U_C和R_C确定。

4.3.2　基本放大电路

所谓放大，实质是能量的放大，三极管是能量控制元件，利用三极管构成的放大电路能实现小能量对大能量的控制作用。三极管有三个电极，根据公共端的不同，可以有三种不同的连接方式，分别是共发射极接法、共集电极接法和共基极接法。

放大电路的交流信号从基极输入，从集电极输出，是共发射极接法，以共发射极放大电路为例，学习基本放大电路的分析方法。

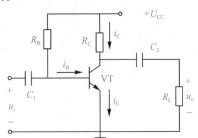

图 1-100　共发射极交流放大电路

（1）基本放大电路的组成。如图 1-100 所示，各元件及作用如下：

1）三极管 VT：电路采用 NPN 型三极管，利用三极管的电流放大作用，在集电极获得放大的电流i_C。

2）集电极电源U_{CC}：其作用是为整个电路提供能源，并且保证三极管的发射结正向偏置，集电结反向偏置，三极管工作于放大状态。

3）基极偏置电阻R_B：其作用是和U_{CC}一起为基极提供一个合适的基极电流i_B，这个电流也称基极偏置电流。

4）集电极负载电阻R_C：其作用是将集电极电流的变化转换为集电极-发射极之间电压的变化。

5）耦合电容C_1、C_2：其作用是隔直流，通交流。

6）符号"⊥"：接地符号，电路中的零参考电位。

为分析方便，电压的方向以输入、输出回路的公共端为负，其他各点为正；电流方向以三极管各电极电流的实际方向为正方向。

（2）放大电路的基本分析方法。放大电路可分为静态和动态两种情况来分析。

1）静态分析法。静态是当放大电路没有输入信号时的（直流）工作状态。静态分析是要确定放大电路中三极管的静态电流I_{BQ}、I_{CQ}和静态电压U_{BEQ}、U_{CEQ}的值，这四个值在三极管输入特性曲线和输出特性曲线上确定一个点，称为静态工作点Q。对于放大电路来说，具有合适的静态工作点，才能够保证信号的放大。

静态工作点的确定可以通过估算法和图解法来实现。

①估算法：静态值是直流量，可以用放大电路的直流通路来确定。如图 1-101 所示为基本放大电路的直流通路。即指当输入信号$u_i=0$时，在直流电压$+U_{CC}$的作用下，电容开路时对应的电路图。

由图 1-101 的直流通路得出基极电流：

$$I_{BQ}=\frac{U_{CC}-U_{BEQ}}{R_B}$$

其中U_{BEQ}为发射结正向偏置电压，一般硅管为 0.7 V（锗管为 0.3 V），远小于U_{CC}，故忽略不计。则：

$$I_{BQ}=\frac{U_{CC}}{R_B}$$

由三极管电流放大特性可得：

$$I_{CQ}=\bar{\beta}I_{BQ}$$

因此，集电极-发射极电压为

$$U_{CEQ}=U_{CC}-I_{CQ}R_C$$

②图解法：在三极管的输出特性曲线上作直流负载线，直流负载线关系式由方程$U_{CE}=U_{CC}-I_CR_C$确定，负载线与三极管的某条输出特性曲线（由I_B确定）相交于一点，这点就是Q点，如图1-102所示。

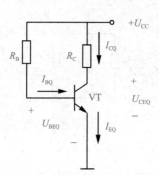

图 1-101　基本放大电路的直流通路　　图 1-102　图解法确定基本放大电路的静态工作点

2）动态分析法。动态是指放大电路有输入信号时的工作状态。当放大电路加入交流信号u_i时，利用动态分析确定放大电路的电压放大倍数A_u、输入电阻r_i和输出电阻r_o。此时，电路中各电极的电压电流都是直流量和交流量叠加而成的。

三极管的微变等效电路。由于放大电路中存在的三极管为非线性器件，直接计算较为复杂，通常认为在输入信号为微小信号时，三极管上的电压和电流可以近似是线性的，由此将三极管进行微变等效变化，这样的放大电路称为微变等效电路。

三极管的电路如图1-103(a)所示。根据三极管的输入特性（图1-104）可知，当输入信号u_i很小时，在静态工作点 Q 附近的工作段可认为是直线。当U_{CE}为常数时，ΔU_{BE}与ΔI_B之比：

$$r_{be}=\frac{\Delta U_{BE}}{\Delta I_B}\mid U_{CE}=\frac{u_{be}}{i_b}\mid U_{CE}$$

称为三极管的输入电阻。低频小功率三极管的输入电阻常用下式估算：

$$r_{be}=300+(1+\beta)\frac{26}{I_{EQ}}$$

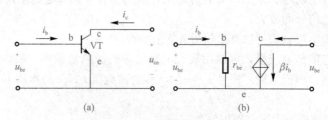

图 1-103　三极管的微变等效电路

(a)电路图；(b)三极管等效电路

在小信号的条件下，r_{be}是一个常数，由r_{be}确定输入回路的电压u_{be}、电流i_b之间的关系。因此，三极管的输入回路基极与发射极之间可用等效电阻r_{be}代替。

当三极管工作于放大区，输入回路的i_b给定时，三极管输出回路（集电极与发射极间）可用一个大小为βi_b的理想受控电流源来等效。

如图1-103（b）所示，得到三极管的微变等效电路。

共射极放大电路的微变等效电路。放大电路的微变等效电路是在放大电路的交流通路和晶体管的微变等效电路的基础上得出的。交流通路就是在信号源的作用下，只有交流电流流过的路径，画交流通路时，电容短路，直流电源U_{CC}相当于导线接地处理，图1-105就是图1-100共射极放大电路所对应的交流通路。

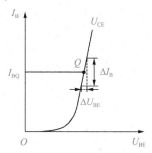

图1-104　从晶体管的输入特性曲线求r_{be}

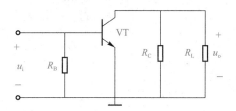

图1-105　放大电路的交流通路

在共射极放大电路的交流通路的基础上将三极管变化为微变等效电路，就得到共射极放大电路的微变等效电路，如图1-106所示。

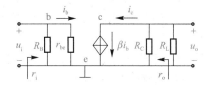

图1-106　共射极放大电路的微变等效电路

①电压放大倍数A_u。电压放大倍数是衡量放大电路放大能力的指标，它是输出电压与输入电压之比。即

$$A_u = \frac{u_o}{u_i}$$

图1-106所示电路中，$u_o = -i_c R'_L = -\beta i_b R'_L$

$$u_i = i_b r_{be}$$

$$A_u = \frac{u_o}{u_i} = \frac{-\beta i_b R'_L}{i_b r_{be}} = -\frac{\beta R'_L}{r_{be}}$$

式中，$R'_L = R_C \parallel R_L$，"—"表示输入信号与输出信号相位相反。

②输入电阻r_i。根据戴维南定理可知，输入电阻r_i就是从放大电路输入端往里看进去的等效电阻。图1-106所示电路中，$r_i = r_{be} \parallel R_B$。

③输出电阻r_o。根据戴维南定理可知，放大电路对于负载R_L而言，相当于一个具有等效电阻和等效电动势的信号源，这个信号源的内阻就是放大电路的输出电阻。图1-106所示电路中，$r_o = R_C$。

【例1-14】　电路如图1-106所示，$\beta = 50$，$U_{BEQ} = 0.7$ V，$R_B = 560$ kΩ，$R_C = 5$ kΩ，$R_L = 5$ kΩ，$U_{CC} = 12$ V，试求：

(1)静态工作点 Q;

(2)电路的电压放大倍数 A_u、输入电阻 r_i 和输出电阻 r_o。

解: (1)
$$I_{BQ} = \frac{U_{CC} - U_{BEQ}}{R_B} = \frac{12 - 0.7}{560} = 0.02 \text{ mA}$$

$$I_{CQ} = \beta I_{BQ} = 50 \times 0.02 = 1 \text{ mA}$$

$$U_{CEQ} = U_{CC} - I_{CQ} R_C = 12 - 1 \times 5 = 7 \text{ V}$$

(2)
$$I_{EQ} \approx I_{CQ} = 1 \text{ mA}$$

$$r_{be} = 300 + (1 + \beta)\frac{26}{I_{EQ}} = 300 + (1 + 50) \times \frac{26}{1} = 1 \ 626 \ \Omega \approx 1.6 \text{ k}\Omega$$

$$A_u = \frac{u_o}{u_i} = -\frac{\beta R_L'}{r_{be}} = -\frac{50 \times 2.5}{1.6} = -78.125 \approx -78.1$$

$$r_i = r_{be} \parallel R_B \approx 1.6 \text{ k}\Omega$$

$$r_o = R_C = 5 \text{ k}\Omega$$

4.3.3 三极管开关电路

(1)基本原理。三极管除了可以当作交流信号放大器之外,还可以作为开关之用。严格来说,三极管与一般的机械接点式开关在动作上并不完全相同,但是它却具有一些机械式开关所没有的特点。图 1-107 所示,即为三极管电子开关的基本电路图。由图可知,负载电阻被直接跨接于三极管的集电极与电源之间,而位居三极管主电流的回路上。

输入电压 V_{in} 则控制三极管开关的开启与闭合动作,当三极管呈开启状态时,负载电流便被阻断,反之,当三极管呈闭合状态时,电流便可以流通。详细来说,当 V_{in} 为低电压时,由于基极没有电流,因此集电极也无电流,致使连接于集电极端的负载也没有电流,而相当于开关的开启,此时三极管工作于截止区。

同理,当 V_{in} 为高电压时,由于有基极电流流动,因此使集电极流过更大的放大电流,因此负载回路便被导通,而相当于开关的闭合,此时三极管工作于饱和区。

(2)农机电子开关电路应用。

1)点火电路。汽油发动机工作的前提是汽油与空气的混合气燃烧。混合气的燃烧必须由电火花点燃,那么电火花是怎样产生的呢?当高压电施加在气缸内的火花塞上时,使火花塞的两个电极(两电极之间的间隙很小,0.6~1.2 mm)之间放电,从而产生电火花。混合气被点燃后,对外做功,发动机开始了正常工作。

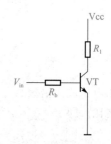

图 1-107 基本的三极管开关

点火电路可分为触点式点火电路(传统点火电路)和电子点火电路等。本书以晶体管点火电路为例,来介绍点火过程。

①晶体管点火电路的构成。晶体管点火电路是由点火开关 S、断电器触点 S_1、电子点火组件、点火线圈、火花塞等组成的,如图 1-108 所示。其中,电子点火组件由两级直接耦合式开关电路构成;小功率三极管 VT_1 的工作会受到点火开关 S 控制;而大功率三极管 VT_2 又会受到 VT_1 的制约,来接通或切断低压电路。

②晶体管点火电路的工作过程。接通点火开关 S,当分电器在凸轮轴驱动下转动,使触点 S_1 闭合时,VT_1 因基极搭铁而截止,VT_2 在电源及偏置电阻 R_1、R_2 作用下而导通,点火线圈一次绕组 W_1 有电流流过。

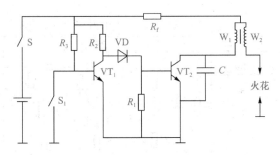

图 1-108　晶体管点火电路

当分电器触点 S_1 断开时，VT_1 获得正向偏置电压而导通，VT_2 失去正向偏置电压而截止，点火线圈一次绕组 W_1 中的电流迅速减小，从点火线圈二次绕组 W_2 中感应出高电压。

这种晶体管点火系统的优点是分电器触点 S_1 通过的是 VT_1 的基极电流，由于电流较小，延长了触点的使用寿命。并且适当增加了低压电流，增大了二次电压，改善了点火性能。

对于由计算机控制的点火电路，计算机根据发动机曲轴转速传感器信号等输入信号和相关控制程序，发出高电平或低电平控制信号，直接控制 VT_1 的基极进行点火控制，可以实现更精确的控制。现代农机都采用计算机控制的点火电路。

2)农机电压调节电路。农机硅整流交流发电机由发动机带动，其转速由发动机转速来决定，而发电机的输出电压又与发电机的转速成正比。农机行驶时发动机的转速变化范围很大，这对发电机的输出电压有很大影响。为使发电机输出电压在不同的转速下均能保持在某一允许的范围内，这就必须要有电压调节装置，当发电机的转速变化时，能够自动调节输出电压。

农机电压调节器可分为触点式电压调节器和电子电压调节器。电子电压调节器又包括晶体管调节器和集成电路调节器。下面，以晶体管调节器为例，说明其工作过程。

①晶体管调节器的组成。晶体管电压调节电路一般由三极管、稳压管、二极管以及电阻、电容等组成。如图 1-109 所示，调节电路由左至右依次分为信号检测部分、开关控制部分和电子开关部分。

信号检测部分的作用是检测出供电电压的高低，并将其变为一个信号电压；开关控制部分的作用是把这个信号电压变为控制电子开关通断的控制电压；而电子开关则是一个按照控制电压变化来通断发电机励磁绕组电路的开关装置。

②晶体管调节器的工作过程。如图 1-109 所示，L 为发电机的转子绕组，e_1、e_2、e_3 分别为发电机的定子绕组，U 为蓄电池。三极管 VT_3 接在发电机的励磁电路中，当发电机电压低于规定的供电电压时，VT_3 截止，电子开关使励磁电路断开，发电机输出的电压下降。当发电机输出的电压下降到低于规定值后，VT_3 又导通，开关又接通励磁电路，使发电机输出的电压又重新升高。

闭合点火开关 S，蓄电池电压加在 R_1 和 R_2 两端。R_2 分得的电压 U_2 通过三极管 VT_1 的发射极和二极管 VD_2 加到稳压管 VZ 上，VZ 承受反向偏置电压。当该反向电压小于它的击穿电压时，稳压管截止。VT_1 由于无基极电流而截止。VT_2 在 R_4 的偏置作用下，有基极电流通过，所以 VT_2 导通；由于 VT_2 和 VT_3 是复合管，因此 VT_3 也导通，于是蓄电池通过 VT_3 供给励磁绕组电流，其电路：蓄电池正极→S→VT_3→励磁绕组→搭铁。于是，发电机的输出电压上升。

当发电机电压随转速升高而超过规定值时，U_2 通过 VT_1 和 VD_2 加在 VZ 上的反向电压达到其击穿电压，稳压管 VZ 导通。于是 VT_1 由于有基极电流通过而导通，VT_2 被短路而截止，同时 VT_3 也截止，切断了励磁电路，使发电机的输出电压下降。

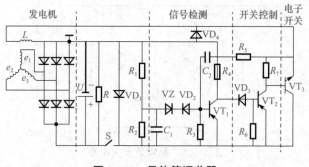

图 1-109　晶体管调节器

如此往复工作，发电机输出的电压就被保持在规定值。

4.4　直流稳压电源

常用的直流稳压电源由电源变压器和整流、滤波以及稳压电路组成，如图 1-110 所示。

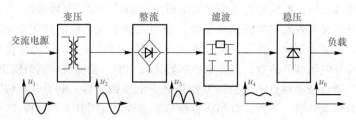

图 1-110　直流电源电路组成框图

电源变压器(又称整流变压器)的作用是改变电网上的交流电压值，为整流电路提供所需的交流输入电压；整流的作用是将交流电压转变为脉动的直流电压；而滤波的作用则是减少整流后的直流电的脉动成分；稳压电路使输出直流电压保持恒定。

4.4.1　整流电路

整流电路是利用二极管的单向导电性将交流电变换为脉动直流电的电路。根据输出脉动直流电的波形，整流电路可分为半波整流电路和全波整流电路；根据输入交流电的相数，可分为单相整流电路与三相整流电路等。

(1)单相半波整流电路。

1)电路组成。单相半波整流电路由整流变压器(Tr)、整流二极管(D)以及负载电阻(R_L)组成，其电路如图 1-111(a)所示。

2)工作原理。设电源变压器次级电压 $u=\sqrt{2}U\sin\omega t$，其参考方向如图 1-111(a)所示。

当 u 的波形为正半周时，电路中 a 端为正，b 端为负，二极管正向导通，忽略二极管的正向导通压降，负载电压 $u_o=u$；当 u 的波形为负半周时，电路中 a 端为负，b 端为正，二极管反向截止，电路中电流为 0，负载电压 $u_o=0$，u 全部加在二极管两端。各电压波形如图 1-111(b)所示，输出电压(u_o)仅为电源电压(u)的正半波，所以称为半波整流。

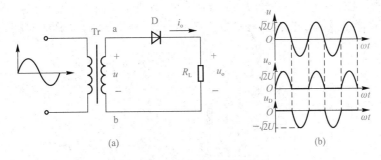

图 1-111 单相半波整流电路

(a)电路图；(b)波形图

3)参数计算。整流电压平均值U_O：

$$U_O = \frac{1}{2\pi}\int_0^\pi \sqrt{2}U\sin\omega t\, \mathrm{d}(\omega t) = 0.45U$$

整流电流平均值I_O：

$$I_O = \frac{U_O}{R_L} = 0.45\frac{U}{R_L}$$

流过每管电流平均值I_D：

$$I_D = I_O$$

每管承受的最高反向电压U_{DRM}：

$$U_{DRM} = \sqrt{2}U$$

变压器二次电流有效值I：

$$I = \sqrt{\frac{1}{2\pi}\int_0^\pi (I_m\sin\omega t)^2\mathrm{d}\omega t} = 1.57I_O$$

4)整流二极管的选择。平均电流I_D与最高反向电压U_{DRM}是选择整流二极管的主要依据。选管时应满足：

$$I_{OM} > I_D,\ U_{RWM} > U_{DRM}$$

式中，I_{OM}为最大整流电流，U_{RWM}是反向工作峰值电压。

5)特点及应用。单相半波整流电路的优点是结构简单，缺点是输出电压脉动大、利用率低，一般用于电流较小、脉动要求不高的场合。

（2）单相桥式整流电路。

1)电路组成。如图 1-112 所示，单相桥式整流电路由 4 个整流二极管（$VD_1 \sim VD_4$）按桥式的形式连接而成。电路中，VD_1和VD_2的负极接在一起作为输出端的正极，VD_3和VD_4的正极接在一起作为输出端的负极。

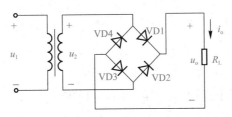

图 1-112 单相桥式整流电路

2）工作原理。电路中，当 u_2 的波形为正半周时，a 点电位高于 b 点电位，VD_1、VD_3 正向导通，VD_2、VD_4 反向截止。电流的流向为 a→VD_1→R_L→VD_3→b，如图 1-113 所示。

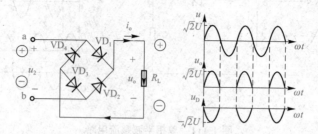

图 1-113　u_2 为正半周的工作情况

当 u_2 的波形为负半周时，VD_2、VD_4 正向导通，VD_1、VD_3 反向截止，电流的流向为 b→VD_2→R_L→VD_4→a，如图 1-114 所示。

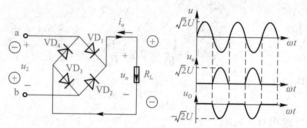

图 1-114　u_2 为负半周时的工作情况

由此可见，VD_1、VD_3 与 VD_2、VD_4 轮流导通半个周期，但在整个周期内，负载(R_L)上均有电流流过，并且始终是一个方向，故称为全波整流。其电压波形如图 1-115 所示。

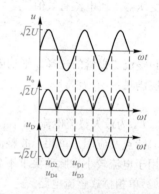

图 1-115　单相桥式整流电路波形

3）参数计算。整流电压平均值 U_O：

$$U_O = \frac{2}{2\pi}\int_0^\pi \sqrt{2}U\sin\omega t\,\mathrm{d}(\omega t) = 0.9U$$

整流电流平均值 I_O：

$$I_O = \frac{U_O}{R_L} = 0.9\frac{U}{R_L}$$

流过每管电流平均值 I_D：

$$I_D = \frac{1}{2}I_O$$

每管承受的最高反向电压 U_{DRM}：

$$U_{DRM} = \sqrt{2}U$$

变压器二次电流有效值 I：

$$I = \sqrt{\frac{2}{2\pi}\int_0^\pi (I_m\sin\omega t)^2\,\mathrm{d}\omega t} = 1.11 I_O$$

4）整流二极管的选择。同半波整流一样，选管时应满足：

$$I_{OM} > I_D,\quad U_{RWM} > U_{DRM}$$

单相桥式整流电路

5）特点及应用。变压器利用率高，输出脉动小，但元件多，二极管的管压降大。其适用于中、小功率的整流电路。

(3)车用整流电路。整流电路在农机发电机中也有重要的应用。农机上装有蓄电池，但蓄电池存储的电能非常有限，远远不能满足农机上不断增多的用电设备的需要。因此，发电机是农机电气设备的主要电源。为了将发电机产生的交流电整流成直流电，农机上普遍采用的是由六只整流二极管组成的车用整流器。

车用整流器的二极管分为正极管和负极管两种类型，其外形和符号如图 1-116 所示，引线和外壳分别是它们的两个电极。其中，正极管的外壳为负极，引出极为正极，在管壳底上一般标有红色标记；负极管的外壳为正极，引出极为负极，在管壳底上一般标有黑色标记。

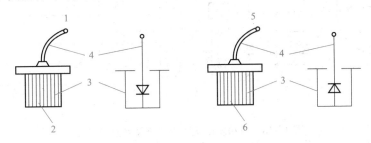

图 1-116　硅二极管的外形和符号

1—正极管；2—红色标记；3—外壳；4—引线；5—负极管；6—黑色标记

在负极搭铁的硅整流发电机中，3 个正极管的外壳压装在散热板的 3 个座孔内，共同组成发电机的正极，由一个与发电机后端盖绝缘的整流板固定螺栓通至机壳外，作为发电机的火线接线柱"B"（"＋""A"或"电枢"接线柱）。3 个负极管的外壳压装在后端盖的 3 个孔内，和发电机外壳一起成为发电机的负极。其安装示意如图 1-117 所示。

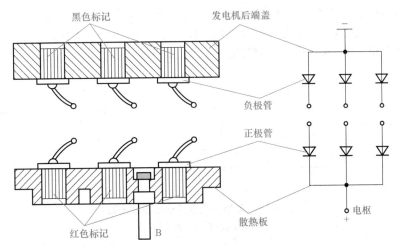

图 1-117　农机发电机整流二极管安装图

3 个正极管和 3 个负极管构成的整流电路称为三相桥式整流电路，它将发电机的交流电整流成 12 V 的直流电。整流电路及其整流波形如图 1-118 所示。

图 1-118(a)中，整流板上的 3 个正极管 VD_1、VD_2、VD_3 的正极分别接在发电机三相绕组的 U_1、V_1、W_1。VD_1、VD_2、VD_3 分别在三相交流电的正半周导通，哪相电压最高，该相绕组的正极管先导通，其余正极管截止；后端盖上 3 个负极管 VD_4、VD_5、VD_6 的负极分别接在发电机三相绕组的 U_1、V_1、W_1。VD_2、VD_4、VD_6 分别在三相交流电的负半周导通，哪相电压最低，该相绕组的负极管先导通，其余负极管截止。由上面分析可知，同时导通的管子有两个

（正、负管子各一个），它们总是将发电机的线电压加在负载（R）两端，使负载两端得到一个比较平稳的脉动直流电压U，该电压一个周期内有 6 个波纹，如图 1-118（b）所示。

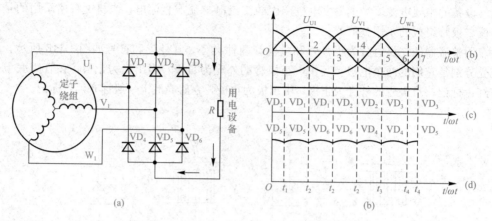

（a）

（b）

图 1-118　农机发电机整流电路及其整流波形

需要说明的是，有些农机交流发电机为了实现提高发电功率、提高电压调节精度等功能，采用的整流方式有 8 管电路、9 管电路和 11 管电路等，这几种电路将在后续有关课程中讲授。

4.4.2　电容滤波电路

整流电路输出的脉动直流电压含有多种频率的交流成分，为减少交流分量对负载的影响，还应在负载与整流电路之间接入滤波电路。滤波电路能滤除交流成分，使输出电压变得平稳，通常由电容、电感元件组成。在这里，将介绍电容滤波电路，其余滤波电路可查阅相关资料。

电容滤波电路如图 1-119 所示，滤波电容 C 与负载并联。

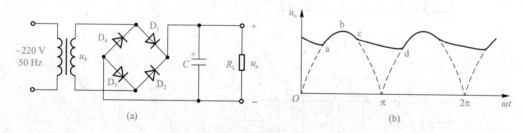

（a）　　　　　　　　　　　　　　（b）

图 1-119　单相桥式整流电容滤波电路
（a）电路图；（b）波形图

图 1-119 中，虚线为变压器次级电压 u_2 经桥式整流后输出电压的波形。当 u_2 为正半周上升时，VD_1、VD_3 导通，u_2 一方面经 VD_1、VD_3 对电容 C 充电，另一方面向负载 R_L 提供电流，忽略二极管的正向导通电压，有 $u_o = u_C = u_2$。当 u_2 增大时，负载电压逐渐上升，直至接近 u_2 的最大值，如图 1-119（b）所示的 b 点。当 u_2 从 b 点开始下降时，$u_2 < u_C$，VD_1、VD_3 受反偏作用而截止，电容 C 向 R_L 放电。由于放电时间常数一般较大，因此电容电压 u_C 缓慢下降。与此同时，u_2 按照正弦规律变化，当 u_2 的电压值大于 u_C 时，如图 1-119（b）所示的 d 点，VD_2、VD_4 导通，电容 C 再次被充电，输出电压也就随之增大，以后电容重复上述充、放电过程，得到图 1-119（b）所示的输出电压波形。可见，接入电容滤波后，负载上的电压不仅变得平滑，脉动程度大为减

小，而且输出电压的平均值也增大了。

根据以上分析可以看出，电容放电时间越慢，输出电压越平滑，其平均值 U_O 越大。工程上，为了获得良好的滤波效果，一般取

$$\tau = R_L C \geqslant (3 \sim 5) \frac{T}{2}$$

式中，T 为交流电源的周期。此时输出电压的平均值 U_O 近似为 $U_O \approx 1.2 U_2$；当负载 R_L 开路时，输出电压为 $U_O = \sqrt{2} U_2$。

选择滤波电容时，其电容量可以由式 $\tau = R_L C \geqslant (3 \sim 5) \frac{T}{2}$ 确定，耐压值则应大于实际工作时所承受的最大电压，一般取 $(1.5 \sim 2) U_2$。

电容滤波电路的优点是可以得到脉动很小的直流电压，其缺点是输出电压受负载变化影响较大，所以电容滤波电路只适用于负载电流较小的场合。

4.4.3 直流稳压电路

整流滤波后所得的直流电压虽然脉动较小，但电网电压的波动或负载的变化均会引起输出电压不稳。由于电子设备大多要求有稳定的电源电压，这就需要在滤波电路与负载之间连接稳压电路。常见的稳压电路有稳压管并联稳压电路、晶体管串联稳压电路以及集成稳压电路等。

(1)稳压管并联稳压电路。稳压管并联稳压电路如图 1-120 所示，稳压管 VD_Z 与限流电阻 R 组成稳压电路，负载 R_L 与稳压管并联，输出电压 U_O 就是稳压管的稳定电压 U_Z。

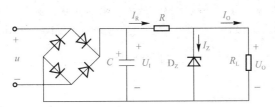

图 1-120 稳压管并联稳压电路

当电网电压波动引起 u_2 增大时，电路的稳压过程如下：

$$U_2 \uparrow \rightarrow U_i \rightarrow U_O (= U_i - I_R R) \uparrow \rightarrow I_Z \uparrow \rightarrow I_R (= I_Z + I_O) \uparrow \longrightarrow$$
$$U_O \downarrow U_R \uparrow \longleftarrow \longleftarrow$$

反之，当 U_2 下降时也维持输出电压 (U_O) 的稳定。

并联型稳定管的优点是电路结构简单，负载电流变化较小时，稳压效果好；缺点是输出电压只能等于稳压管的稳定电压，允许电流的变化幅度也受到稳压管稳定电流的限制，因而只适用于功率较小和负载电流变化不大的场合。

(2)串联型稳压电路与集成稳压器串联型稳压电路由调整管、取样电路、基准电压电路以及比较放大电路组成。

串联型稳压电路中，调整管为双极型晶体管，它与负载串联，因此成为串联型稳压电路。取样电路将输出电压取回一部分与基准电压进行比较，所得的误差电压经放大后加至调整管的基极，通过基极电位控制调整管的管压降，以达到稳定输出电压 (U_O) 的目的。

利用半导体工艺将上述串联型稳压电路做在一块芯片上，就称为一个集成稳压器。集成稳压器不仅体积小、价格低、使用方便，而且工作可靠、稳定精度高。集成稳压器的类型很多，按输出电压是否可调可分为固定和可调两种形式；按引出端子数可分为三端固定式、三端可调

式、四端可调式和多端可调式等。下面就以常用的 W7800 系列和 W7900 系列为例来介绍三端固定式集成稳压器。

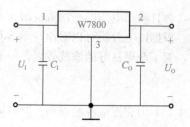

（3）应用电路。三端固定式集成稳压器的典型应用电路如图 1-121 所示，经过整流、滤波后的直流电压(U_I)加在稳压器的输入端和公共端之间，在输出端和公共端之间便可得到稳定的直流电压(U_O)。输入端 C_1 的作用是防止自激振荡，一般取 $0.33\ \mu F$；输出端电容(C_O)的作用是改善输出特性，其典型取值约为 $0.1\ \mu F$。

图 1-121 三端固定式集成稳压器的典型应用电路

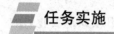

4.1　识别与检测二极管、三极管

4.1.1　识别与检测二极管

（1）识别二极管。如图 1-122 所示为常见二极管的外形。首先要关注的是如何从元件形式上区分正负极。从外表上看，对于锥形二极管来说，锥端为负极，圆端为正极，如图 1-122(b)、(c)所示；对于圆柱形二极管来说，常在一端用色环或色点表示负极，另一端为正极，如图 1-122(a)、(d)、(e)所示；对于球冠形二极管，长脚表示正极，短脚表示负极，如图 1-122(f)、(g)所示。

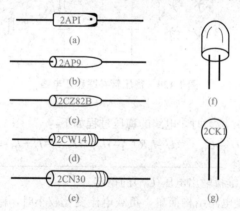

图 1-122　常见二极管的外形
(a)普通二极管；(b)检波二极管；(c)整流二极管；(d)稳压二极管；
(e)阻尼二极管；(f)发光二极管；(g)开关二极管

（2）普通二极管正反向阻值。锗二极管的正向电阻为几百欧到几千欧，反向电阻应为几百千欧以上。硅二极管正向阻值为几千欧，反向电阻接近∞。无论何种材料的二极管，正、反向阻值相差越多，表明二极管的性能越好。若正、反向阻值相差不大，或正向电阻太大表明二极管性能变质，此二极管不宜选用；若正向阻值为∞，表明二极管已经开路；若测得的反向电阻很小，甚至为零，说明二极管已击穿。一般来说，硅管正向阻值大于 6 kΩ，锗管正向阻值大于 1 kΩ 时即可判断为变质。实际测量中可参看表 1-5 所示阻值。

表 1-5　常见二极管正、反向阻值表(MF47 型万用表测得)

分类	材料	万用表挡位	型号	正向阻值	反向阻值
整流管	硅	×1k	1N4007	4 kΩ	∞
整流管	锗	×1k	2AP15	1 kΩ	550k
稳压管	硅	×1k	2CW51	5 kΩ	∞
变容管	硅	×1k	2CB33	5 kΩ	∞
发光管	磷砷化镓	×10k	FG112003	10 kΩ	800k

电路中出现二极管短路故障时，不可盲目代换元件，应先分析造成短路的原因，排除故障后再行代换，否则将造成元件再次短路或故障范围的扩大。同时为保险起见，代换元件参数(最高反向电压和最大整流电流)应高于原二极管参数。

(3)识别检测普通二极管。

1)直观识别。其正负极都标在外壳上，标注形式有的是电路符号，有的用色点或标志环来表示，有的借助二极管的外形特征来识别。

2)指针式万用表识别。通常用万用表的 $R×100$ 或 $R×1k$ 挡，测试前要注意调零。用红黑表笔同时接触二极管的两根引线，然后对调表笔重新测量，如图 1-123 所示。

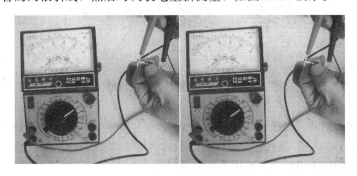

图 1-123　用万用表测量二极管极性

检测小功率二极管的正反向电阻，不宜使用 $R×1$ 或 $R×10k$ 挡，前者流过二极管的正向电流较大，可能烧坏管子；后者加在二极管两端的反向电压太高，易将管子击穿。在所测阻值小的那次测量中，黑表笔所接的是二极管的正极，红表笔所接的是二极管的负极。晶体二极管正、反向电阻相差越大越好。两者相差越大，就表明二极管的单向导电特性越好；如果二极管的正、反向电阻值很相近，表明管子已坏。若正、反向电阻都很大，则表明管子内部已断路，不能使用。

3)数字式万用表识别。数字万用表二极管挡开路电压约为 2.8 V，红表笔接正，黑表笔接负，测量时提供电流约为 1 mA，显示值为二极管正向压降近似值，单位是 mV 或 V。硅二极管正向导通压降为 0.3~0.8 V，锗二极管正向导通压降为 0.1~0.3 V，并且功率大一些的二极管正向压降要小一些。如果测量值小于 0.1 V，说明二极管击穿，此时正反向都导通。如果正反向均开路说明二极管 PN 节开路。对于发光二极管，正向测量时二极管发光，管压降约 1.7 V。

4.1.2　识别与检测三极管

(1)辨识三极管引脚。三极管有 E、B、C(或 e、b、c)三个引脚(或电极)。在三个引脚的排列上，由于不同国家和地区生产封装形式的不同，在排列上有 B、C、E 排列形式，E、B、C 排列形式和 C、B、E 排列形式。使用过程可以根据其封装形式的不同加以区别。

1) 金属圆柱形封装。图 1-124 所示为常见金属圆柱形封装三极管引脚排列的一般规律，在引出电极的平面上有一个管耳，是辨认电极的标记，将电极正对自己，有管耳处顺时针方向就是 E、B、C 三个电极。

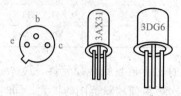

图 1-124　金属圆柱形封装三极管引脚排列

2) 金属菱形封装。金属菱形封装三极管多为大、中功率管，如图 1-125 所示。将引脚面正对自己，与金属封装外壳相连的电极为 C 极，按图 1-125 中位置左电极为 B 极，右电极为 C 极。

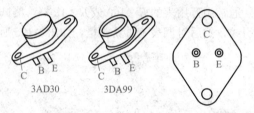

图 1-125　金属菱形封装电极排列

3) 塑料半圆柱形封装。对于塑料半圆柱形封装的三极管其电极排列比较杂乱，如图 1-126 所示。但也不外乎 B、C、E 排列形式，E、B、C 排列形式和 C、B、E 排列形式三种，为准确定位三个电极，建议实际应用时利用万用表进行测量判断。

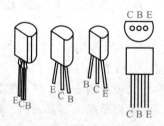

图 1-126　塑料半圆柱形封装电极排列

4) 塑料矩形封装。对于塑料矩形封装三极管电极排列，将带有型号标记的一面正对自己，电极向下，从左至右依次为 B、C、E 三个电极，如图 1-127 所示。

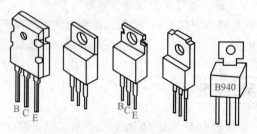

图 1-127　塑料矩形封装电极排列

(2)检测及判断三极管的电极。

1)管型判断。判断三极管管型时可将其看成是两个二极管。将万用表拨在$R\times100$(或$R\times1k$)挡，先找基极。用黑表笔接触三极管的一根引脚，红表笔分别接触另外两根引脚，测的一组(两个)电阻值；黑表笔依次换接三极管其余两个引脚，重复上述操作，又测的两组电阻值。将所测的电阻值进行比较，当某一组中的两个电阻值基本相同时，黑表笔所接的引脚为三极管的基极。若该组两个阻值为三组中的最小，则说明被测管为 NPN 型；若该组两个阻值为三组中的最大，则说明被测管为 PNP 型。

2)三极管的电极判断。判断三极管的电极即要准确辨别出 E、B、C 三个电极与引脚的对应关系。

①采用外观识别法。如图 1-128 所示，利用三极管的三根引脚分布规律来识别三极管管脚，"金属凸出端"为标记，靠近标记处为发射极 E，与发射极相邻的为基极 B，与基极相邻的为集电极 C，一般 E、B、C 呈等腰三角形分布。

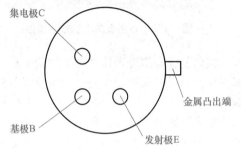

图 1-128　引脚外观识别法

②用指针式万用表(以 MF47 型为例)进行测量判断。

a. 基极的判断。将万用表置于$R\times1k$挡，用黑表笔接触三极管的任意一极，再用红表笔分别去接触另外两个电极测其正、反向电阻，直到出现测得的两个电阻都很大(在测量过程中，如果出现一个阻值很大，另一个阻值很小，此时就需将黑表笔换一个电极再测)，此时黑表笔所接电极就是三极管的基极 B，而且是 PNP 型管子。当测得的两个阻值都很小时，黑表笔所接就为基极，而且为 NPN 型管子。

b. 集电极、发射极的判断。对待测管子，可先用前述方法确定管子的基极 B，然后置万用表为$R\times1k$挡，再测剩余两个电极的阻值。先假设某电极为 C 极，并用一阻值较大的电阻(例如 100 $k\Omega$)接在 B 极与假设的 C 极端，如图 1-129 所示。对调表笔各测一次，在阻值较小的一次测量中，对 PNP 型管子红表比所接为集电极，黑表笔所接为发射极，对于 NPN 型管红表笔所接为发射极，黑表笔所接为集电极。

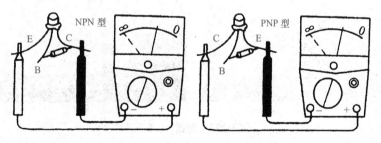

图 1-129　集电极与发射极的判断

③用数字式万用表进行测量判断。首先要找到基极并判断是 PNP 还是 NPN 管。看图 1-129 可知，对于 PNP 管的基极是两个负极的共同点，NPN 管的基极是两个正极的共同点。这时可以用数字万用表的二极管挡去测基极，如图 1-130 所示。对于 PNP 管，当黑表笔(连表内电池负极)在基极上，红表笔去测另两个极时一般为相差不大的较小读数(一般为 0.5～0.8)，如表笔反过来接则为一个较大的读数(一般为 1)。对于 NPN 管来说则是红表笔(连表内电池正极)连在基极上。从图 1-131 可知，手头上的三极管是 PNP 管还是 NPN 管。

图 1-130 万用表的二极管测量挡

图 1-131 判断三极管的 B 极和管型

找到基极和知道是什么类型的管子后，就可以来判断发射极和集电极了——利用数字万用表的三极管 h_{FE} 挡（h_{FE} 测量三极管直流放大倍数）去测量。当然也可以省去上面的步骤直接用 h_{FE} 去测出三极管的管脚极性，如图 1-132 所示。

把万用表打到 h_{FE} 挡上，三极管掰下到 NPN 的小孔上，B 极对上面的 B 字母。读数，再把它的另二脚反转，再读数。读数较大的那次极性就对应表上所标的字母，这时就对着字母去判断三极管的 C、E 极，如图 1-133 所示。

图 1-132 万用表上的 h_{FE} 挡

图 1-133 判断 C、E 极

3）电流放大系数的测量。在没有三极管参数手册的情况下，电流放大系数可通过万用表进行测量。对于很多指针式万用表和数字式万用表都有专门测量放大倍数 h_{FE} 的功能。在确定好三极管的三个电极以后，可直接进行测量。但一定要按照万用表的"使用说明书"做好校正工作。先将万用表打到 $R×1k$ 挡，表笔短接使指针调零，再将挡位打到 h_{FE} 挡，即可测量。

另外万用表的 h_{FE} 挡还提供了快速判断 C、E 的方法：先判断出 B 极后插入对应 b 孔内，将其余两极分别交换位置插入万用表 c、e 孔内，读数较大一次 c 孔内为 C 极，e 孔内为 E 极。

（3）三极管常见故障。三极管常见故障主要有极间短路、开路和管子变质。对于短路故障常表现为 C−E 极和 B−E 极短路，无论哪两个电极间短路，通过万用表测量都会呈现出很小的电阻，甚至极间电阻为零。出现短路后只能更换管子，但应先排除电路自身的故障才可代换以免造成故障扩大。开路故障主要指 C−E 极、B−C 极、B−E 极间无导通电流，用万用表测量极间阻值为∞，如电路所加电流或电压超过极限参数时，造成管子被烧坏开路。三极管的变质主要指各种参数发生变化而偏离了正常值，此时将造成电路噪声系数变大、放大系数减小、穿透电流变大、耐压值变小等。

4.2　检测整流器

交流发电机的整流器多数是由 6 只硅整流二极管组成的，其作用是将三相绕组产生的交流电变为直流电，它的特点是工作电流大，反向电压高。对整流器的检修主要是对整流二极管的检修。当二极管的引出端头与定子绕组的引线端子拆开后，即可用万用表对每只二极管进行检测。由于二极管的阻值会随外加电压的高低而发生变化，因此在检测时，指针式万用表应置于"$R \times 1k$"挡，数字式万用表应置于 OHM200 挡位，否则检测结果会出现较大的偏差。

4.2.1　检测二极管性能

将万用表的 2 只表笔分别接在被测二极管的两极上检测 1 次，然后交换两表笔的位置再检测 1 次，若 2 次检测的阻值为一大（$10\ k\Omega$）一小（$8 \sim 10\ \Omega$），说明该二极管性能良好；若 2 次检测的阻值均为∞，则说明该二极管断路；若 2 次检测的阻值均为 0，则说明该二极管短路。

4.2.2　检测与判断二极管极性

当二极管或整流板总成上无任何标记时，可用万用表检测判断其极性。常用的万用表有指针式和数字式 2 种。其电阻挡内部电路：指针式万用表的正极接在表内电源的负极上；数字式万用表的正极接在表内电源的正极上。这一点一定要记清楚，否则二极管极性的判断结果正好相反。

下面以指针式万用表为例，说明其检测方法。先将万用表的正极（红色表笔）接二极管的一个引出电极，负极（黑色表笔）接二极管的另一个引出电极。读取万用表读数，若阻值大于 $10\ k\Omega$，则被测二极管为正极管；若阻值为 $8 \sim 10\ \Omega$，则被测二极管为负极管。

目前，农机上常用的硅整流二极管的安装方式有焊接式和压装式 2 种。对于二极管为焊接式（即二极管焊接在整流板上）的整流器，只要有 1 只二极管短路或断路，该二极管所在的整流板总成（正或负）就需要更换新品；对于二极管为压装式（即二极管压装在整流板或后端盖上）的整流器，当二极管短路或断路后，更换有故障的二极管即可。

注意：在更换整流板总成或二极管之前，应首先检测判断其极性，否则会造成交流发电机报废。

实践与思考

一、实践项目

1. 按照本项目"任务1"中的任务实施要求，测量电路的电压和电位。

2. 按照本项目"任务2"中的任务实施要求，连接三相负载的星形电路。

3. 按照本项目"任务3"中的任务实施要求，检测点火线圈及点火系统电路。

4. 按照本项目"任务4"中的任务实施要求，识别与检测二极管、三极管。

5. 按照本项目"任务4"中的任务实施要求，检测整流器。

二、思考题

1. 叙述电阻、电感和电容元件的伏安特性。

2. 叙述基尔霍夫基本定律。

3. 叙述电路的三种工作状态及其特性。

4. 叙述正弦量的相量表示法。

5. 叙述电阻、电感和电容元件的电压与电流相量关系及电路的功率特性。

6. 叙述三相交流电源的星形连接的特性。

7. 叙述磁场的基本物理量的定义。

8. 解释自感现象和互感现象。

9. 解释直流电磁铁与交流电磁铁工作原理。

10. 解释变压器的工作原理。

11. 解释二极管和三极管的特性曲线。

12. 解释单相桥式整流电路的工作原理。

项目 2　农机电气系统认知

项目描述

　　本项目的要求是掌握农机电气系统、农机电气系统故障诊断等基础知识，完成农机电气系统电路图识读、电路工作状况检查等工作任务。

项目目标

　　1. 掌握农机电气系统的组成、作用、特点和工作原理，能够熟练识读并拆画农机电路图。
　　2. 理解农机电路故障类型与特点，掌握农机电路故障诊断常用工具的正确使用方法，熟悉农机电气系统故障诊断方法。
　　3. 了解我国农机工业的辉煌发展史，增强爱国主义情怀。

课程思政学习指引

　　通过介绍我国农机工业的发展，强化爱国主义教育，激励学生为国家农机工业高质量发展而努力学习。介绍我国农机工业发展历史、现状及趋势，让学生了解我国农机制造的辉煌发展史，激发学生民族自豪感和爱国情怀。通过讲述农机自主品牌发展史、技术创新案例，激励学生刻苦学习，脚踏实地，开拓进取。

任务 1　农机电气系统解析

任务描述

　　农机电气系统是农业机械的重要组成部分，学习和了解农机电气系统的组成、作用、特点和工作原理，对于从事农机使用与维修等方面的工作具有重要的意义。农机电路图是表现农机电气系统中各组成元器件的存在形式和相互之间的物理关系的电路图，能够熟练识读并拆画农机电路图是从事农机电气系统维护工作的重要前提。通过理论知识的学习，完成农机电气系统电路图识读和拆画等工作任务。

1.1 农机电气系统的组成与特点

1.1.1 农机电气系统的组成

农业机械虽然种类繁多，但其电气系统的构成相似，一般由农机电源系统，农机启动系统，农机点火系统，农机照明、信号、仪表、警报系统，农机作业部分电气系统等组成。

(1)农机电源系统——用来向用电设备供电，并将多余的电能存储起来。该系统主要由发电机、调节器、电流表、电源开关、蓄电池、工作状况指示装置(电流表、充电指示灯)等组成。

(2)农机启动系统——用来控制直流电动机及预热发动机，完成发动机的启动任务。该系统主要由蓄电池、启动电动机、启动继电器、电源开关、预热启动开关、预热器等组成。

(3)农机点火系统——用来完成汽油发动机的点火任务，保证发动机正常工作。该系统由蓄电池(或磁电机)、点火线圈、点火控制器、火花塞、点火开关等组成。

(4)农机照明、信号、仪表、警报系统——用来实现农机的照明、信号指示、整车工作状况显示和危险报警等任务。该系统由前照灯电路、转向灯电路、制动灯电路、倒车灯电路、音响信号电路、仪表电路、发动机警报电路、作业部分警报电路等组成。

(5)农机作业部分电气系统——用来实现农机作业部分的控制任务。该系统由作业部分(如插秧、收割等)控制电路和警报控制电路组成。

1.1.2 农机电气系统的特点

现代农机上所装的电器与电子设备虽然种类繁多，功能各异，但从总体来说，农机电路仍可归纳为以下几大特点：

(1)低压特点——农机电气系统的额定电压有 6 V、12 V 和 24 V 三种，其中以 12 V 为主。

(2)直流特点——农机电气系统使用的是直流电，向农机提供电的是直流电源，使发动机完成启动任务的是直流串激式电动机，所有的用电设备是直流电器。

(3)单线并联特点——农机上电源到用电设备只用一根导线连接，而用金属机件作为另一根公共回路线。农机上的绝大部分用电设备都是并联在电源上的。由于采用单线并联，所以在使用中，当某一支路用电设备损坏时，并不影响其他支路用电设备的正常工作。

(4)负极搭铁特点——农机采用单线制时，蓄电池的负电极需接至车架上，俗称"搭铁"。负极搭铁，有利于火花塞点火，对车架金属的化学腐蚀较轻，对无线电干扰小。

(5)电路相对独立特点——农机电气系统由多个相对独立的电路组成，以避免在某个电路发生故障时，影响其他电路的工作。

(6)电路中有保护装置——农机电气系统设置有多重保护装置，为了防止因短路或搭铁而烧坏线束和用电设备。保护装置包括保险丝、稳压器、安全继电器等。

1.2 农机电路识读基础

1.2.1 电路图形符号

农机电路图是利用图形符号和文字符号，表示农机电路构成、连接关系和工作原理，而不考虑其实际安装位置的一种简图。为了使电路图具有通用性，便于进行技术交流，构成电路图的图形符号和文字符号，具有统一的国家标准和国际标准。要看懂电路图，必须了解图形符号和文字符号的含义、标注原则和使用方法。

图形符号是用于电气图或其他文件中的表示项目或概念的一种图形、标记或字符，是电气技术领域中最基本的工程语言。因此，为了看懂农机电路图，要掌握和熟练地运用它。

图形符号分为基本符号、一般符号和明细符号3种。

(1)基本符号。基本符号不能单独使用，不表示独立的电器元件，只说明电路的某些特征。如："—"表示直流，"～"表示交流，"+"表示电源的正极，"—"表示电源的负极，"N"表示中性线。

(2)一般符号。一般符号用以表示一类产品和此类产品特征的一种简单符号。一般符号广义上代表各类元器件，另外，也可以表示没有附加信息或功能的具体元件，如一般电阻、电容等。

(3)明细符号。明细符号表示某一种具体的电器元件。它是由基本符号、一般符号、物理量符号、文字符号等组合派生出来的。

常用的图形符号见表2-1。

表2-1 常用的图形符号

基本符号					
序号	名称	图形符号	序号	名称	图形符号
1	直流	——	5	搭铁	⊥
2	交流	～	6	磁场	F
3	电源正极	+	7	交流发电机输出接线柱	B
4	负极	—	8	磁场二极管输出端	D+
导线端子与导线连接					
1	接点	●	8	插头和插座	—(—
2	端子	○	9	多级插头和插座	
3	导线的连接	—○—○—			
4	导线的分支连接				
5	导线的交叉连接		10	接通的连接片	
6	插头的一个极		11	断开的连接片	
7	插座的一个极		12	屏蔽导线	

		触点开关					
1	常开触点			16	液位控制		
2	常闭触点			17	凸轮控制		
3	先开后闭触点			18	联动开关		
4	中间断开的双触点			19	手动开关		
5	双动合触点			20	定位开关		
6	双动断触点			21	按钮开关		
7	单断双合触点			22	能定位的按钮开关		
8	双断单合触点			23	拉拔开关		
9	拉拔操作			24	旋钮开关		
10	旋钮操作			25	液位控制开关		
11	钥匙操作			26	热敏自动开关		
12	热执行器操作			27	热继电器触点		
13	温度控制	t		28	旋转多挡开关		
14	压力控制	p		29	推拉多挡开关		
15	制动压力控制	BP		30	钥匙开关		

	电器元件				
1	可变电阻器		12	线圈、电感	
2	热敏电阻器		13	带铁芯的电感	
3	滑线式电阻器		14	熔断器	
4	光敏电阻		15	易熔线	
5	调光电阻器		16	断路器	
6	电容器		17	永久磁铁	
7	二极管		18	单线圈电磁铁	
8	稳压二极管		19		
9	发光二极管		20	双线圈电磁铁	
10	光电二极管		21	触点常开的继电器	
11	PNP 型三极管		22	触点常闭的继电器	

	仪表				
1	转速表	(n)	4	油压表	(OP)
2	电压表	(V)	5	燃油表	(Q)
3	电流表	(A)	6	数字式电子钟	

	传感器				
1	温度传感器	t°	4	油压表传感器	OP
2	水温传感器	tᵂw	5	转速表传感器	n
3	燃油表传感器	Q	6	制动压力传感器	BP

	电气设备				
1	照明灯		15	并激绕组	
2	双丝灯		16	电刷	
3	组合灯		17	直流电动机	
4	电喇叭		18	串激直流电动机	
5	扬声器		19	永磁直流电动机	
6	蜂鸣器		20	启动机	
7	报警器		21	星形连接的三相绕组	
8	闪光器	G	22	三角形连接的三相绕组	
9	常开电磁阀		23	定子绕组为星形连接的交流发电机	
10	常闭电磁阀		24	定子绕组为三角形连接的交流发电机	
11	点火线圈		25	电压调节器与交流发电机	
12	火花塞		26	整体式交流发电机	
13	电压调节器	U	27	蓄电池	
14	串激绕组		28	蓄电池组	

1.2.2 农机电路基础元件

农机电路的基础元件主要是指导线、熔断器、连接器、各种开关和继电器等，它们是农机电路的基本组成部分。

农机电气基础元件
功能及测量

(1)导线。农机用导线有高压导线和低压导线两种，两种均采用铜质多芯软线。

1)低压导线。

①导线的截面面积：导线的截面面积主要根据其工作电流选择，但是对于一些工作电流较小的电器，为保证应具有一定的机械强度，与农机电路中导线截面不得小于 0.5 mm²。低压导线允许载流量见表2-2。

表2-2 低压导线允许载流量

导线标称截面面积/mm²	0.5	0.8	1.0	1.5	2.5	3.0	4.0	6.0	10	13
允许载流量/A			11	14	20	22	25	35	50	60

所谓标称截面面积是经过换算而统一规定的线芯截面面积，不是实际线芯的几何面积，也不是各股线芯几何面积之和。12 V电系主要电路导线截面面积推荐值见表2-3。

表2-3 12 V电系主要电路导线截面面积推荐值

电路名称	标称截面面积/mm²
尾灯、指示灯、仪表灯、牌照灯	0.5
转向灯、制动灯、停车灯	0.8
前照灯的近光、电喇叭(3 A以下)	1.0
前照灯的近光、电喇叭(3 A以上)	1.5
其他5 A以上的电路	1.5~4
电热塞	4~6
电源线	4~25
启动电路	16~95

②导线颜色：农机电路图上多以字母(主要是英文字母)来表示电线外皮的颜色及其条纹的颜色。电路图中导线表面颜色代号见表2-4。

表2-4 电路图中导线表面颜色代号

颜色	黑	白	红	绿	黄	棕	蓝	灰	紫	粉	橙	浅蓝	浅绿	深绿
英文代号	B	W	R	G	Y	Br	Bl	Gr	V	P	O	L	Lg	Dg
德文代号	Sw	Ws	Ro	Gn	Ge	Br	Bl	Gr	—	Li	—	Hb	—	—

随着农机电器的增多，导线数量也在不断增加，为了便于维修，低压导线常以不同的颜色加以区分。其中截面面积在 4 mm² 以上的采用单色，而 4 mm² 以下的均采用双色。搭铁线均用黑色导线。

③线束：农机用低压导线除蓄电池导线外，都用绝缘材料如薄聚氯乙烯带缠绕包扎成束，避免水、油的侵蚀及磨损，如图2-1所示。

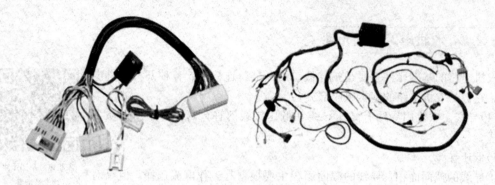

图 2-1　线束

安装线束时，通常先将仪表板、各种开关等连接好，然后往农机上安装。根据导线的颜色分别连接到相应的电器上，每个线头连接都必须牢固、可靠、接触良好。线束穿过洞口或绕过锐角处都应有套管保护。在线束布线过程中不得拉得太紧，线束位置确定后，应用卡簧或绊钉固定，以免松动损坏。

2)高压导线。高压导线用来传送高电压，由导体、橡胶绝缘层和护套组成工作电压很高(一般在 15 kV 以上)，电流强度较小。高压导线示意如图 2-2 所示，其表面带有一层厚厚的橡胶绝缘层，以此来保护导电芯(芯线)，线芯的截面面积很小，但耐压性能好，高压导线的绝缘性能是主要指标，其耐压应高于 15 kV。国产汽车所用高压导线有铜芯线和阻尼线两种，为了衰减火花塞产生的电磁波干扰，目前已广泛使用高压阻尼线。高压阻尼线的制造方法和结构有多种，常用的有金属阻丝式和塑料芯导线式。

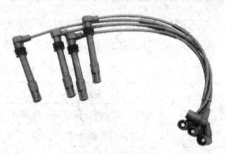

图 2-2　高压导线

(2)熔断器。熔断器也称保险丝，在电路中起保护作用。当电路中流过超过规定的过大电流时，熔断器的熔丝自身发热而熔断，切断电路，防止烧坏电路连接导线和用电设备，并把故障限制在最小范围内。通常情况下，将很多熔断器组合在一起安装在熔断器盒内，并在熔断器盒盖上注明各熔断器的名称、额定容量和位置，并用不同的颜色来区别熔断器的容量。

一般情况下，环境温度在 18 ℃~32 ℃，流过熔断器的电流为额定电流的 1.1 倍时，不熔断；达到 1.35 倍时，熔丝在 60 s 内熔断；达到 1.5 倍时，20 A 以内的熔丝，在 15 s 以内熔断，30 A 熔丝，在 30 s 以内熔断，如图 2-3 所示。

熔断器在使用中应注意以下几点：

1)熔断器熔断后，必须真正找到故障原因，彻底排除故障；

2)更换熔断器时，一定要与原规格相同；

3)熔断器支架与熔断器接触不良会产生电压降和发热现象，安装时要保证良好接触。

(3)插接器。插接器就是通常所说的连接插头和插座，用于线束与线束或导线与导线间的相互连接。插头是指塑件(护套)中只安装接触件(主要指固定的金属针)的连接器；插座是指有一个或一个以上电路接线可插入的座，通过它可插入各种接线，便于与其他电路接通，通过线路与铜件之间的连接与断开，来实现该部分电路的接通与断开。插头和插座的符号及实物如图 2-4 所示。涂黑的表示插头，白色的表示插座，带有倒角的表示针式插头。

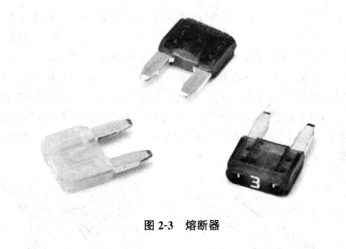

图 2-3　熔断器

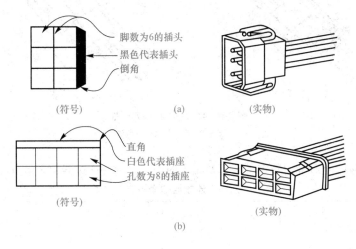

脚数为6的插头
黑色代表插头
倒角

(符号)　　　　(a)　　　　(实物)

直角
白色代表插座
孔数为8的插座

(符号)　　　　(实物)

(b)

图 2-4　插接器

(a)脚插头；(b)脚插座

插头与插座导线的粗细、颜色、符号一般来说应当完全对应，安装时应注意观察。为了清楚地表示连接器中各导线的情况，通常都对连接器内的导线插脚进行编号，以便在进行电路的检查时，尽快找到连接器中的各条导线。插接器的插脚编号如图 2-5 所示，插头编号顺序为从右上至左下，插座编号顺序为从左上至右下。

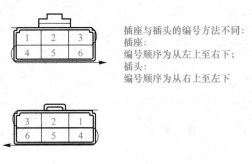

插座与插头的编号方法不同：
插座：
编号顺序为从左上至右下；
插头：
编号顺序为从右上至左下

图 2-5　插接器的插脚编号

插套应耐腐蚀和耐磨，以确保插头和插座的插合部分接触良好；插头的插销应锁定，转换器有软线固定装置，以确保软线固定，能经受住正常的拉力和扭力等；当插头和插座插合时，插合表面之间应严密。插接器接合时，应将插接器的导向槽重叠在一起，使插头与插孔对准且稍用力插入，这样可以使器件十分牢固地连接在一起。为了防止农机在行驶过程中插接器脱开，所有的插接器均在结构上设计有闭锁装置。连接器接合时，应把连接器的导向槽重叠在一起，使插头和插孔对准，然后平行插入即可十分牢固地连接在一起。要拆开连接器时，首先要解除闭锁，然后把连接器拉开，不允许在未解除闭锁的情况下用力拉导线，这样会损坏闭锁或连接导线。插接器的拆卸方法如图 2-6 所示。

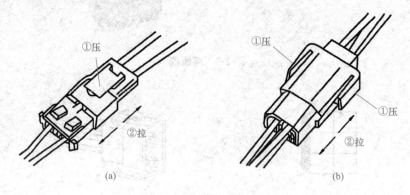

图 2-6　插接器的拆卸方法

(a)正面拆卸图；(b)侧面拆卸图

连接器在电路图上通常用数字、字母及相应的符号表示。连接器的表示方法见表 2-5。

表 2-5　连接器的表示方法

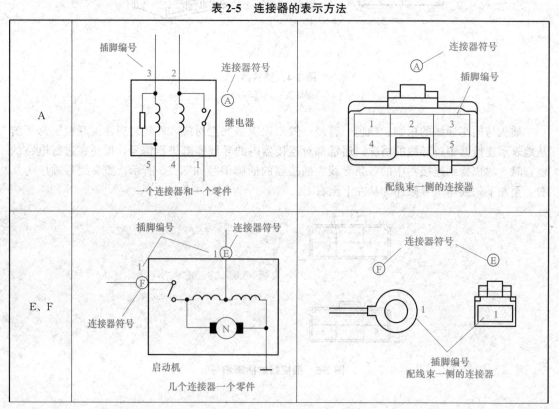

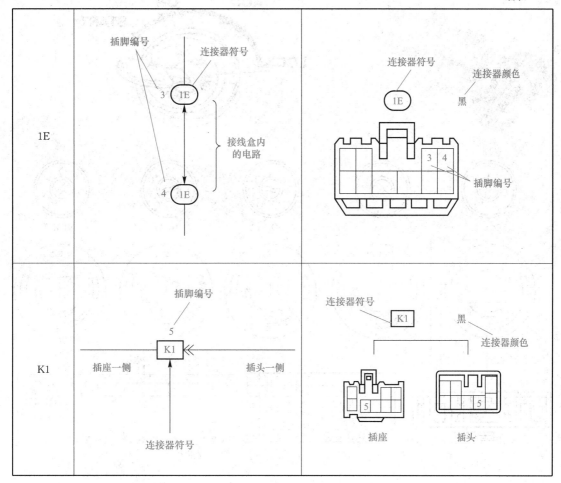

（4）开关。开关在电路图中的表示方法有多种，常见的有结构图表示法、表格表示法和图形符号表示法等。下面以主开关为例介绍电路中开关的表示方法，如图2-7所示。

主开关用于控制点火电路和启动电路，停车时用钥匙锁住。其功能主要有锁住转向盘转轴（LOCK），接通点火仪表指示灯（ON或IG），启动（ST或START）挡、附件挡（ACC主要是收放机专用），如果用于柴油车则增加预热（HEAT）挡。其中启动、预热挡因为消耗电流很大，开关不宜接通过久，所以这两挡在操作时必须用手克服弹簧力，扳住钥匙，一松手就弹回点火挡，不能自行定位；其他挡点火（ON）、附件（ACC）、锁定（LOCK）均可自行定位。

1）LOCK挡。当主开关置于LOCK挡时，发动机停止，方向盘锁定，全车无电。

2）ACC挡。当主开关置于ACC挡时，"1""3"接线柱导通，电源给如照明电路、雨刮电路等部分电路供电。

3）ON挡。当主开关置于ON挡时，"1""3""5"接线柱导通，电源给点火电路、仪表等部分电路供电。

4）HEAT挡。当主开关置于HEAT挡时，"1""2"接线柱导通，电源给预热电路等部分电路供电。

5）START挡。当主开关置于START挡时，"1""2""4"接线柱导通，电源给启动等部分电路供电。

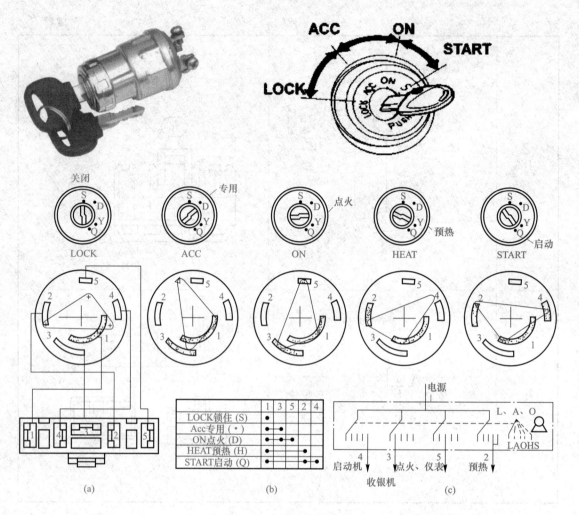

图 2-7 启动开关的位置

(a)结构示意；(b)表格表示法；(c)图形符号表示法

(5)继电器。一般用于操纵开关的触点容量较小，不能直接控制工作电流较大的用电设备，常采用继电器来控制它的接通与断开。电器的结构如图 2-8 所示。

继电器种类有很多，常见的有三类：常开继电器，常闭继电器和常开、常闭混合型继电器。

1)常开继电器平时触点是断开的，继电器动作后触点才接通。

2)常闭继电器平时触点是闭合的，继电器动作后触点断开。

3)混合型继电器平时常闭触点接通，常开触点断开。如果继电器线圈通电，则变成相反状态。

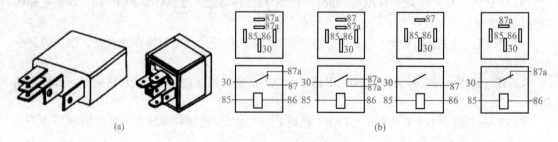

图 2-8 继电器的结构

(a)外观；(b)内部结构

1.2.3 电路识读基础

(1)农机电路图的分类。农机电路图包含了农机电气线路图(布线图)、农机电路原理图、农机线路定位图等。

农机电气线路图是表示电源、用电设备、电气控制开关、继电器与导线连接方式及在车身上的分布情况的简图。它按照用电设备在车身上的位置来进行布线,重点表示线路的走向、插接件连接和开关继电器的控制。

农机原理图是用简明的电路符号按照电路原理将每个系统元器件合理地连接起来,再将各个系统按一定规则排列而成。电路原理图重点表达各电气系统电路的工作原理,既可以是全车电路图,也可以是各系统电路原理图,通常所说的农机电路图的识读,就是识读这种原理图。它是检测与维修人员必备的基本功。

农机线路定位图用于指示各电器及导线的具体位置,一般采用绘制的立体图或实物照片的形式,立体感强,能直观、清晰地反映电器在车上的实际位置,具有很高的实用价值。定位图还可进一步细化分为农机电器定位图、线束图、线路连接器插脚图、接线盒(含熔丝盒、继电器盒)平面布置图。

(2)农机电路图识图技巧。

1)善于化整为零。农机电气系统由各个局部电路组成,它表达了各个局部电路之间的连接控制关系,要把局部电路从总图中分解出来,必须掌握各个单元电路的基本原理和接线规律。

农机电路的基本特点是单线制,各电器设备互相并联,各单元电路如电源系统、启动系统、点火系统、照明系统、信号系统都有其自身的一些特点,以其自身的特点为指导去分解全车电路就会少一些盲目性。

为了清楚识图,可以用彩色笔按所标导线颜色逐条加以区分,对照图注找出农机电源系统,农机启动系统,农机点火系统,农机照明、信号、仪表、警报系统,农机作业部分电气系统中的每一个电路电流通路,画出其独立的电路图。

有些农机为了减少总开关的电流,设置了一些继电器,继电器的控制线圈属于一个开关控制,而其触点所控制的电器可能属于另一个开关(或熔断器),在查线和改画原理图时要加以注意。

2)认真阅读图注。在阅读局部电路图时,首先必须认真地阅读图注,清楚该部分电路所包含的电器设备种类、数量、用途等,有利于在读图中抓住重点。如果已经掌握了一定的农机电气知识的话,这对提高读图速度大有帮助。

3)熟悉电器元件及配线。农机电气系统的线路如同人的神经一样分布在各个区域,其复杂程度与日俱增,而线路中的配线连接器、接线盒、继电器、接地点等如同神经的"节点"。所以熟悉这些电器元件在电路图中的表示符号、位置、连接方式、内部电路,对读解农机电路图会有很大帮助。

4)牢记回路原则。农机电路的主要特点是单线制、各用电器相互并联,因此回路原则在农机电路上的具体形式就是:回路电流的路线是电源正极→导线→开关→用电器→搭铁→同一电源的负极。

①电路按其作用来分,可分为电源电路、接地电路、信号电路、控制电路。

②直接连接在一起的导线(也可经由熔丝、铰接点连接)必具有一个共同的功能,如都为电源线、接地线、信号线、控制线等。即凡不经用电器而连接的一组导线中若有一根接电源或地,则该组导线都是电源线或接地线。与电源正极连接的导线在到达用电器之前是电源电路,与接地点连接的导线在到达用电器之前为接地电路。

③在分析各电路(电源电路、信号电路、控制电路、接地电路等)的作用时,经常会用到排除法,即对不易判断功能的电路,通过排除其不可能的功能来确定其实际功能。例如,分析某一具有3根

导线的传感器电路时，若已经分析出其电源电路、接地电路，则剩余的电路必然为信号电路。

④注意各元器件的串联和并联关系，特别要注意几个元器件共用电源线、共用接地线和共用控制线的情况。

⑤传感器经常共用电源线、接地线，但绝不会共用信号线。执行器会共用电源线、接地线、控制线。任何一个完整的电路都是由电源、熔断器、开关(控制装置)、用电设备、导线等组成的。电流流向必须从电源正极出发，经过熔断器、开关、控制装置、导线等到达用电设备，再经过导线(或搭铁)回到电源负极，才能构成回路。因此，读电路图时，有以下三种方法：

a. 沿着电路中电流的方向，从电源正极出发，依次查找其用电设备、开关、控制装置等回到电源负极；

b. 逆着电路中电流的方向，从电源负极(搭铁)开始，经过用电设备、开关、控制装置等回到电源正极；

c. 从用电设备开始，依次查找其控制开关、连线、控制单元，到达电源正极和搭铁(或电源负极)。

5)读懂开关控制。对多层多挡接线柱的开关，要按层、按挡位、按接线柱逐级分析其各层各挡的功能。有的用电设备受两个以上单挡开关(或继电器)的控制，有的受两个以上多挡开关的控制，其工作状态比较复杂。当开关接线柱较多时，首先抓住电源正极接线柱，再逐个分析与其他各接线柱相连的用电设备处于何种挡位，从而找出控制关系。

对于组合开关，实际线路是在一起的，而在电路图中又按其功能分别画在各自的局部电路中，这种情况必须仔细研究识读。

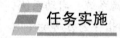
任务实施

1.1　识读农机电气系统电器

图 2-9 所示为某型号拖拉机的电路图。请根据图 2-9 的图注，找出相对应的电器元件。

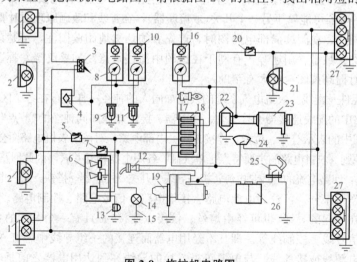

图 2-9　拖拉机电路图

1—转向灯和小灯；2—前照灯；3—转向灯开关；4—闪光器；5—小灯开关；6—喇叭；7—前照灯开关；
8—水温表；9—水温传感器；10—油量表；11—油量传感器；12—启动开关；13—喇叭按钮；14—照明灯；
15—导线；16—电流表；17—主开关；18—熔断丝；19—启动机；20—灯光开关；21—照明灯；
22—电压调节器；23—发电机；24—灯光开关；25—电源总开关；26—蓄电池；27—组合灯光

拖拉机电路包括电源系统电路、启动系统电路、灯光系统电路、信号系统电路、仪表与报警系统电路。

其中，电源系统、启动系统的大部分部件都安装在发动机舱内，仪表系统安装在驾驶室内，照明系统、信号系统安装在车身的前后部位。

1.2　识读农机电路图

根据图2-9所示拖拉机电路图，按照"回路原则"，拆画电源系统电路、启动系统电路、照明系统电路、转向信号系统电路、喇叭信号系统电路、仪表与信号系统电路。

各系统电路电流的路径提示如下：

(1)电源系统充电电路。按照"回路原则"电流的路径为发电机(23)→电流表(16)→主开关(17)→保险丝(18)＜第一根＞→启动机(19)＜30♯端子＞→蓄电池(26)→电源总开关(25)→搭铁。

(2)启动系统电路。按照"回路原则"电流的路径为蓄电池(26)→启动机(19)＜30♯端子＞→保险丝(18)＜第一根＞→主开关(17)→电流表(16)→保险丝(18)＜第二根＞→启动开关(12)→启动机(19)＜15♯端子＞→搭铁；蓄电池(26)→启动机(19)→搭铁。

(3)照明系统电路。按照"回路原则"电流的路径为蓄电池(26)→启动机(19)＜30♯端子＞→保险丝(18)＜第一根＞→主开关(17)→电流表(16)→保险丝(18)＜第六根＞→前照灯开关(7)→前照灯(2)→搭铁。

(4)转向信号系统电路。按照"回路原则"电流的路径为蓄电池(26)→启动机(19)＜30♯端子＞→保险丝(18)＜第一根＞→主开关(17)→电流表(16)→保险丝(18)＜第三根＞→闪光器(4)→转向灯开关(3)→转向灯(1)→搭铁。

(5)喇叭信号系统电路。按照"回路原则"电流的路径为蓄电池(26)→启动机(19)＜30♯端子＞→保险丝(18)＜第一根＞→主开关(17)→电流表(16)→保险丝(18)＜第四根＞→喇叭→喇叭按钮→搭铁。

(6)仪表与信号系统电路。按照"回路原则"水温信号线路电流的路径为蓄电池(26)→启动机(19)＜30♯端子＞→保险丝(18)＜第一根＞→主开关(17)→电流表(16)→保险丝(18)＜第三根＞→水温表(8)→水温传感器(9)→搭铁。

1.3　识读农机电气系统电路图

为了加强对农机电路的识读，本书提供了拖拉机、联合收割机等典型农机产品的配线图和电路图。请读者根据识图方法，识读附录中的配线图和电路图。

附图一：拖拉机配线图。

附图五：联合收割机配线图。

附图六：联合收割机电路图。

附图七：插秧机配线图。

附图八：插秧机电路图。

任务实施工作单

【资讯】

一、器材及资料

_____

_____

二、相关知识

1. 简述农机电气系统的组成及特点。

_____

_____

2. 写出 12 V 农机电系主要电路导线截面面积推荐值。

电路名称	标称截面面积/mm²
尾灯、指示灯、仪表灯、牌照灯	
转向灯、制动灯、停车灯	
前照灯的近光、电喇叭(3 A 以下)	
前照灯的近光、电喇叭(3 A 以上)	
其他 5 A 以上的电路	
电热塞	
电源线	
启动电路	

3. 简述电路图形符号的作用与分类。

_____

_____

4. 解释电路的熔断器、连接器、开关、继电器的作用。

_____

_____

5. 根据下图表示的启动开关位置,以表格的形式表示个位置功能。

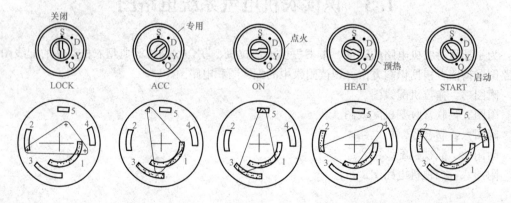

6. 解释农机电路上的回路原则。

_____

_____

_____

【计划与决策】

_____

_____

_____

【实施】

1. 认真阅读下图所示某款拖拉机电路图，写出电器元件名称。

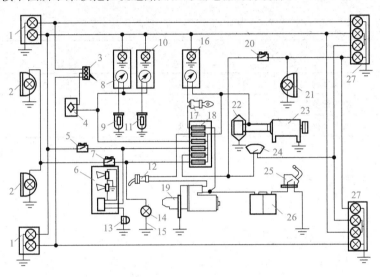

_____

_____

_____

_____

2. 阅读教材附图一、二、三、四，拆画拖拉机灯光系统电路。

3. 阅读教材附图一、二、三、四，拆画拖拉机喇叭电路。

4. 阅读教材附图一、二、三、四，拆画拖拉机水温报警电路。

【检查】

根据任务实施情况，自我检查结果及问题解决方案如下：

_____

_____

_____

_____

【评估】

任务完成情况评价	自我评价	优、良、中、差	总评：
	组内评价	优、良、中、差	
	教师评价	优、良、中、差	

任务 2　农机电气系统故障诊断

任务描述

　　了解农机电气系统常见故障类型与特点，学习农机电路故障诊断常用工具的正确使用方法，掌握农机电路故障诊断流程与注意事项，熟悉农机电路故障诊断方法。通过理论知识的学习，完成使用测试灯检查电路、使用跨接线检查电路等工作任务。

■ 任务预备知识

2.1　农机电路故障类型

　　农业机械电路故障总体上可分为两种类型，一种是电器故障；另一种是控制电路故障。电器故障是指电器本身丧失原有功能。在实际使用中，常常因电路故障而造成电器损坏，有些电气设备可修复，但一些不可拆卸的电子设备出现故障后只能更换。

　　控制电路故障往往是由断路、短路、漏电、接触不良等原因引起，因此一般采用简便方法即可迅速查出故障所在部位并及时排除。常见的方法如下。

2.1.1　短路故障

　　当局部短路时，负载因短路而失效，这条负载线路的电阻很小，而产生极大的短路电流，导致电源过载，导线绝缘烧坏，严重时还会引起火灾，或者使电路失效。短路故障有搭铁短路故障和电源短路故障两种。

　　(1)搭铁短路故障。如图 2-10(a)所示，开关与用电设备之间的导线绝缘破坏，并导致此处"搭铁"；如图 2-10(b)所示，熔丝与开关之间的导线绝缘破坏，并导致此处"搭铁"，造成电源"＋""—"极的直接接通，产生搭铁短路故障，导致熔丝熔断。

　　(2)电源短路故障。如图 2-11(a)所示，右侧电路用电设备上游的导线和左侧电路的用电设备与开关之间的导线短接，产生电源短路故障，造成左侧的电路失效，而右侧的电路正常工作；如图 2-11(b)所示，两个独立的支路在开关上游短路，产生电源短路故障，使两个电路都不能单独控制。

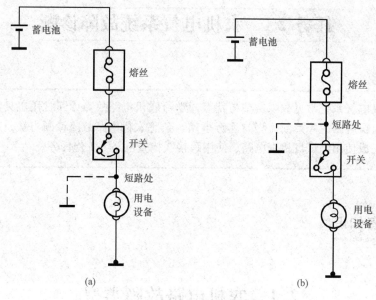

图 2-10 搭铁短路故障示意

(a)从开关后短路；(b)从开关前短路

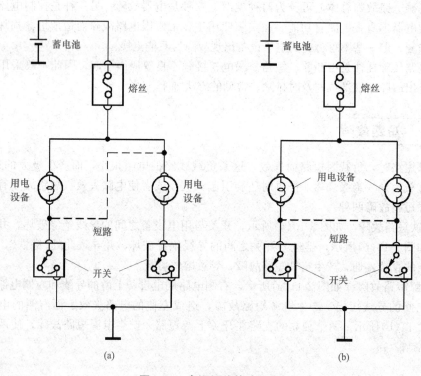

图 2-11 电源短路故障示意

(a)单电路失效；(b)双电路失效

2.1.2 断路故障

断路是指电路断开，电流不能通过的现象。断路时，电路中没有电流，负载元件不能正常工作。断路的类型有两种。第一种是有意识的断路，它是指驾驶员根据需要切断或接通电路，以实现控制电器的目的。几乎所有的电路都有进行切断和接通控制的开关装置。第二种是无意识的断路，如图2-12所示，当灯泡或其他负载元件烧坏、电线断裂、电路保护装置（熔断器）烧断时，电路中电流就会中断。

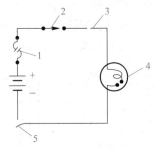

图 2-12　几种可导致断路的故障
1—烧断的熔断器；2—接触不良的开关；3—断开的导线；
4—烧坏的灯泡或负载；5—未连接的导线

2.2　农机电气故障诊断工具

2.2.1　万用表

万用表是检测电路故障最常用的仪表之一（图2-13）。它具有携带及使用方便、可测参数多等显著特点。通过万用表，可以判别故障的具体部位和检测元件的状态（图2-14）。

万用表的功能齐全：检测直流电压（$0\sim400$ V 时$\pm0.15\%$，$1\,000$ V 时$\pm1\%$）；检测交流电压（$0\sim400$ V 时$\pm1.12\%$，750 V 时$\pm1.15\%$）；检测直流电流（400 mA 时$\pm1\%$，20 A 时$\pm2\%$）；检测交流电流（400 mA 时$\pm1\%$，20 A 时$\pm2.5\%$）；检测电阻（400 Ω、4 kΩ$\sim$4 MΩ 时$\pm1\%$，400 MΩ 时$\pm2\%$）；检测频率（4 kHz$\sim$4 MHz 时$\pm0.05\%$，最低输入频率为 10 Hz）；检测二极管电路通断；检测转速（$150\sim3\,999$ r/min 时$\pm0.3\%$，$4\,000\sim10\,000$ r/min 时$\pm0.6\%$）；检测闭合角（$\pm0.50°$）；检测频率/脉冲宽度比（如占空比等）（$\pm0.2\%$）；检测各类传感器；检测各种执行器（包括检测电磁阀和电动机等）；检测真空度及液压（如检测发动机的进气真空度、燃油压力、自动变速器油压、发动机机油压力、气缸压力、空调制冷剂的高低压力、排气压力和各真空控制元件的真空度等）；其他功能（如显示峰值电压、设置背景光、暂存数据、自动关机等）。

图 2-13　万用表

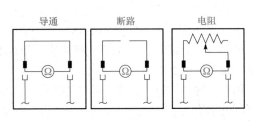

图 2-14　测定要确定的三个问题

下面以 KM300 型多功能万用表(图 2-15)为例,讲述万用表的基本使用方法。

使用前的注意事项:首先检查电表内部电池电压,当电压不足时,显示屏右上方会出现蓄电池的符号;注意仪表笔插孔旁的符号,不要将正负极接反;另外,要注意测试电压或电流不要超出指示数字的最大范围;使用前要先将"转换开关"旋至要测量的挡位上。

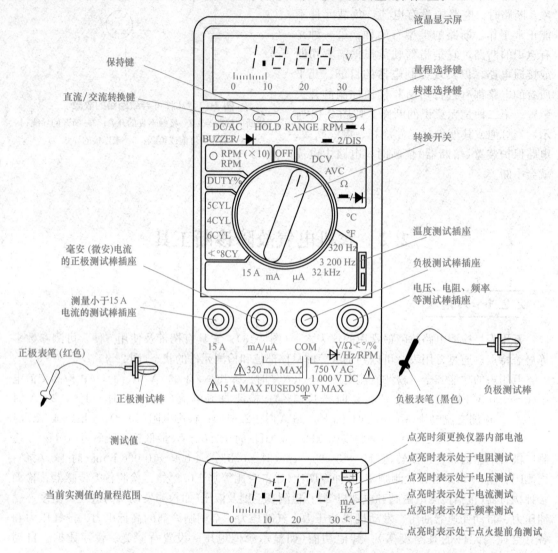

图 2-15　KM300 型万用表外形面板和液晶显示屏的示意

(1)测量直流电压。

1)将万用表的"转换开关"旋转到直流电压(DCV)位置。此时万用表进入自动选择量程测量方式,能自动选择最佳测量量程。也可以按下"RANGE"(量程)键,使万用表进入手动选择测量量程方式。每按一次"RANGE"键,即可选择到下一个高一点的量程。

2)将红色表笔插入面板中的电压/欧姆插座中,黑色表笔插入面板中的 COM 插座中。将红、黑表笔与被测电路上的触点连接。

3)注意万用表上的"+""−"表笔必须和电路测试点的极性一致。

4)读取直流电压值。

注意：测量时，不要检测高于 750 V 的电压，否则，可能会损坏万用表的内部线路；在不知被测电压的范围时，应将"转换开关"置于最大量程，并视情况逐渐旋转至适当量程；如液晶显示屏显示"1"，表示过量程，应将转换开关置于更高量程。

(2)测量直流电流。

1)按下"DC/AC"(直流/交流)键，选择直流。

2)将"转换开关"旋转到 15 A 挡或者 mA 挡或者 μA 挡位置。

3)将红色表笔插入面板 15 A 或 mA 或者 μA 插座内，如果不能估计出被测电流值，应先将其插入到 15 A 插座内。把黑色表笔插入面板上的 COM 插座内。将红、黑表笔串联连接到被测电路上，并注意万用表上的"＋""－"表笔必须和电路测试点中的极性一致。

4)接通被测电路的电源。

5)读取直流电流值。

注意：检测直流电流(DC)时，不得检测高于 15 A 的电流。虽然万用表可能显示更高的电流值，但有可能损坏其内部线路。

(3)测量电阻。

1)将"转换开关"旋转到欧姆挡(Ω)位置上，此时万用表进入自动选择量程方式，能自动选择最佳测量量程。也可按下"RANGE"(量程)键，使万用表进入手动选择测量量程方式。每按一次"RANGE"键，即可选择到下一个高一点的量程。

2)将红色表笔插入面板中的电压/欧姆插座中，黑色表笔插入面板中的 COM 插座中。红、黑表笔连接到被测电路上。

3)读取两点之间的电阻值。

注意：当输入端开路时，液晶显示器会显示"1"，表示过量程状态；如被测元件的阻值超过所选量程，则会显示出过量程"1"，必须选用高挡量程；检测在线电阻时，须确认被测电路已关闭电源。测量元件的电阻时绝不能带电操作，对有电容元件的电路应确认电容元件已放电完毕后才能进行测量，否则易烧毁万用表。

(4)测量频率。

1)将红色表笔插入面板电压/频率(Hz)插座中，黑色表笔插入面板 COM 插座。将红、黑表笔与被测电路上的触点连接。

2)把"转换开关"置于 Hz 量程，把两个表笔跨接在电源或负载的两端。

3)读取两点之间的频率数值。

(5)测试二极管。

1)将红色表笔插入面板中的电压/欧姆插座中，把黑色表笔插入面板中的 COM 插座中。

2)将"转换开关"置于二极管符号的挡位上，并将测试表笔跨接在被测二极管上(或接在待测线路的两端)。

3)读取测量数值。

注意：当输入端未接入(即开路)时，液晶显示器显示值为"1"。KM300 型多功能万用表显示值为正向电压降的电压值，当二极管反接时即显示过量程"1"。

(6)测量温度。

1)将"转换开关"旋转到温度(℃或℉)挡位置上。

2)把万用表配备的测量温度的特殊插头插到面板的温度测试插座内，表针与被测温度的部位接触。

3)温度稳定后，读取测量值。

2.2.2　跨接线

跨接线(图 2-16)俗称"短接线""位跳线"。使用跨接线诊断电路故障，就是越过怀疑断路的导线，并通过跨接线形成回路，然后进行测试的方法(被称为"跨接法")。如果故障不再存在，说明被跨接的导线已经损坏。

跨接线的使用方法如图 2-17 所示。在电路故障诊断中，跨接线具有以下几种功能：

(1)替代被怀疑断路的导线，起鉴别通、断的作用。

(2)在不需要某器件工作时，用跨接线将它隔离开来。

(3)使用线径在 16 mm² 以上的鳄鱼夹式跨接线，可以借助其他车辆上的蓄电池电能，启动故障车的发动机。

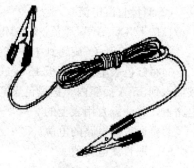

图 2-16　跨接线

(4)使用 30 A 熔丝式跨接线，跨接在电器前后的电路上，对电器直接施加蓄电池电压，以便检测其性能。

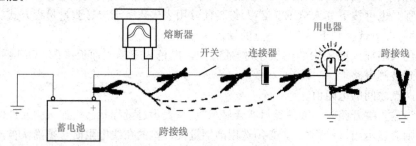

图 2-17　跨接线的使用方法

在使用跨接线的过程中，需要注意以下两个问题：

(1)必须确认被跨接的两个电器的工作电压相同。

(2)绝对禁止将电源正极线与接地线跨接，即跨接线不能连接在试验部件的"＋"接头与搭铁之间，因为这样会造成电源短路，并产生严重后果。

2.2.3　测试灯

测试灯进行有负荷动态测试，对于判别"虚电"特别有效。所谓"虚电"，是指电路某处因插头氧化或者连接松动等原因引起接触不良，在这种情况下，小电流可以通过，所以使用万用表测量电压时，显示正常，但是大电流过不去，其结果是，要么造成启动机不能运转，要么造成接触处发热。

(1)测试灯类型。

1)无源测试灯。无源测试灯如图 2-18 所示。这种测试灯主要用来检查电源电路是否给电气部件提供电源。使用时将测试灯一端搭铁，另一端接电气部件电源接头。如灯亮，说明电气部件的电源电路无故障；如灯不亮，再接向电源方向的第二个接线点或该线路的某一处，如灯亮，则故障在第一接点与第二接点之间，电路出现的是断路故障；如测试灯仍不亮，则再接第三个接点，直至灯亮为止。故障发生在最后的被测接点与上一个被测接点之间的电路上，多为断路故障。

2)有源测试灯。有源测试灯如图 2-19 所示。它主要用来检查电气系统断路和短路故障。断路检查时，拆开与电气部件相连接的电源电路，将测试灯一端搭铁，另一端从被测部件的"＋"

极测起。如果灯不亮，则断路出现在被测点与搭铁之间；如灯亮，则断路出现在此时被测点与上一被测点之间。短路检查时，将被测部件的电源线和搭铁线都拆开（拆开的线头悬空），测试灯一端搭铁，另一端与余下的被测部件及线路相连接。如灯亮，表示有短路故障，然后逐步将电路中的接插件拔开、开关断开，拆下被测部件等，直到灯灭为止，则短路出现在最后开路部件与上一个开路部件之间。

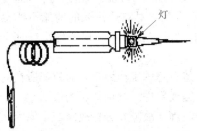

图 2-18　无源测试灯

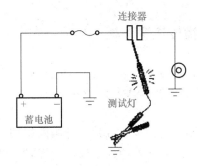

图 2-19　有源测试灯的使用方法

(2)测试灯的主要功用及检测方法。

1)检测电器的电源电路是否有电。其检测方法：将测试灯的一端接地，另一端接触电器的电源端，如果测试灯亮起，说明电源电压正常；如果测试灯不亮，说明电源不可靠，再朝着电源方向寻找下一个故障点。

2)具有跨接线和指示灯的双重作用。

3)能够发现某些电路接触不良的故障。

4)可以检测汽油机高压线是否漏电。其检测方法：启动发动机，让测试灯的负极搭铁，将正极在高压线之间晃动(需要保持一定的距离)，如果测试灯连续闪烁，说明距离测试灯正极最近的那根高压线漏电。

5)检测点火触发信号。将测试灯连接在点火线圈或者某一缸点火线上，如果在启动时测试灯快速闪烁，说明点火触发信号基本正常。

2.3　农机电气系统故障诊断流程与检修注意事项

2.3.1　农机电气系统故障诊断流程

(1)验证车主(用户)所反映的情况，并注意通电后的各种现象。在动手拆检之前，应尽量缩小故障产生的范围，重点了解以下内容：

故障发生时机械的状态，是作业中自行停车，还是发现异常情况后由操作者主动停下来的？发生故障时听到了什么异常声音？是否闻到了焦煳味？是否拨动了什么开关、按钮？仪表及指示灯发生了什么情况？以前是否出现过类似故障，是如何处理的？

操作者的陈述可能不完整，有些情况可能陈述不出来，甚至有些陈述内容是错误片面的，因为有些故障是由于操作者粗心大意、对农业机械的性能不熟悉、采用不正确的操作方法造成的，但仍要仔细询问，为故障的判断提供参考。在进行检查时应验证操作者的陈述，找到故障原因。

（2）分析电路原理图，弄清楚电路的工作原理，对故障所在的范围作出推断。

（3）重点检查故障集中的线路或部件，验证作出的推断。

（4）进一步进行诊断与检修，确定故障并分析故障产生原因。

（5）排除故障并验证电路是否恢复正常。

（6）填写维修记录，向机械操作者说明故障情况及注意事项。

2.3.2　农机电气故障检修注意事项

（1）拆卸蓄电池时，应最先拆下负极电缆，安装蓄电池时，应先连接正极电缆。拆下或装上蓄电池电缆时，应确保点火开关或其他开关都已断开，否则容易导致半导体器件的损坏。切记勿颠倒蓄电池接线柱极性。

（2）不允许使用欧姆表及万用表的 $R \times 100$ 以下低阻欧姆挡检测小功率晶体管，以免电流过载损坏元器件。更换晶体管时，应首先接入基极，拆卸时，则应最后拆卸基极。对于金属氧化物半导体管（MOS管），则应当心静电击穿，焊接时，应从电源上拔下烙铁插头或可靠接地。

（3）拆卸和安装元器件时，应切断电源。如无特殊说明，元器件引脚距焊点应在 10 mm 以上，以免烫坏元器件，且宜使用恒温或功率小于 75 W 的电烙铁。

（4）更换烧坏的熔断器时，应使用相同规格的熔断器。使用比规定容量大的熔断器可能会导致电器损坏或产生火灾。

（5）靠近振动部件（如发动机）的线束部分应用卡子固定，将松弛部分拉紧，以免由于振动造成线束与其他部件接触。

（6）不要粗暴地对待元器件，也不能随意乱扔。无论好坏，都应轻拿轻放。

（7）与尖锐边缘磨碰的线束部分应用胶带缠起来，以免损坏。安装固定零件时，应确保导线不要被夹住或被损坏。安装时，应确保接插头接插牢固。

（8）在进行保养或维修时，若工作温度超过 80 ℃（如进行焊接时），应先拆下对温度敏感的零部件（如继电器和传感器等）。

此外，现代农业机械的许多电子电路，出于性能要求和技术保护等多种原因，往往采用不可拆卸的封装方式，如厚膜封装调节器、固封电子电路等。当电路故障可能涉及其内部时，则往往难以判断。在这种情况下，一般先从其外围逐一检查排除，最后确定其是否损坏。有些进口机械上的电子电路，虽然可以拆卸，但往往缺少同型号元器件代替，这就涉及用国产元器件或其他进口元器件替代的可行性问题，需要认真研究，切忌盲目代用。

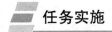

2.1 使用万用表检测电路故障

2.1.1 万用表电阻挡检测断路故障

将待测电路的电源切断，万用表选至电阻挡位，并联接入疑似断路电路，如图 2-20 所示。对于断路电路，万用表的读数应超过表的上限或为无穷大。而正常电路中电阻表的读数应为设计的电阻值（一般小于 1 000 Ω）。

2.1.2 万用表电压挡检测断路故障

用电压表检测电路时，首先将电压表与负载并联，并尽可能接近负载，然后沿着电路移动，直至找到断路点为止，如图 2-21 所示。在断路点后面，电压表读数应为零。在断路点前面，只要剩下的电路没有其他故障，电压表读数就应是原始电压值。

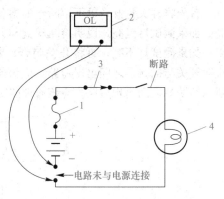

图 2-20　万用表电阻挡检测断路故障
1—熔断器；2—万用表；3—开关；4—灯

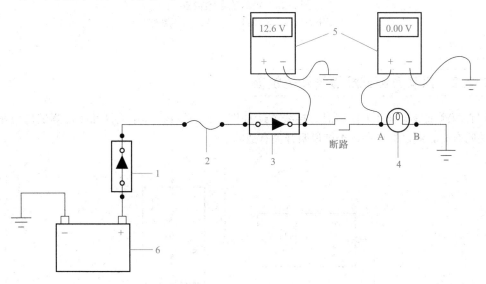

图 2-21　万用表电压挡检测断路故障
1—点火开关；2—熔断器；3—灯光开关；4—灯；5—万用表；6—蓄电池

2.2 使用测试灯检测电路故障

2.2.1 用无源测试灯检测短路故障

发现熔丝已熔断，则说明电路已发生过短路，这时可用测试灯进行检测。接线方法如图 2-22 所示。

首先将开关打开，拆下熔断丝的熔丝，并将测试灯跨接到熔丝端子上，观察测试灯是否点亮。如果测试灯点亮，说明熔断丝盒与开关之间出现短路，应该修理熔断丝盒与开关之间的线束；如果测试灯不亮，再将开关闭合，断开前照灯插接器，观察测试灯是否点亮；如果灯亮，说明开关与插接器之间出现短路，应该修理开关与插接器之间的线束，如果灯不亮，说明插接器与照明灯之间出现短路，应该修理照明灯与插接器之间的线束。

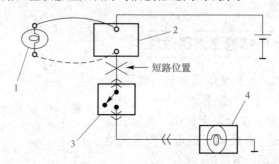

图 2-22 短路位置的检查

1—测试灯；2—熔丝；3—开关；4—前照灯

2.2.2 用有源测试灯检测开关性能

用有源测试灯检测开关性能时，接线方法如图 2-23 所示。当开关打开时，测试灯应不亮；当开关闭合时，测试灯应亮，否则说明开关有故障。

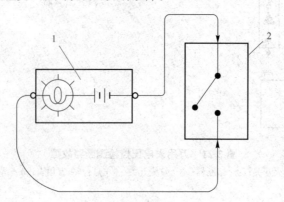

图 2-23 检测开关导通性

1—有源测试灯；2—开关

2.2.3　用测试灯检测断路故障

将测试灯的一根引线搭铁，另一根引线连接到开关插接器电源侧端子上，即图 2-24 中 a 点位置，测试灯应该点亮。再将测试灯连接到电动机插接器上，即图 2-24 中 b 点位置，若将开关打开，测试灯应该不亮；若将开关闭合，测试灯应该点亮，否则开关及开关到电动机插接器之间的线路断路。

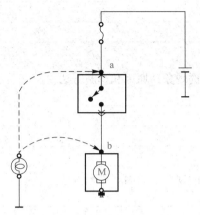

图 2-24　测试灯检测断路位置

2.3　使用跨接线检测电路故障

用跨接线来检测断路电路的方法简单易行，使用该方法可以轻易判断出开关等元件是否损坏。检测时将一个熔断器与跨接线串联，可以保护接线接错时电路不被损坏。若怀疑某条线路断路，如图 2-25 中的开关故障，用跨接线将开关的 a、b 两端短接，若电动机工作，即可断定开关断路。

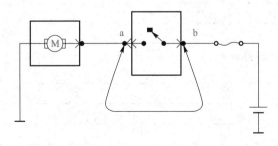

图 2-25　跨接线法检测断路

任务实施工作单

【资讯】

一、器材及资料

_____

_____

_____

二、相关知识

1. 简述农机电器短路故障的现象、原因和诊断方法。

_____

_____

_____

2. 简述农机电器断路故障的现象、原因和诊断方法。

_____

_____

_____

3. 简述万用表的功能。

_____

_____

_____

4. 简述跨接线的功能。

_____

_____

_____

5. 简述农机电器故障诊断流程。

_____

_____

_____

【计划与决策】

_____

_____

_____

_____

【实施】

1. 用测试灯检测拖拉机电器试验台前照灯电路中的开关性能和断路位置，画出检测示意图。

检测结果分析:

_____

_____

_____

2. 用跨接线检测拖拉机电器试验台喇叭电路中的断路位置，画出检测示意图。

检测结果分析:

_____

_____

_____

【检查】

根据任务实施情况，自我检查结果及问题解决方案如下:

_____

_____

_____

【评估】

任务完成情况评价	自我评价	优、良、中、差	总评:
	组内评价	优、良、中、差	
	教师评价	优、良、中、差	

实践与思考

一、项目实践

1. 按照本项目"任务1"中的任务实施要求，根据图2-9，拆画电源系统电路、启动系统电路、照明系统电路、转向信号系统电路、喇叭信号系统电路、仪表与信号系统电路。

2. 按照本项目"任务2"中的任务实施要求，使用万用表电阻挡检测断路故障。

3. 按照本项目"任务2"中的任务实施要求，使用万用表电压挡检测断路故障。

4. 按照本项目"任务2"中的任务实施要求，用无源测试灯检测短路故障。

5. 按照本项目"任务2"中的任务实施要求，用有源测试灯检测开关性能。

6. 按照本项目"任务2"中的任务实施要求，用跨接线检测电路故障。

二、思考题

1. 叙述农机电气系统的组成与特点。

2. 解释继电器的结构与工作原理。

3. 叙述农机电路图识图方法。

4. 叙述农机电路的故障类型及特点。

5. 叙述农机系统故障的诊断与排除程序。

项目3 农机电源系统维修

项目描述

本项目的要求是掌握蓄电池检测与维修、交流发电机检测与维修、充电系统检测与维修等知识，完成蓄电池的拆装、蓄电池的性能检测、蓄电池的充电、三相交流发电机的拆装、三相交流发电机性能检测、单相交流发电机性能检测、充电系统故障排除等工作任务。

项目目标

1. 掌握蓄电池的结构与工作原理，能对蓄电池的技术性能进行正确评价，能对蓄电池进行维护。

2. 掌握交流发电机的构造与工作原理，掌握交流发电机的整机检测及解体后主要部件的检测方法，能对交流发电机的技术性能进行正确评价，能对交流发电机进行维护。

3. 掌握交流发电机充电系统故障诊断方法，能对充电系统进行维护。

4. 了解我国农业悠久的发展历史和农业机械在农业发展中的地位，激发民族自豪感和爱国热情。

课程思政学习指引

通过介绍我国农业悠久的发展历史，激发学生的民族自豪感和爱国热情，鼓励学生为国家农机工业技术创新而努力学习。介绍农业机械的发展历程，融入农业机械发展过程中的工匠精神，引导学生学习劳动人民的智慧和创新精神，激发强烈的时代责任感。

任务 1　蓄电池检测与维护

任务描述

农机上的蓄电池必须能够满足发动机启动的需要。如果蓄电池维护使用不当，会导致发动机不能启动或启动困难，直接影响车辆的正常使用。因此在农机维修过程中，对蓄电池应经常进行检查、维护等作业。通过学习蓄电池的检测与维护相关知识，能对蓄电池的技术性能进行正确评价。

1.1　蓄电池的构造与原理

蓄电池是一种将化学能转变为电能的装置，属于可逆的直流电源。

农业机械上一般采用铅酸蓄电池，可分为湿荷电蓄电池、干荷电蓄电池、少维护蓄电池和免维护蓄电池4种类型。

蓄电池的功能：发动机启动时，向启动机和点火系统供电(启动电流一般为200~1 000 A)；发动机低速运转时，向用电设备和发电机磁场绕组供电(应用中应避免)；发动机运转时，将发电机剩余电能转化为化学能存储起来；发电机过载时，协助发电机向用电设备供电；蓄电池相当于一个大电容器，能吸收电路中出现的瞬时过电压，保护电子元件，保持电气系统电压稳定。

1.1.1　蓄电池的构造

铅蓄电池主要由正负极板、隔板、壳体、电解液、铅连接条、极柱等部分组成，如图3-1所示。壳体一般分隔为3个或6个单格，每个单格均盛装有电解液，插入正负极板组便成为单体电池。每个单体电池的标称电压为2 V，将3个或6个单体电池串联后便成为一只6 V或12 V蓄电池总成。

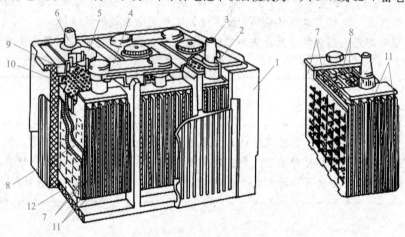

图 3-1　蓄电池的构造

1—蓄电池外壳；2—电极衬套；3—正极柱；4—连接条；5—加液孔螺塞；6—负极柱；
7—负极板；8—隔板；9—封料；10—护板；11—正极板；12—肋条

(1)极板组。蓄电池的极板分为正极板和负极板。蓄电池的充放电过程是靠极板上的活性物质与电解液的电化学反应来实现的。极板是由栅架及铅膏涂料组成，其形状如图3-2所示。

正极板上的活性物质是深褐色的二氧化铅，负极板上的活性物质是深灰色的海绵状纯铅。正极板通过汇流条焊接在一起，组成正极板组，负极板通过汇流条焊接在一起组成负

蓄电池作用

蓄电池结构

极板组。正、负极板组交叉组装在一起，之间用隔板隔开。负极板比正极板多一片，使得每片正极板均处于两片负极板之间，可使正极板两侧放电均匀，防止极板拱曲，使活性物质脱落。

栅架的作用是容纳活性物质并使极板成形，一般由铅锑合金浇铸而成。铅锑合金中，含锑6%～85%，加入锑是为了提高栅架的力学性能并改善浇铸性能，但易引起蓄电池的自放电和栅架的膨胀、溃烂。因此，栅架的生产材料将向低锑(含锑量小于3%)、甚至不含锑的铅钙合金发展。其形状如图3-3所示。

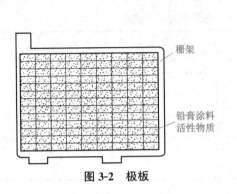

图3-2　极板

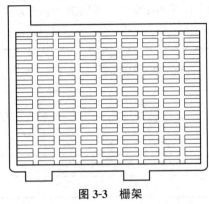

图3-3　栅架

国产正极板的厚度为2.2 mm、负极板为1.8 mm。国外大多采用薄型极板，厚度为1～1.5 mm。薄型极板可以提高蓄电池的体积比能量、重量比能量，改善蓄电池的启动性能。

(2)隔板。为了减小蓄电池的内阻和尺寸，蓄电池内部正负极板应尽可能地靠近；为了避免彼此接触而短路，正负极板之间要用隔板隔开。隔板材料应具有多孔性和渗透性，且化学性能要稳定，即具有良好的耐酸性和抗氧化性。厚度一般不超过1 mm，隔板的一面有特制的纵向沟槽，另一面则为平面，如图3-4所示。

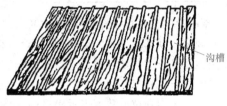

图3-4　隔板

(3)联条。蓄电池总是由3个或6个单格电池组成的，各单格电池之间靠铅质联条串联起来。联条的安装有传统的外露式，还有较先进的穿壁式，如图3-5所示。

(4)壳体。蓄电池的壳体是用来盛放电解液和极板组的，应由耐酸、耐热、耐震、绝缘性好并且有一定力学性能的材料制成。大都采用聚丙烯塑料壳体。壳体为整体式结构，壳体内部由间壁分隔成3个或6个互不相通的单格，底部有突起的肋条以搁置极板组，如图3-6所示。

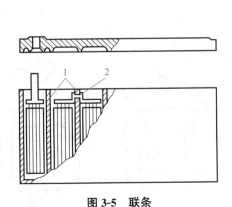

图3-5　联条

1—间壁；2—联条

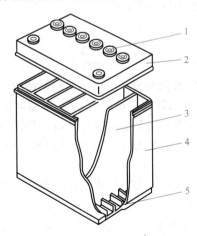

图3-6　壳体

1—注入口；2—盖；3—隔板；4—蓄电池壳体；5—肋条

（5）电解液。电解液又称电解质，俗称电水。它的作用是形成电离，促使极板活性物质电离产生电化学反应。电解液在电能和化学能的转换过程即充电和放电的电化学反应中起离子间的导电作用并参与化学反应。它由密度为 1.84 g/mL 的纯硫酸和蒸馏水按一定比例配制而成，而其密度一般为 1.24～1.30 g/mL。配制电解液必须使用耐酸的器皿，切记只能将硫酸慢慢地倒入蒸馏水中并不断搅拌。不同地区和气候条件下电解液的相对密度见表 3-1。

表 3-1　不同地区和气候条件下电解液的相对密度

使用地区最低温度	充足电的蓄电池在 25 ℃时的电解液密度	
	冬季	夏季
＜−40 ℃	1.3	1.26
−30 ℃～−40 ℃	1.28	1.24
−20 ℃～−30 ℃	1.27	1.24
0 ℃～−20 ℃	1.26	1.23
≥0 ℃	1.23	1.23

1.1.2　蓄电池的规格型号

蓄电池的型号按《铅酸蓄电池名称、型号编制与命名办法》(JB/T 2599—2012)规定，其产品型号的编制规则为"串联的单格电池数"-"蓄电池类型"-"蓄电池特征"-"额定容量"-"特殊性能"。

如：6−QA−105D。

"6"——用阿拉伯数字表示串联的单格电池数。

电化学效应

"QA"——用汉语拼音字母表示蓄电池的主要用途和类型，其含义："Q"表示启动用蓄电池；"M"表示摩托车用蓄电池；"JC"表示船用蓄电池；"HK"表示飞机用蓄电池；"A"用汉语拼音字母表示蓄电池的特征（无字为干封普通铅蓄电池、"A"为干式荷蓄电池、"B"薄型极板；"W"无须维护）。

"105"——数字表示 20 h 放电率额定容量为 105 Ah。

"D"——汉语拼音字母表示蓄电池的特殊性能（G—表示高启动率蓄电池；S—表示塑料壳体；D—表示低温启动性能好）。

1.1.3　蓄电池的工作原理

蓄电池的工作过程是一个化学能与电能相互转化的过程。当蓄电池的化学能转化为电能而向外供电时，称为放电过程；当蓄电池与外界电源相连而将电能转化为化学能存储起来时，称为充电过程，如图 3-7 所示。

（1）电势的建立。当极板浸入电解液时，在负极板处，铅受到两方面的作用，一方面它具有溶解于电解液的倾向，少量铅溶于电解液，生成 Pb^{2+}，在极板上留下两个电子，使极板带负电；另一方面，由于

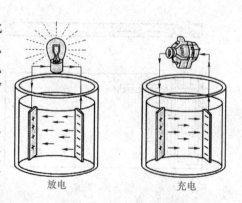

放电　　　充电

图 3-7　蓄电池的工作原理

正、负电荷的吸引，Pb^{2+} 有沉附于极板表面的倾向。当两者达到平衡时，溶解停止，使负极板具有负电位，约为 $-0.1\ V$。

正极板上，少量的 PbO_2 溶于电解液，与水生成 $Pb(OH)_4$，再离解成四价铅离子和氢氧根离子，即

$$PbO_2 + 2H_2O \rightarrow Pb(OH)_4 ; \quad Pb(OH)_4 \leftrightarrow Pb^{4+} + 4OH^-$$

Pb^{4+} 有沉附于极板的倾向且大于溶解的倾向，因而在正极板上使极板呈正电位，当达到平衡时，约为 $+2.0\ V$。因此，当外电路未接通，反应达到相对平衡时，蓄电池的静止电动势 E_0 约为

$$E_0 = 2 \times 0 - (-0.1) = 0.1 (V)$$

(2)铅蓄电池的放电过程。铅蓄电池的放电过程就是化学能转变为电能的过程。蓄电池接上负载，在电动势的作用下，电流 I_f 从正极经负载流向负极，即电子从负极到正极，使正极电位降低，负极电位升高。蓄电池正极板上的 PbO_2 和负极板上的 Pb 都变成 $PbSO_4$，电解液中的 H_2SO_4 减少，相对密度下降。

放电时的化学反应过程如图 3-8 所示。

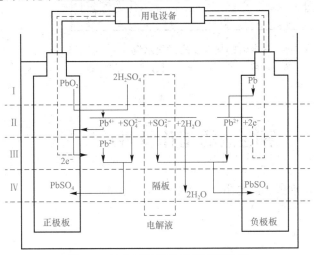

图 3-8　放电时的化学反应过程示意

Ⅰ—充电状态；Ⅱ—溶解电离；Ⅲ—接入负载；Ⅳ—放电状态

蓄电池放电过程

(3)铅蓄电池的充电过程。所谓充电过程，就是在外加电场作用下，正、负极板上硫酸铅还原为二氧化铅和海绵状铅，电解液中水转变为硫酸的过程。充电时按相反的方向变化，正负极板上的 $PbSO_4$ 分别恢复成原来的 PbO_2 和 Pb，电解液中的硫酸增加，相对密度变大。即电能转变为化学能存储起来的过程。

蓄电池充电过程

充电时，应将蓄电池接直流电源。当电源电压高于蓄电池的电动势时，在电场力的作用下，充电电流 I 流入蓄电池正极，再从负极流出，即驱使电子从正极经外电路流入负极，此时正负极板发生的反应正好与放电过程相反，其充电时的化学反应过程如图 3-9 所示。

如略去中间的化学反应过程，可用下式表示：

$$\underset{\text{正极板}}{PbO_2} + \underset{\text{负极板}}{Pb} + \underset{\text{电解液}}{2H_2SO_4} \leftrightarrow \underset{\text{正极板}}{PbSO_4} + \underset{\text{电解液}}{2H_2O} + \underset{\text{负极板}}{PbSO_4}$$

由式中可以看出，放电时，电解液中的部分硫酸变为水，故电解液的浓度与放电的程度直接有关，即可以用测量电解液密度的方法判断蓄电池放电程度。

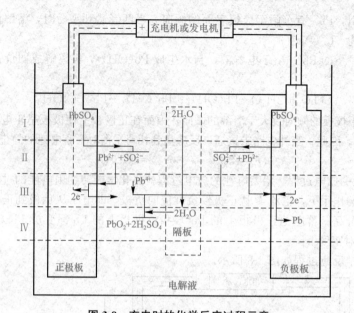

图 3-9 充电时的化学反应过程示意

Ⅰ—放电状态；Ⅱ—溶解电离；Ⅲ—通入负载；Ⅳ—充电状态

1.2 蓄电池的工作特性

蓄电池的工作特性包括静止电动势、内电阻、充电特性和放电特性。

1.2.1 静止电动势

蓄电池在静止状态下（充电或放电后静止 2～3 h），正负极板间的电位差称为静止电动势，用 $E_0(E_1)$ 表示。其值可用直流电压表或万用表的直流电压挡直接测得，也可测出电解液密度，然后用经验公式求得。

1.2.2 内电阻

蓄电池的内电阻大小反映了蓄电池带负载的能力。在相同的条件下，内电阻越小，输出电流越大，带负载能力越强。蓄电池的内电阻为极板电阻、电解液电阻、隔板电阻、连条和极柱电阻的总和，用 R_0 表示。

1.2.3 蓄电池的充电特性

蓄电池的充电特性是指在恒流充电过程中，蓄电池的端电压 U、电动势 E 和电解液密度随时间变化的规律。

蓄电池的充电过程可分为以下四个阶段，如图 3-10 所示。

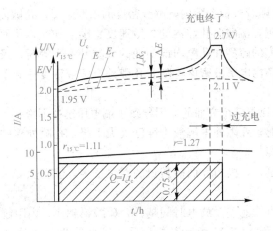

图 3-10　充电特性曲线

(1)迅速上升阶段：充电开始，在极板的孔隙表层中首先形成硫酸，且来不及向外扩散，致使孔隙中的电解液密度增大。此阶段蓄电池的端电压和电动势迅速增大。

(2)稳定上升阶段：充电至孔隙中产生硫酸的速度和向外扩散硫酸速度相同时，蓄电池的端电压和电动势随整个容器内电解液密度的上升而缓慢上升。

(3)急剧上升阶段：端电压上升至2.3～2.4 V时，极板上可能发生变化的活性物质大多恢复为二氧化铅和铅，若继续充电，则电解液中的水被电解成氢气和氧气，以气泡形式放出，形成"沸腾"。但是氢离子在负极板处与电子的结合不是瞬时完成的，于是在负极板处就积聚了大量的氢离子，使电解液与极板间产生了附加电位差(0.33 V)，因而端电压上升到了2.7 V。

(4)急剧下降阶段：端电压上升到2.7 V后应停止充电。若继续充电，则称为过充电。过充电会产生大量的气泡从极板孔隙中冲出，导致活性物质脱落，蓄电池的容量下降。

停止充电后，电源电压消失，积聚在负极板周围的氢离子形成氢气逸出，孔隙内的硫酸向外扩散，电解液混合均匀，端电压迅速下降到稳定值。

充电终了的标志：电解液呈沸腾状(氢气和氧气的溢出)；电解液密度上升至最大值，且2～3 h内不再上升；单格电池的端电压上升至最大值(2.7 V)，且2～3 h内不再上升。

1.2.4　蓄电池的放电特性

蓄电池的放电特性是指恒流放电时，蓄电池的端电压、电动势和电解液密度随时间变化的规律。

蓄电池的整个放电过程可分为以下4个阶段，如图3-11所示。

(1)开始放电阶段：开始放电时，化学反应在极板孔内进行，首先消耗的是极板孔内的硫酸，而该范围内硫酸很有限，此时外围硫酸来不及向内补充，所以极板孔内电解液密度迅速下降(电动势迅速下降)，端电压迅速下降。

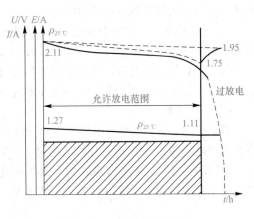

图 3-11　放电特性曲线

(2)相对稳定阶段：随着极板孔隙内电解液密度的不断下降，孔隙内外电解液的密度差不断增大，在密度差的作用下，硫酸向孔隙内的扩散速度也随之加快，从而使放电电压和放电电流得以维持。当孔隙外补充的硫酸和孔隙内部消耗的硫酸基本相等时，极板孔隙内外的密度差将基本保持一定。此时孔隙内电解液密度将随着孔隙外电解液密度一起下降，端电压也按近似直线规律缓慢下降。

(3)迅速下降阶段：以下3个方面的原因导致了端电压迅速下降。

1)当放电接近终了时，孔隙外电解液密度已大大下降，孔隙外硫酸向孔隙内补充的速度减慢，离子的扩散速度下降。

2)随着放电时间的延长，极板表面硫酸铅的数量增多，使孔隙变小，将极板活性物质与电解液隔开。

3)硫酸铅本身的导电性能差。放电时间越长，硫酸铅越多，内阻越大。通常把端电压急剧下降的临界点（端电压约为 1.17 V）称为放电终了。若此时仍继续放电，端电压会很快下降到0 V，所以必须停止放电。

(4)电压回升阶段：停止放电后，由于放电电流为 0 A，故内阻上的压降为 0 V；且因有足够时间让硫酸渗入极板孔隙内，使电解液混合均匀，所以端电压回升到由此时电解液密度相对应的电动势数值。

蓄电池放电终了，停止放电后，端电压回升是一种表面现象，在没有充电前，若重新接通电路继续放电，电压急剧下降到 0 V 的现象又会出现。

放电终了的特征：单格电池电压下降到放电终止电压值（20 h 放电率放电时，此值为 1.75 V）；电解液的相对密度下降到最小许可值，约为 1.11 g/cm³。

1.3　蓄电池的容量及其影响因素

1.3.1　蓄电池的容量

蓄电池的容量是指蓄电池在完全充足电的情况下，在允许放电的范围内对外输出的电量，单位为安培小时（A·h）。

为了准确地表示出蓄电池的准确容量，要规定蓄电池的放电条件。在一定放电条件下，蓄电池的容量分为额定容量和启动容量。

(1)额定容量是指完全充足电的蓄电池在电解液平均温度为 25 ℃的情况下，以 20 h 放电率放电的电流连续放电至单格电压降至 1.75 V 时所输出的电量。

如一只启动型蓄电池，在电解液平均温度为 25 ℃的情况下，以 4.5 A 放电电流连续放电 20 h 后，单格电压降至 1.75 V，则它的额定容量为 $Q=4.5×20=90(A·h)$。

(2)启动容量。

常温启动容量：电解液温度为 25 ℃的情况下，以 5 min 放电率放电电流连续放电至规定的终止电压时所输出的电量（6 V 蓄电池为 4.5 V，12 V 蓄电池为 9 V）。

低温启动容量：电解液温度为 −18 ℃的情况下，以 3 倍额定容量的电流连续放电至规定的终止电压时所放出的电量（6 V 蓄电池为 3 V，12 V 蓄电池为 6 V）。

1.3.2 影响因素

蓄电池的容量与活性物质的数量、极板的厚薄、活性物质的孔率、极板的结构、生产工艺、放电电流、电解液温度、电解液密度等因素有关。

(1)极板的构造对容量的影响。极板面积越大，片数越多，则参加反应的活性物质也越多，容量越大。提高表面积的方法有两种：一种是增多极板的片数；另一种是提高活性物质的孔率。

极板越薄，活性物质的多孔性越好，电解液渗透容易，活性物质的利用率高，增加了反应深度，容量也就越大。

(2)放电电流对容量的影响。放电电流越大，蓄电池的容量就越低(图3-12)。

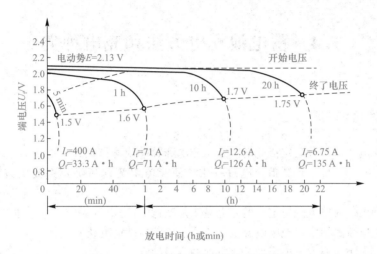

图 3-12 放电电流对蓄电池容量的影响

放电电流过大，则单位时间内参加反应的活性物质及硫酸量增多，由于极板孔隙内硫酸消耗量过快，极板外部的硫酸来不及渗入极板的内部，使得极板孔隙内的电解液密度下降过快，蓄电池的端电压下降过快，提前到达终止电压；由于硫酸来不及渗入极板的内部，反应在极板的表面进行，生成的硫酸铅也附着在极板的表面，阻碍硫酸渗入极板，则极板内部的活性物质得不到充分利用，蓄电池的容量减小。

使用注意事项：使用启动机启动发动机时，蓄电池会大电流放电，端电压会急剧下降，输出容量会减小，且容易损坏。因此，启动时应注意，一次启动时间不应超过5 s，连续两次启动应间隔15 s。

(3)电解液温度对容量的影响。电解液温度降低，则容量减小，如图3-13所示。电解液温度降低，电解液黏度增大，渗入极板的能力降低。同时电解液内电阻增大，蓄电池内阻增加，使端电压下降，因此容量减小。在冬季应注意铅蓄电池的保温工作。

(4)电解液密度对容量的影响。适当增加电解液的相对密度，可以提高电解液的渗透速度和蓄电池的电动势，并减小内阻，使蓄电池的容量增大。但相对密度超过一定数值时，由于电解液黏度增大使渗透速度降低，内阻和极板硫化程度增加，又会使蓄电池的容量减小。如图3-14所示为电解液的相对密度与蓄电池容量的关系。

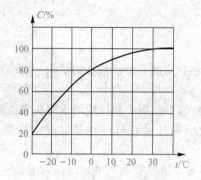

图 3-13　电解液温度对容量的影响

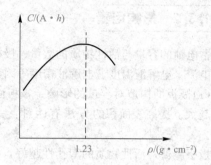

图 3-14　电解液密度对容量的影响

1.4　蓄电池充电方法和充电种类

1.4.1　蓄电池充电方法

蓄电池的充电方法可分为定流充电、定压充电和脉冲快速充电。

(1)定流充电。定流充电是指充电过程中，使充电电流保持恒定的充电方法，具有以下特点：

1)充电过程中，充电电流恒定，但充电电压是变化的(充电过程中，蓄电池的端电压不断升高，为保证充电电流的恒定，充电电源电压或调节负载应随时变化)。

2)充电电流大小可根据充电类型及蓄电池的容量确定。

3)不同端电压的蓄电池可以串联充电。

4)充电时间长。定流充电的接线方法和充电特性曲线如图 3-15 所示。

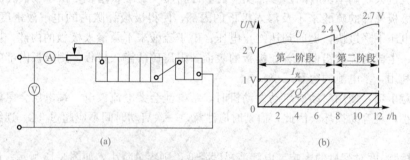

图 3-15　定流充电的接线方法和充电特性曲线
(a)定流充电的接线方法；(b)充电特性曲线

为缩短充电时间，充电过程通常分为两个阶段。第一阶段采用较大的充电电流，使蓄电池的容量得到迅速恢复，当蓄电池电量基本充足，单格电池电压达到 2.4 V，开始电解水产生气泡时，转入第二阶段，将充电电流减小一半，直到电解液密度和蓄电池端电压达到最大值且在 2~3 h 内不再上升，蓄电池内部剧烈冒出气泡时为止。

(2)定压充电。定压充电是指充电过程中，加在蓄电池两端的电压保持不变的充电方法，具有以下特点：

1)充电过程中，充电电压保持不变。充电开始时，充电电流很大，随着蓄电池电动势的不断升高，充电电流逐渐减小，直至为零。

2)充电电压的选择：一般单格电池的充电电压选择2.5 V。若充电电压选择低，则蓄电池出现充电不足的现象；若充电电压选择过高，则蓄电池充足电后还会继续充电，此时的充电则为过充电。

定压充电的接线方法和充电特性曲线如图3-16所示。

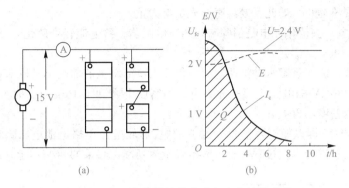

图 3-16　定压充电的接线方法和充电特性曲线

(a)定压充电的接线方法；(b)充电特性曲线

(3)脉冲快速充电。脉冲快速充电是充电技术的一次重大改革，是充电技术的新发展。脉冲快速充电的特点是先用0.8～1倍额定容量的大电流进行定流充电，使蓄电池在短时间内充至额定容量的50%～60%。当蓄电池单格电压升到2.4 V，开始冒气泡时，由控制电路控制，开始进行脉冲充电。即先停止充电25～40 ms(称为前停充)，接着再放电或反充电，使蓄电池反向通过一个较大的脉冲电流(脉冲深度为充电电流的1.5～3倍，脉冲宽度为150～1 000 μs)，然后再停止充电25 ms(称为后停充)。以后的充电一直按：正脉冲充电—前停充—负脉冲瞬间放电—后停充—再正脉冲充电的循环过程进行，直至充足。脉冲快速充电电流的波形如图3-17所示。

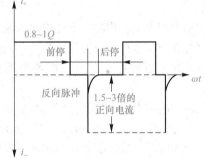

图 3-17　脉冲快速充电电流的波形

1.4.2　蓄电池充电种类

根据充电目的不同，蓄电池的充电可分为初充电、补充充电、间歇过充电、去硫化充电。

(1)初充电。初充电是对新蓄电池或更换极板后的蓄电池进行的首次充电。其目的是恢复蓄电池在存放期间，极板上部分活性物质因缓慢放电和硫化而失去的电量。初充电的特点：充电电流小，充电时间长，必须彻底充足。

(2)补充充电。补充充电是指对使用中的蓄电池在无故障的前提下，为保持或恢复其额定容量而进行的正常的保养性充电。

一般启动型蓄电池应每隔1～2个月从车上拆下来进行一次补充充电，使用中，如发现下列现象之一时，必须及时进行补充充电：

1)电解液相对密度降至 1.15 g/cm³ 以下时；

2)冬季放电量超过 25％，夏季超过 50％时；

3)前照灯灯光比平时暗淡，启动无力时；

4)单格电池电压降到 1.70 V 以下时。

（3）间歇过充电。间歇过充电又称预防硫化过充电，是避免使用中极板硫化的一种预防性充电。一般应每隔 3 个月进行一次间歇过充电。

充电方法是先按补充充电方式充足电，停歇 1 h 后，再以减半的充电电流进行间歇过充电，直至出现"沸腾"现象为止。如此反复，直至充足电为止。

（4）去硫化充电。去硫化充电是消除硫化的充电工艺。蓄电池轻度硫化，可采用此方法予以消除，方法如下：

1)倒出电解液，加入蒸馏水冲洗两次后，再注入蒸馏水至液面高出极板 150 mm。

2)用 $I_C = C_{20}/30$（A）的电流进行补充充电，当密度上升到 1.15 g/cm³ 时，再加蒸馏水稀释后继续充电，直至密度不再上升。

3)以 20 h 放电率（即以额定容量的 1/20 h 的电流）放电至单格电池电压降到 1.75 V 时，再进行上述充电。反复进行以上过程，直至输出容量达到额定容量的 80％以上，即可使用。

1.4.3 蓄电池充电注意事项

（1）严格遵守各种充电方法和充电规范。

（2）将充电机与蓄电池连接时，应注意极性，正接正，负接负，不可接错，以免损坏蓄电池。

（3）在充电机工作时，不要连接或脱开充电机导线。

（4）在充电过程中，要注意各个单格电池电压和电解液密度，及时判断充电程度。

（5）在充电过程中，要注意各个单格电池的温升，以免温度过高，影响蓄电池的使用性能。

（6）室内充电时，打开蓄电池加液孔盖，使气体顺利逸出，以免发生事故。

（7）充电室要安装通风设备，严禁在蓄电池附近产生电火花、明火和吸烟。

（8）充电时，导线必须连接牢固可靠。

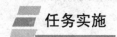 任务实施

1.1 更换蓄电池

1.1.1 蓄电池的拆卸

（1）在拆卸蓄电池之前，从主开关处取下钥匙，先将蓄电池搭铁线（极柱处标注"一"记号）拆下，再将蓄电池正极（极柱处标注"＋"记号）端子上的导线拆下。

（2）取下蓄电池固定座上的固定压杆，取下蓄电池。搬运过程中，应轻搬轻放，严禁翻转和脱落。

1.1.2 蓄电池的安装

蓄电池的安装可按与拆卸的相反顺序进行,同时注意以下事项。

(1)将蓄电池平放在底座上,使卡板安装到位,要安装牢固。否则,蓄电池在使用中振动,会损坏蓄电池栅板和壳体,造成蓄电池报废。

(2)一定要先安装并固定好蓄电池正极导线,然后再安装蓄电池负极导线。

(3)蓄电池的正、负极不可接反,否则,将会造成车辆电子元件损坏。

蓄电池使用与检测

1.2 检测蓄电池性能

1.2.1 检查电解液液面高度

(1)玻璃试管测量法。用长度为150~200 mm、内径为4~6 mm的玻璃试管,对蓄电池所有单格的液面高度进行测量,如图3-18所示。

将试管插至蓄电池单格内极板的上平面,用拇指压住玻璃管上端,使管口密封后提起试管,此时试管中液体的高度即蓄电池电解液液面的高度,其标准高度值应为10~15 mm。低于此值时,应加注蒸馏水并使其符合标准值。

(2)液面高度示线观察法。透明塑料外壳的蓄电池上均刻有(或印有)两条指示线,即上限线和下限线,如图3-19所示。

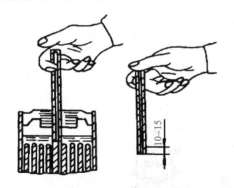

图3-18 测量液面高度的示意

图3-19 蓄电池电解液液面高度线

标准的电解液高度应位于两条指示线之间,否则应进行调整:当液面高度低于下限线时,应添加蒸馏水,使液面介于上限线与下限线之间;当液面高度高于上限线时,应将高出的部分吸出,并调整好单格中的电解液密度。

(3)图标标记观察法。为了方便对蓄电池的检查,免维护蓄电池的加液孔盖或蓄电池壳体上印有各种图标标记和说明,检查时可根据其图示形状或颜色的变化来判断液体的多少和存电量状况,如图3-20所示。

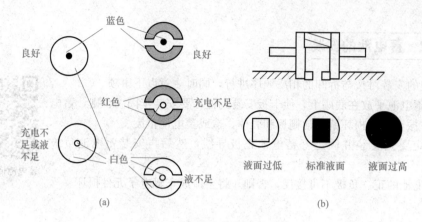

图 3-20　蓄电池电量指示图标

1.2.2　检查电解液密度

通过测量电解液密度就可以得到蓄电池的放电程度。电解液密度与放电程度的关系是电解液相对密度每下降 $0.01\ g/cm^3$，相当于蓄电池放电 6%。

电解液的密度可用专用的密度计测量，测量时将液体比重计管垂直放置在电解液中，管中吸入适量电解液，让浮子自由移动并将液体比重计保持在视平线高度，在最高的电解液液位读取液体比重计。测量方法如图 3-21 所示。

如果比重小于 $1.215\ g/cm^3$（进行温度校正后），需要对蓄电池充电或将其更换。如果任何两个电池之间的比重差大于 $0.05\ g/cm^3$，需要更换蓄电池。

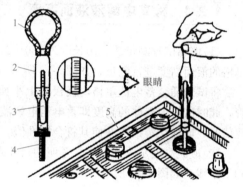

图 3-21　电解液密度的检查示意

1—橡皮球；2—玻璃管；3—浮子；
4—橡皮吸管；5—被测电池

1.2.3　测量放电电压

对于装有分体式容器盖的蓄电池，由于单格电池的极桩外露，还可以用高率放电计测量蓄电池各个单格在大电流放电时的电压值，即模拟接入启动机负荷，测量蓄电池在接近启动机启动电流放电时的端电压，用以判断蓄电池的放电程度和启动能力，测量方法如图 3-22 所示。

这种放电计的正面表盘上设有红、黄、蓝色的条形，分别表明蓄电池的不同放电程度，其中红色区域表示亏电或有故障；黄色区域表示亏电较少或技术状况较好；绿色区域则表示电充足或技术状况良好。

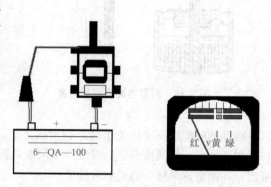

图 3-22　用高率放电计测量放电电压示意

1.2.4　检查开路电压

开路电压检测用来确定蓄电池的充电状态。检测时，蓄电池必须是稳定的，若蓄电池刚补充完电，至少应等待 10 min，让蓄电池的电压稳定后，再进行测量。测量时把电压表接在蓄电池两极桩上，跨接时应认准极性。测量开路电压，读数要精确到 0.1 V。

一般来说，蓄电池在 25 ℃时处于较佳状态的读数应为 12.4 V 左右，若充电状态达 75%或 75%以上，就可认为蓄电池充足了电，其对应关系见表 3-2。

表 3-2　开路电压的检测结果及充电状态

开路电压/V	充电状态
12.6 或 12.6 以上	100%
12.4～12.6	70%～100%
12.2～12.4	50%～75%
12.0～12.2	25%～50%
11.7～12.0	0～25%
11.7 或 11.7 以下	0

1.3　蓄电池充电

1.3.1　初充电操作步骤

(1)检查蓄电池的外壳，拧下加液口盖。

(2)按照不同的季节和气温选择电解液密度，将选择好的电解液从加液孔处缓慢加入蓄电池内，液面要高出极板上沿 15 mm。

(3)静止 6～8 h，让电解液充分浸渍极板(由于电解液浸入极板后，液面会有所下降，应再加入电解液将液面调整到规定值)。

(4)待电解液温度下降到 30 ℃以下后，将充电机的正极接到蓄电池的正极，充电机的负极接到蓄电池的负极，准备充电。

(5)第一阶段的充电电流约为蓄电池容量的 1/15，充电至电解液中有气泡析出，单格端电压达到 2.4 V。第二阶段的充电电流约为蓄电池容量的 1/30。

(6)充电过程中要经常测量电解液的密度和温度。如果电解液的温度超过 40 ℃，则应将电流减小；如果温度继续上升至 45 ℃，则应停止充电并且采取适当冷却措施以降低电解液的温度。充电接近终了时，如果电解液的密度不符合规定，应用蒸馏水或相对密度为 1.4g/cm³ 电解液调整，调整后再充电 2 h。

(7)蓄电池电解液产生大量气泡，呈沸腾状态。蓄电池电解液的密度及单格端电压达到规定值，并连续 3 h 不变，标志着已充足电。

(8)新蓄电池充足电后，应以 20 h 放电率放电。放电的步骤是使充足电的蓄电池休息 1～2 h，然后以 20 h 放电率放电。放电开始后每隔 2 h 测量一次单格电压，当单格电压下降至 1.8 V 时，每隔 20 min 测量一次电压，单格电压下降至 1.75 V 时，立即停止放电。

（9）进行补充充电至蓄电池充足。蓄电池定流初充电参数规范见表 3-3。

表 3-3　蓄电池定流初充电参数规范

蓄电池型号	第一阶段		第二阶段	
	充电电流/A	时间/h	充电电流/A	时间/h
6－Q－60	4.2	30～40	1.8	25～30
6－Q－90	6.3	30～40	2.7	25～30
6－Q－105	7.35	30～40	3.15	25～30
6－Q－120	8.4	30～40	3.6	25～30
6－QA－60	4.2	30～40	1.8	25～30
6－QA－75	5.25	30～40	2.25	25～30
6－QA－100	7	30～40	3	25～30

1.3.2　补充充电操作步骤

（1）从农机上拆下蓄电池，清除蓄电池盖上的脏污，疏通加液孔盖上的通气孔，清除极桩和导线接头上的氧化物。

（2）检查电解液的密度和液面高度。

（3）用高率放电计检查各单格电池的放电情况。

（4）将蓄电池的正、负极接至充电机的正、负极。

（5）选择充电规范：第一阶段的充电电流约为蓄电池额定容量的 1/10；第二阶段的充电电流约为蓄电池额定容量的 1/20。

（6）充足电的标志：电解液呈沸腾状态；电解液密度和蓄电池端电压达到规定值，且连续 3 h 不变。

（7）将加液口盖拧紧，擦净蓄电池的表面。

蓄电池定流补充充电参数规范见表 3-4。

表 3-4　蓄电池定流补充充电参数规范

蓄电池型号	第一阶段		第二阶段	
	充电电流/A	时间/h	充电电流/A	时间/h
6－Q－60	6	10～12	3	3～5
6－Q－90	9	10～12	4.5	3～5
6－Q－105	10.5	10～12	5.25	3～5
6－Q－120	12	10～12	6	3～5
6－QA－60	6	10～12	3	3～5
6－QA－75	7.5	10～12	3.75	3～5
6－QA－100	10	10～12	5	3～5

1.3.3　去硫化充电操作步骤

(1)先倒出原有的电解液，并用蒸馏水清洗两次，然后加入蒸馏水。

(2)接通充电电路，将电流调到初充电的第二阶段电流值充电，当密度上升到 1.15 g/cm³ 时，倒出电解液，换加蒸馏水再进行充电，直到电解液密度不再增加为止。

(3)以 10 h 放电率放电，当单格电压下降到 1.7 V 时，再以补充充电的电流进行充电、再放电、再充电，直到容量达到额定值 80% 以上。

1.3.4　定压充电操作步骤

(1)将充电机的输出电缆线正、负极分别与蓄电池正、负接线柱相连。

(2)将充电机接在 220 V 的交流电源上，并选择合适的电压。确认充电电流调到最小值。

(3)打开充电机的电源开关，并选择合适的电流挡位和合适的充电时间。

(4)充电完毕，关闭充电机电源开关，分离充电机负极电缆与蓄电池负极电缆。

1.4　诊断与排除蓄电池故障

1.4.1　诊断与排除自行放电故障

(1)故障现象。故障现象是指充足电的蓄电池放置一段时间后，在无负荷的情况下逐渐失去电量的现象。由于蓄电池本身的结构原因，会产生一定程度的自放电。如果自放电在一定的范围内，可视为正常现象。一般自放电的允许范围在每昼夜 1%。如果每昼夜放电超过 2%，就应视为故障。

(2)分析故障。

1)电解液中有杂质，杂质与极板之间形成电位差，通过电解液产生局部放电。

2)蓄电池表面脏污，造成轻微短路。

3)极板活性物质脱落，下部沉积物过多使极板短路。

4)蓄电池长期放置不用，硫酸下沉，从而造成下部密度比上部密度大，极板上下部发生电位差引起自放电。

(3)排除故障。

第一步：清洁蓄电池表面，若故障未排除，进行下一步。

第二步：将蓄电池全部放电或过放电，使极板上的杂质进入电解液，倒出电解液，清洗几次，最后加入新配制的电解液。

1.4.2　诊断与排除极板硫化故障

(1)故障现象。

1)蓄电池电解液的密度下降到低于规定正常值。

2)用高率放电计检测时，蓄电池端电压下降过快。

3)蓄电池充电时过早地产生气泡，甚至一开始就有气泡。

4)充电时电解液温度上升过快，易超过 45 ℃。

(2)分析故障。

1)蓄电池在放电或半放电状态下长期放置，硫酸铅在昼夜温差作用下，溶解与结晶不能保持平衡，结晶量大于溶解量，结晶的硫酸铅附着在极板上。

2)蓄电池经常过量放电或深度小电流放电，在极板的深层小孔隙内形成硫酸铅，充电时不易恢复。

3)电解液液面过低，极板上部的活性物质露在空气中被氧化，之后与电解液接触硬化的硫酸铅。

4)电解液不纯或其他原因造成蓄电池的自放电，生成硫酸铅，从而为硫酸铅的再结晶提供物质基础。

(3)排除故障。极板上附着有硬化的硫酸铅，正常充电时不能转化成二氧化铅和铅的现象称为极板硫化。硫化不严重时可通过去硫化充电方法解决；硫化严重时，应予以报废。

1.4.3 诊断与排除蓄电池容量达不到规定要求故障

(1)故障现象。

1)农机启动时，启动机转速很快地减慢，转动无力。

2)按喇叭声音弱、无力。

3)开启前照灯、灯光暗淡。

(2)分析故障。

1)使用蓄电池前未按要求进行初充电。

2)发电机调节器电压调得太低，使蓄电池经常充电不足。

3)经常长时间启动启动机，造成大电流放电，致使极板损坏。

4)电解液的相对密度低于规定值，或在电解液渗漏后，只加注蒸馏水，未及时补充电解液，致使电解液相对密度降低。

5)电解液的相对密度过高或电解液液面过低，造成极板硫化。

(3)排除故障。

第一步：首先检查蓄电池外部，清洁蓄电池表面，清除极板上的腐蚀物或污物。

第二步：检查蓄电池搭铁线、极柱的连接夹是否松动，若松动，进行紧固。

第三步：测量蓄电池的电解液密度。如果电解液密度过低，应进行补充充电，使蓄电池达到规定容量。

第四步：蓄电池充电后检查电解液密度，如果出现两个相邻的单格电池中电解液的密度有明显差别，则说明该单格电池内部有短路，应进行更换。

第五步：检查电解液液面高度。如果液面高度不足，应添加蒸馏水。

第六步：必要时，检查发电机电压调节器的调节电压。

任务实施工作单

【资讯】
一、器材及资料

_____
_____
_____

二、相关知识
1. 简述蓄电池的功能。

_____
_____
_____
_____

2. 简述蓄电池极板和电解液的作用。

_____
_____
_____

3. 解释"6－QA－105 D"和"额定容量"的含义。

_____
_____
_____

4. 简述蓄电池的影响因素。

_____
_____

【计划与决策】

_____
_____
_____

【实施】
1. 蓄电池的拆装步骤。

_____
_____
_____
_____

2. 蓄电池的性能检测。

检查项目	测量结果
型号	
液面高度/mm	
电量指示	
极桩	
外壳	
端电压/V	
放电电压	
结论	

3. 记录补充充电操作步骤。

_____

_____

_____

_____

_____

4. 分析蓄电池自行放电的原因和排除方法。

_____

_____

_____

_____

_____

_____

【检查】

根据任务实施情况，自我检查结果及问题解决方案如下：

_____

_____

_____

【评估】

任务完成情况评价	自我评价	优、良、中、差	总评：
	组内评价	优、良、中、差	
	教师评价	优、良、中、差	

任务 2　交流发电机检测与维修

任务描述

　　交流发电机及调节器是农机电源与充电系统的重要部件。在发动机正常工作时，由发电机向全车用电设备供电，同时发电机还要向蓄电池进行补充充电。

　　通过学习交流发电机的检测与维修相关知识，掌握交流发电机的拆装方法，掌握交流发电机整机检测及解体后主要部件的检测方法，能对交流发电机的技术性能进行正确评价。

任务预备知识

2.1　三相交流发电机的分类

2.1.1　按磁场绕组搭铁方式分类

　　(1)内搭铁式交流发电机即磁场绕组的一端引出来形成磁场接柱，而另一端与发电机壳相连接，如图3-23(a)所示。

　　(2)外搭铁式交流发电机即磁场绕组的两个端子都和发电机外壳绝缘，引出来形成两个磁场接柱，磁场绕组是通过调节器搭铁的，如图3-23(b)所示。

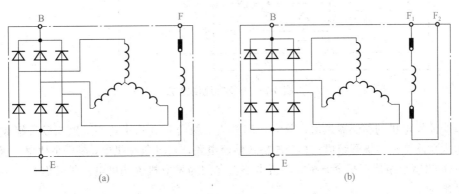

图3-23　交流发电机的搭铁形式

(a)内搭铁式交流发电机；(b)外搭铁式交流发电机

2.1.2 按装用的二极管数量分类

(1)6管交流发电机。整流器有6只硅整流二极管,如图3-24所示。

(2)8管交流发电机。8管交流发电机和6管交流发电机的基本机构是相同的,不同的是整流器有8只硅整流二极管,如图3-25所示。

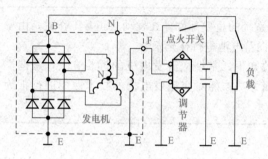

图 3-24　6管交流发电机　　　　　　　图 3-25　8管交流发电机

其中,6只组成三相全波桥式整流电路,另2只是中性点二极管,1只正极管接在中性点和正极之间,1只负极管接在中性点和负极之间,对中性点电压进行全波整流。

试验表明:加装中性点二极管的交流发电机在结构不变的情况下,可以将发电机的功率提高10%~15%。

(3)9管交流发电机。9管交流发电机的基本结构与6管交流发电机相同,不同的是整流器,如图3-26所示。

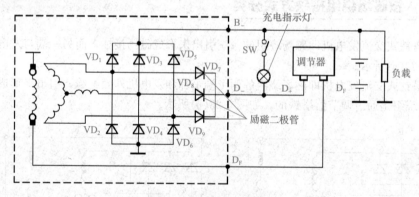

图 3-26　9管交流发电机

9管交流发电机的整流器是由6只大功率整流二极管和3只小功率励磁二极管组成的。其中,6只大功率整流二极管组成三相全波桥式整流电路,对外负载供电,3只小功率二极管与3只大功率负极管也组成三相全波桥式整流电路,专门为发电机磁场供电。所以称3只小功率管为励磁二极管。

(4)11管交流发电机,如图3-27所示。11管交流发电机的整流器,相当于9管交流发电机的整流器加2只中性点整流管。由于11管交流发电机既能提高功率又能使充电指示灯电路简化,因此应用较广。

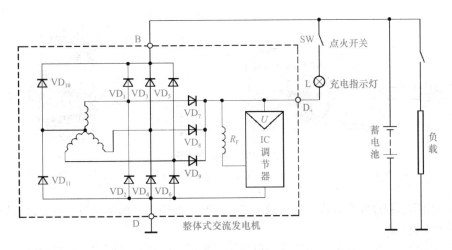

图 3-27　11 管交流发电机

2.2　三相交流发电机的构造与原理

2.2.1　三相交流发电机的构造

交流发电机由三相同步交流发电机和硅二极管整流器两大部分构成。交流发电机的组件如图 3-28 所示。

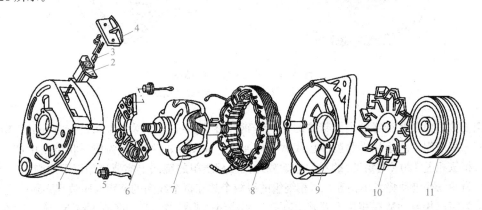

图 3-28　交流发电机的组件

1—后端盖；2—电刷架；3—电刷；4—电刷弹簧压盖；5—硅二极管；6—元件板；
7—转子；8—定子；9—前端盖；10—风扇；11—皮带轮

三相同步交流发电机的作用是产生三相交流电。它主要由转子，定子，前、后端盖，风扇及皮带轮等组成。

（1）转子。转子是三相同步交流发电机的旋转磁场部分。它是由转轴、两块爪形磁极、磁轭、励磁绕组、滑环等部件构成，如图 3-29 所示。

交流发电机结构

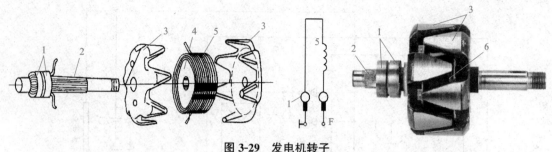

图 3-29 发电机转子

1—滑环；2—转轴；3—磁爪；4—磁轭；5—磁场绕组；6—转子铁芯与励磁绕组

励磁绕组用高强度漆包线绕一定匝数而成，套装在磁轭上，两个线头分别穿过一块磁极的小孔与两个滑环焊固。

磁极为爪型，又称鸟嘴型，用低碳钢板冲压或用精密铸造浇铸而成。两块磁极各具数目相等的爪极，一般为六对。爪极相互交错压装在励磁绕组和磁轭的外面。

当碳刷与直流电源接通时，励磁绕组中便有励磁电流通过，产生磁场，使得一块爪极被磁化为 N 极，另一块爪极为 S 极，从而形成了六对相互交错的磁极。

(2)定子。定子又称电枢，是三相同步交流发电机产生三相交流电的部件。它由铁芯和三相绕组组成，如图 3-30 所示。

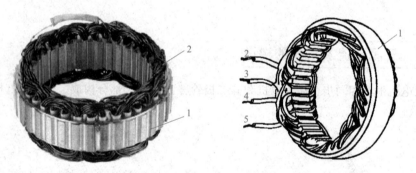

图 3-30 发电机定子的结构

1—定子铁芯；2、3、4、5—定子绕组引线端

定子铁芯由相互绝缘的内圆带槽的环状硅钢片叠成，硅钢片厚度为 0.5～1.0 mm。定子槽内置有三相绕组，绕组用高强度漆包线做星形连接，如图 3-30 所示。为使三相绕组中产生大小相等，相位相差 120°(电角度)的对称电动势，在三相绕组的绕法上需要遵循以下原则：

1)为使三相电动势大小相等，每相绕组的线圈个数和每个线圈的节距与匝数都必须完全相等。

2)为使三相电动势在相位上互差 120°，三相绕组的起端 A、B、C(或末端 X、Y、Z)在定子槽内的排列，必须相隔 120°电角度(即两个槽的宽度)。

(3)风扇。风扇一般用 1.5 mm 厚的钢板冲压而成或用铝合金铸造制成，利用半圆键装在前端盖外侧的转子轴上，紧压在皮带轮与前端盖之间，如图 3-31(a)所示。

(4)皮带轮。皮带轮通常由铸铁或铝合金制成，分为单槽和双槽两种，利用半圆键装在前端盖外侧的转子轴上，用弹簧垫片和螺母紧固，如图 3-31(b)所示。

(5)前、后端盖。前、后端盖用非导磁性的材料铝合金制成。它具有轻便、散热性好等优点。在后端盖上装有电刷总成。在前、后端盖上均有通风口，当它旋转后风扇能使空气高速流经发电机内部进行冷却，如图 3-31(c)、(d)所示。

(a)   (b)   (c)   (d)

图 3-31　发电机风扇、皮带轮、前端盖及后端盖外观

(a)风扇；(b)皮带轮；(c)前端盖；(d)后端盖

（6）电刷总成。两只电刷装在电刷架的方孔内，并在其弹簧的压力推动下与转子滑环保持良好的接触。电刷的结构有外装式和内装式两种如图 3-32 所示。

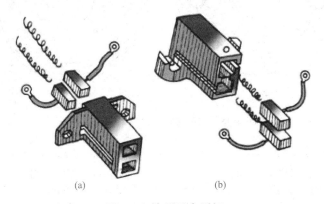

(a)   (b)

图 3-32　电刷及电刷架

由于发电机磁场搭铁回路的不同，电刷总成上的两个电刷接线柱可分为"B、F"接线柱或"F1、F2"接线柱两种电刷总成。前者为内搭铁式发电机所用，后者为外搭铁式发电机所用。

（7）整流器。硅整流器的作用是将三相交流电变为直流向外输出，可阻止蓄电池的电流向发电机倒流。它由一块元件板和六只硅二极管组成。

1）元件板又称散热板，用铝合金制成月牙形，如图 3-33 所示。

2）交流发电机的整流器，由六只硅二极管组成。二极管分为正二极管和负二极管，内部结构、外形和表示符号如图 3-34 所示。其引线和外壳分别是它的两个电极。

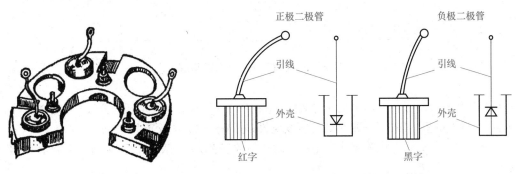

图 3-33　元件板　　　　　图 3-34　硅整流二极管

正极管中心引线为正极，外壳为负极，在管壳底部一般标有红色标记。在硅整流发电机中，3个正极管的外壳压装在元件板的座孔内，共同组成发电机的正极，并绝缘固定在发电机后端盖的内侧或外侧，元件板上的大接线柱（螺栓）就是发电机的火线接柱，一般用符号"B"或A或"＋"来表示。

负极管中心引线为负极，外壳为正极，在管壳底部一般标有黑色标记。在硅整流发电机中，3个正极管的外壳压装在后端盖的座孔内，共同组成发电机的负极。一般用符号"E"或"－"来表示。

整流器上的各元器件的安装位置如图 3-35 所示。

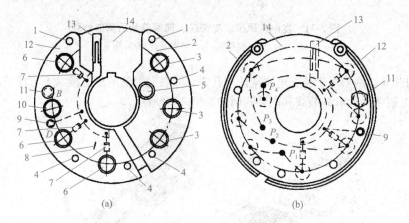

图 3-35　发电机整流元件的安装位置

(a)从后端盖一侧视；(b)从前端盖一侧视

1—IC调节器安装孔(2个)；2—负整流板；3—负二极管；4—整流器总成安装孔(4个)；

5—中性点二极管(负二极管)；6—正二极管；7—磁场二极管；

8—防干扰电容器连接；9—"D+"端子；10—中性点二极管(负二极管)；11—"B+"端子；

12—正整流板；13—电刷架压紧弹簧；14—硬树脂绝缘板

(8)交流发电机的型号。根据全国旋转电机标准化技术委员会《往复式内燃机(RIC)驱动的交流发电机》(GB/T 23640—2009)的规定，农机交流发电机型号由产品代号、电压等级代号、电流等级代号、设计序号、变形代号五部分组成，如图 3-36 所示。

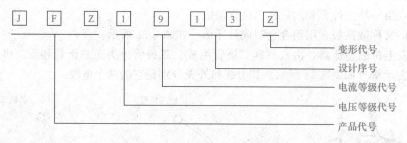

图 3-36　交流发电机型号的组成

1)产品代号。产品代号用中文字母表示，如 JF——普通交流发电机；JFZ——整体式(调节器内置)交流发电机；JFB——带泵的交流发电机；JFW——无刷交流发电机。

2)电压等级代号。电压等级代号用一位阿拉伯数字表示，1 表示 12 V 系统；2 表示 24 V 系统；6 表示 6 V 系统。

3)电流等级代号。电流等级代号也用一位阿拉伯数字表示，其含义见表 3-5。

表 3-5　电流等级代号

代号	1	2	3	4	5	6	7	8	9
电流等级/A	19	≥20～29	≥30～39	≥40～49	≥50～59	≥60～69	≥70～79	≥80～89	≥90

4)设计序号。设计序号用 1～2 位阿拉伯数字表示,表示产品设计的先后顺序。

5)变形代号。交流发电机以调整臂位置作为变形代号,从驱动端看,调整臂在左边用 Z 表示,调整臂在右端用 Y 表示,调整臂在中间不加标记。

2.2.2　三相交流发电机的工作原理

(1)交流电动势的产生。交流发电机就是把通电线圈所产生的磁场在发电机中旋转,使其磁力线切割定子线圈,在线圈内产生交流电动势。交流发电机产生交流电的基本原理,仍然是电磁感应原理。交流发电机工作原理如图 3-37 所示。

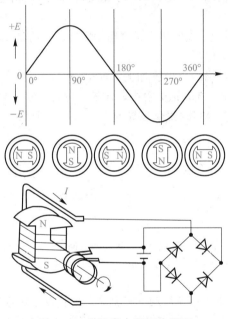

图 3-37　交流发电机工作原理

实际使用的交流发电机是三相同步交流发电机,即转子的转速与旋转磁场的转速相同(同步转速)的三相交流发电机。

当转子旋转时,磁力线和定子绕组之间产生相对运动,在三相绕组中产生交流电动势,其频率为

$$f = \frac{p \cdot n}{60} (\text{Hz})$$

由于转子磁极呈鸟嘴形,其磁场的分布近似正弦规律,所以交流电动势也近似正弦波形。三相绕组在定子槽中是对称绕制的,产生的三相电动势也是对称的。所以在三相绕组中产生频率相同,幅值相等,相位互差 120° 电角度的正弦电动势 e_A、e_B 和 e_C。其波形如图 3-38 所示。

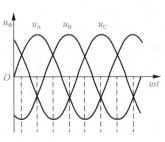

图 3-38　交流电动势的波形

三相绕组中电动势的瞬时值方程式为

$$e_A = \sqrt{2}\,E_\varphi \sin\omega t$$

$$e_B = \sqrt{2}\,E_\varphi \sin(\omega t - 120°)$$

$$e_C = \sqrt{2}\,E_\varphi \sin(\omega t - 240°)$$

发电机每相绕组中所产生的电动势的有效值为

$$E_\varphi = 4.44 K f N \Phi = C_e \varphi n \text{(V)}$$

式中　　K——绕组系数(与发电机定子绕组的绕线方式有关);

　　　　N——每相绕组的匝数(匝);

　　　　f——频率(Hz);

　　　　Φ——每极磁通(Wb);

　　　　C_e——电机结构常数;

　　　　E_φ——相电动势。

由此可见,当交流发电机结构一定时(结构常数 C_e 不变),相电动势 E_φ 和发电机转速、磁通成正比。

(2)交流发电机的整流原理。发电机定子绕组中感应产生的是交流电,是靠6只二极管组成的三相桥式整流电路变为直流电的。

二极管具有单向导电性,当给二极管加上正向电压时,二极管导通;当给二极管加上反向电压时,二极管截止。整流时,3只正极管中,在某一瞬间正极电位(电压)最高者导通;3只负极管中,在某一瞬间正极电位(电压)最低者导通,如图3-39所示。

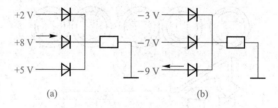

图 3-39　二极管的导通原则

(a)正二极管;(b)负二极管

如图3-40所示,将定子的三相绕组与6只整流二极管按电路连接,三相桥式整流电路中二极管的依次循环导通,使得负载 R_L 两端得到一个比较平稳的脉动直流电压。对于三个正极管子(D_1、D_3、D_5 正极和定子绕组始端相连),在某一瞬间时,电压最高一相的正极管导通;对于三个负极管子(D_2、D_4、D_6 负极和定子绕组始端相连),在某一瞬间时,电压最低一相的负极管导通。但同时导通的管子总是两个,正、负管子各一个。发电机的输出端B、E上就输出一个脉动直流电压。

(3)中性点电压。在定子绕组为星形连接时,三相绕组的公共结点称为中性点。从三相绕组的中性点引一根导线到发电机外,标记为"N"。"N"点电压称为中性点电压。

中性点电压的瞬时值是一个三次谐波电压,如图3-41所示。平均值为发电机输出电压(平均值)的一半。

(4)发电机的励磁。除了永磁式交流发电机不需要励磁外,其他形式的交流发电机都必须给励磁绕组通电才会有磁场产生而发电,否则发电机将不能发电。将电流引入到励磁绕组使之产生磁场称为励磁。交流发电机励磁方式有他励发电和自励发电两种。

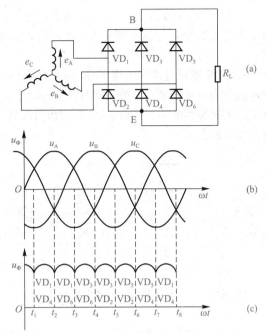

图 3-40　三相桥式整流电路及电压波形

(a)整流电路；(b)整流前电压波形；(c)整流后电压波形

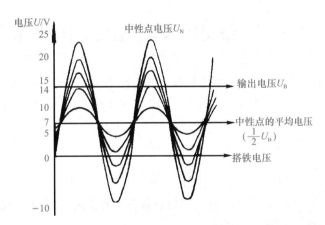

图 3-41　中性点电压的波形

1)他励发电。在发电机转速较低时（发动机未达到怠速转速），自身不能发电。单靠微弱的剩磁产生的很小的电动势，很难克服二极管的正向电阻，需要蓄电池供给发电机励磁绕组电流，使励磁绕组产生磁场来发电，这种由蓄电池供给磁场电流发电的方式称为他励发电。

2)自励发电。随着转速的提高（一般在发动机达到怠速时），发电机定子绕组的电动势逐渐升高并能使整流器二极管导通，当发电机的输出电压 U_B 大于蓄电池电压时，发电机就能对外供电了。当发电机能对外供电时，就可以把自身发的电供给励磁绕组，这种自身供给磁场电流发电的方式称为自励发电。

交流发电机励磁过程是先他励后自励。当发动机达到正常怠速转速时，发电机的输出电压一般高出蓄电池电压 1～2 V 以便对蓄电池充电，此时，由发电机自励发电。

他励回路

励磁电路都必须由点火开关控制。因此，发电机必须与蓄电池并联，开始由蓄电池向励磁绕组供电，使发电机电压很快建立起来，并迅速转变为自激状态，蓄电池被充电的机会也多一些，有利于蓄电池的使用。

(5)交流发电机励磁电路励磁绕组通过两只电刷(F 和 E)与外电路相连，根据电刷和外电路的连接形式不同，交流发电机分为内搭铁型和外搭铁型两种，如图 3-42 所示。

1)内搭铁型交流发电机：励磁绕组的一端经负电刷(E)引出后和后端盖直接相连(直接搭铁)的发电机称为内搭铁型交流发电机。

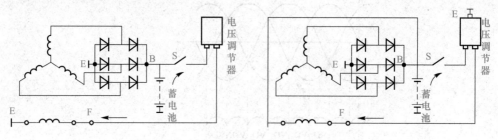

图 3-42　内、外搭铁型交流发电机励磁电路

2)外搭铁型交流发电机：励磁绕组的两端(F 和 E)均和端盖绝缘的发电机称为外搭铁型交流发电机。

2.3　三相交流发电机的工作特性

三相交流发电机的工作特性是指发电机输出的直流电压、电流与转速之间的关系。它包括空载特性、输出特性和外特性。由于发电机的工作转速在较大范围变化，所以，研究发电机特性，应以转速为基准来分析各有关参数之间的关系。

2.3.1　空载特性

发电机空载运行时(即发电机不向任何用电设备供电的状态下)，发电机端电压与转速之间的关系，称为空载特性，如图 3-43 所示。

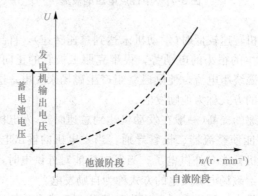

图 3-43　空载特性

空载特性可以判断发电机低速充电性能的好坏，同时也可看出发电机的输出电压是随着发电机的转速升高而增高的。

2.3.2　输出特性

发电机输出电压一定时，它的输出电流随着转速的变化规律，称为输出特性，如图 3-44 所示。12 V 的发电机的额定电压是 14 V，24 V 的发电机额定电压是 28 V。

发电机不同转速下，输出功率情况如下：

（1）发电机空载时，输出电压达到额定值的转速 n_1，称为空载转速。n_1 常用作选择发电机与发动机传动比的主要依据。

（2）发电机输出电流达到额定值时的转速 n_2，称为满载转速，发电机的额定电流一般规定为 $70\%\sim75\%$。

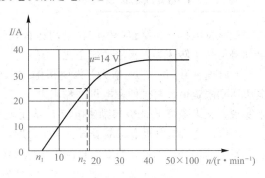

图 3-44　输出特性

从图 3-44 中可以看出，当转速达到一定值后，发电机的输出电流几乎不再继续增加，具有自动限制输出电流的能力。其原因如下：

（1）随着定子绕组中的感应电动势增加，其绕组的阻抗也随转速的升高而增大。

（2）定子绕组电流的增加，其电枢反应的增强也使感应电动势下降。由于具有这种自我保护作用，硅整流发电机一般不需要设置限流器。

2.3.3　外特性

当发电机转速一定时，发电机端电压与输出电流之间的关系，称为外特性，如图 3-45 所示。

从图 3-45 中可以看出，在转速变化时，发电机端电压有较大变化；在转速恒定时，由于输出电流的变化，对端电压也有较大影响，因此，要使输出电流稳定，必须配用电压调节器；高速时，当发电机突然失去负载时，端电压会急剧升高，这时电器设备中的电子元件将有被击穿的危险。

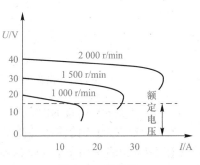

图 3-45　外特性

2.4　电压调节结构与原理

交流发电机的转子是由发动机通过皮带驱动旋转的，且发动机与交流发电机的转速比为 $1.7\sim3$，由于交流发电机转子的转速变化范围非常大，这样将引起发电机的输出电压发生较大变化，无法满足农机用电设备的工作要求。为了满足用电设备恒定电压的要求，交流发电机必须配用电压调节器才能工作。

电压调节器是将发电机输出电压控制在规定范围内的装置。其功用是在发电机转速变化时，自动控制发电机电压保持恒定，使其不因发电机转速高时，电压过高而烧坏用电器和导致蓄电池过充电；也不会因发电机转速低时，电压不足而导致用电器工作失常。

交流发电机电压调节器按工作原理划分，可分为触点式电压调节器、晶体管电压调节器、集成电路电压调节器等，现在都使用后两种。

交流发电机电压调节器按所匹配的交流发电机搭铁类型分为内搭铁型电压调节器和外搭铁型电压调节器。

电压调节器的调压原理

交流发电机三相绕组产生的相电动势有效值为 $E_\varphi = C_e \Phi n (\text{V})$，即交流发电机所产生的感应电动势与转子转速和磁极磁通成正比。

当转速 n 升高时，E_φ 增大，发电机输出端电压 U_B 升高，当转速升高到一定值时，输出端电压达到限定值，要想使发电机的输出电压 U_B 不再随转速的升高而上升，只能通过减小磁通 Φ 来实现。又因磁极磁通 Φ 与励磁电流 I_f 成正比，所以减小磁通 Φ 也就是减小励磁电流 I_f。

所以，交流发电机电压调节器的调压原理：当发电机转速升高时，调节器通过减小发电机励磁电流 I_f 来减小磁通 Φ，使发电机的输出电压 U_B 保持不变；当发电机的转速降低时，调节器通过增大发电机的励磁电流 I_f 来增加磁通 Φ，使发电机的输出电压 U_B 保持不变。

(1)外搭铁型电压调节器工作原理。电压调节器有多种形式，其内部电路各不相同，但工作原理可用基本电路工作原理理解，如图 3-46 所示。

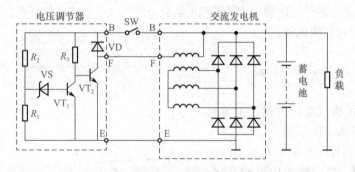

图 3-46　外搭铁型电压调节器工作原理　　　　外搭铁电压调节器工作原理

1)点火开关 SW 刚接通时，发动机不转。发电机不发电，蓄电池电压加在分压器 R_1、R_2 上，此时因 U_{R_1} 较低不能使稳压管 VS 反向击穿，VT_1 截止，VT_1 截止使得 VT_2 导通，发电机磁场电路接通，此时由蓄电池供给磁场电流。随着发动机的启动，发电机转速升高，发电机他励发电，电压上升。

2)当发电机电压升高到大于蓄电池电压时，发电机自励发电并开始对外蓄电池充电，如果此时发电机输出电压 $U_B <$ 调节器调节电压的上限 U_{B_2}，VT_1 继续截止，VT_2 继续导通，但此时的磁场电流由发电机供给，发电机电压随转速升高迅速升高。

3)当发电机电压升高到等于调节电压上限 U_{B_2} 时，调节器对电压的调节开始。此时 VS 导通，VT_1 导通，VT_2 截止，发电机磁场电路被切断，由于磁场被断路，磁通下降，发电机输出电压下降。

4)当发电机电压下降到等于调节下限 U_{B_1} 时，VS 截止，VT_1 截止，VT_2 重新导通，磁场电路重新被接通，发电机电压上升。

综上所述，调压电路由检测电路(电阻 R_1 和 R_2 组成一个分压器，检测发电机电压)、比较电路(检测的电压与稳压管电压比较)、开关电路(大于 14 V，VT_1 饱和导通，反之截止)组成。

周而复始，发电机输出电压U_B被控制在一定范围内。

（2）内搭铁型电压调节器工作原理，如图 3-47 所示。内搭铁型电压调节器基本电路的特点是晶体管 VT_1、VT_2 采用 PNP 型，发电机的励磁绕组连接在 VT_2 的集电极和搭铁端之间，与外搭铁型电路显著不同。电路工作原理和结构与外搭铁型电压调节器类似。

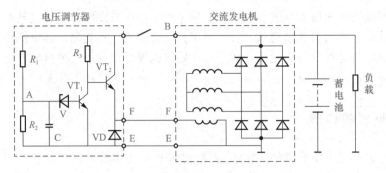

图 3-47　内搭铁型电压调节器工作原理

内搭铁电压调节器工作原理

（3）集成电路调节器工作原理。集成电路调节器也叫作 IC 调节器，是根据使用要求，将电路中的若干元件集成在同一基片上，制成一个独立的电子芯片。集成电路调节器装于发电机内部，构成整体式交流电机。发电机外部有 2 个或 3 个接线柱。

集成电路调节器的工作原理与晶体管调节器的工作原理完全一样，都是通过稳压管感应发电机的输出电压信号，利用三极管的开关特性控制发电机的励磁电流，使发电机的输出电压保持恒定，如图 3-48 所示。集成电路调节器通常与整体式发电机相配。

1）磁场电流控制。VT_1 是大功率三极管，与磁场串联，由集成片 IC（接收 IG 和 P 端子信号）控制 VT_1 的导通和截止，从而控制磁场电路通断，使发电机电压得到控制。

2）充电指示灯控制。充电指示灯串接在 VT_2 集电极上，VT_2 导通充电指示灯亮，VT_2 截止充电指示灯熄灭。在集成片 IC 中有控制 VT_2 导通和截止的电路，控制信号由 P 点提供，P 点提供的是发电机单相电压的交流信号，其信号幅值大小可反映发电机输出电压高低。

当发电机输出电压低于蓄电池电压时，IC 中控制电路使 VT_2 导通，充电指示灯亮；当发电机输出电压高于蓄电池电压时，IC 中控制电路使 VT_2 截止，充电指示灯熄灭。

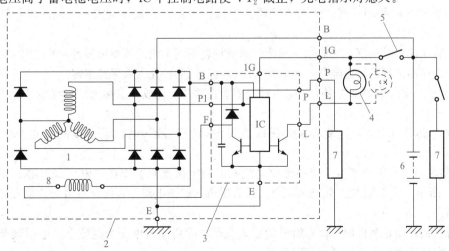

图 3-48　集成电路调节器工作原理

1—定子线圈；2—带集成电路调节器的交流发电机；3—集成电路调节器；4—充电指示灯；
5—主开关；6—蓄电池；7—负载；8—转子线圈

2.5　单相交流发电机的构造与原理

单相交流发电机是一种最简单的永磁式交流发电机。它与三相同步交流发电机一样也是由转子和定子组成。按转子形式的不同可分为转磁式。转磁导子式、转圈式三种类型,其中使用最广泛的是转磁式。转磁式磁电机又可分为飞轮式和转子式。插秧机等小型农用汽油机磁电机大多数采用飞轮式磁电机。

2.5.1　单相交流发电机的构造

飞轮式磁电机有很多种,但都是由转子和定子组成。其结构如图 3-49 和图 3-50 所示。

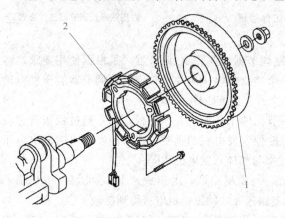

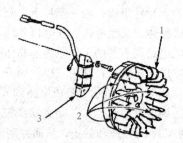

图 3-49　带多个发电线圈的磁电机　　　　图 3-50　带单个发电线圈的磁电机
1—转子;2—定子　　　　　　　　　　1—转子(飞轮);2—永久磁铁;3—定子

(1)转子。转子(也称飞轮)由盆形外壳、永久磁铁和中心接头组成。外壳用钢板冲压成盆形,内腔均安装有四块或六块永久磁铁,并用不导磁的材料制成的螺钉或用树脂胶连接固牢。磁铁的 N 极和 S 极相间排列,磁铁用矫顽力很强的磁钢或铁氧体制成,充磁后可保持很强的磁性。

转子装在曲轴的后部,随曲轴一同旋转形成旋转磁场,用来蓄积爆发冲程中产生的爆发力,以免下一个压缩冲程的转速降低,从而使各个冲程之间的转速大致保持恒定。

(2)定子。定子由单个或多个一定匝数线圈装在铁芯上构成,也称为发电线圈。定子固定在曲轴箱上。

在发电机的驱动下,组装着永久磁铁的飞轮(转子)旋转时,定子线圈上将产生感应电动势。

(3)整流器与电压调节器。带多个发电线圈的磁电机配有整流器与电压调节器,如图 3-51 和图 3-52 所示。图 3-52 中左侧是由 4 个二极管组成的整流电路,右侧标有"Unit"单元是集成电路调节器。

整流器的作用是利用由二极管组成的桥式整流电路将交流电变为直流电。电压调节器的作用是将发电线圈输出电压控制在规定范围。

图 3-51　整流器与电压调节器外形

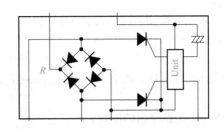

图 3-52　整流器与电压调节器内部结构

2.5.2　单相交流发电机的工作原理

（1）交流电动势的产生。磁电机转子上的四块永久磁铁 N 极和 S 极相间均匀布置，当飞轮旋转时，永久磁铁形成的磁场也随之转动，如图 3-53 所示。

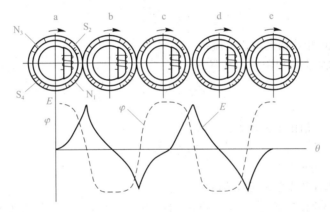

图 3-53　飞轮式磁电机的工作原理

当相邻的两块永久磁铁 1、2 与定子铁芯对齐时，永久磁铁的磁力线由 N 极出发穿过铁芯到 S 极，所以穿过铁芯的磁通为最大（通常设计成达到饱和），但它随时间的变化率为零。随着转子的转动永久磁铁 1、2 又逐渐离开铁芯，使穿过铁芯的磁通量逐渐减小。

当转子转动 45°时，永久磁铁 1、2 完全离开铁芯，永久磁铁 1、2 之间的磁回路被切断，穿过铁芯的磁通为零，但它随时间的变化率为最大。若再转动，磁铁 2、3 又逐渐靠近铁芯两端，穿过铁芯的磁通又在反方向上逐渐增大，再转动 45°时穿过铁芯的磁通又在反方向上达到最大值。

转子再转动 45°时，永久磁铁又完全离开铁芯，永久磁铁 2、3 之间的磁回路被切断，穿过铁芯的磁通又变为零，转子就这样不断地转动，穿过电枢铁芯的磁通量总是在不断地由最大变化到 0，再由 0 变化到最大地发生变化。

由法拉第电磁感应定律可知穿过线圈的磁通量发生变化时，线圈中便产生感应电动势，其大小与磁通的变化率成正比，即

$$E = d\varPhi / dt$$

其方向由右手定则判定。

若外电路闭合，电路中便有感应电流，感应电流产生的磁场总是阻碍原来磁通的变化。

磁电机转子上安装有四块永久磁铁，所以转子旋转180°，交流电动势变化一个周波，每转一周变化两次。

对于采用4块两对永久磁铁的磁电机，电枢绕组中产生感应电动势的频率与磁电机转子转速 n 成正比，即

$$f = 2n/60 = n/30 \text{(Hz)}$$

如果已知穿过铁芯的磁通，就可求出磁电机电枢绕组所产生的电动势 E：

$$E = 4.44 f \Phi N$$

式中　N——电枢绕组的匝数；

　　　　Φ——电枢铁芯的磁通。

铁芯中磁通大则产生的感应电动势大，铁芯中磁通的大小与磁场强度及定子和飞轮之间的配合间隙（称为气隙，一般为0.15～0.45）有很大关系。在磁场强度一定的情况下，气隙越大磁路中的磁阻越大，铁芯中的磁通量就越小。

（2）限流原理。同三相同步交流发电机一样，磁电机电枢绕组的端电压 U 等于绕组的感应电动势与内部压降之差，即

$$U = E - IZ$$

$$I = \frac{E - U}{Z}$$

式中　I——磁电机电枢绕组的输出电流；

　　　　Z——发电机电枢绕组阻抗，其值为

$$Z = \sqrt{R^2 + X^2}$$

式中　R——内阻；

　　　　X——感抗，其值由下式确定：

$$x = 2\pi f L$$

式中　f——电压波动频率(Hz)；

　　　　L——发电机输出端之间的电感(H)。

一般磁电机电枢绕组的感抗 X 比内阻 R 大得多，随着发电机转速的上升，X 成比例地增大，因而感抗引起的内部电压降随转速的增大，会越来越多地抵消绕组产生的感应电动势，以至于端电压不再随转速的上升再增加。如果负载不变，那么输出电流就不会增大。因此磁电机不需要使用限制电流的装置。

（3）电压调节原理。由于单相交流发电机产生交流电的原理与三相交流发电机一致，其发电线圈输出的电动势波形与正弦波形接近，所以磁电机原理和电压调节原理与三相交流电一样，这里不再赘述。

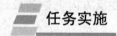 任务实施

2.1　拆装三相交流发电机

按照图3-54所示的拆卸顺序和要求，逐步拆卸发电机元件。

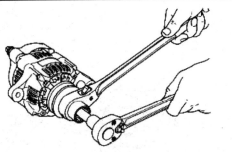

1. 用套筒扳手将轴的六角部固定，旋松皮带轮螺母，拆下皮带轮。

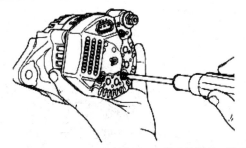

2. 拧下固定尾端盖的螺钉及 B 端子的螺母，拆下尾端盖。

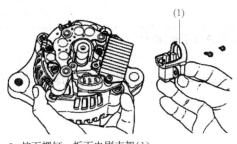

3. 拧下螺钉，拆下电刷支架(1)。

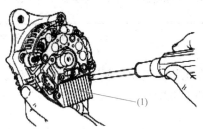

4. 拧下螺钉，拆下集成电路调节器(1)。

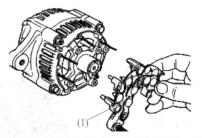

5. 拧下固定整流器(1)和定子引出线的螺钉，然后拆下整流器。

6. 拧下螺栓及螺母，拆下尾端架(1)。

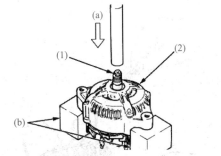

7. 使用垫块(b)，使驱动端架(2)处于平行状态，用冲压器(a)拔出转子(1)。

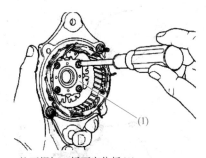

8. 拧下螺钉，拆下定位板(1)。

图 3-54　发电机元件拆卸顺序和要求

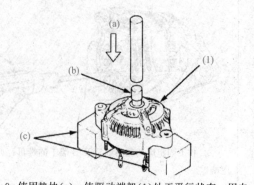

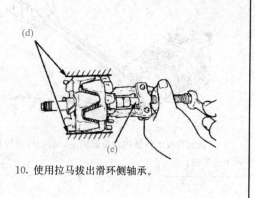

9. 使用垫块(c),使驱动端架(1)处于平行状态,用夹具顶住驱动端侧轴承,然后用冲压器(a)拔出轴承。

10. 使用拉马拔出滑环侧轴承。

图 3-54　发电机元件拆卸顺序和要求(续)

发电机的组装程序与分解相反,但要注意:在组装启动机前,应将发电机的轴承和滑动部位涂以润滑脂。

2.2　检测三相交流发电机元件性能

2.2.1　检测定子

(1)检查定子表面不得有刮痕,导线表面不得有碰伤、绝缘漆剥落现象。

(2)检测定子绕组是否断路。如图 3-55 所示,用欧姆表 $R \times 1$ 挡检查绕组引线之间电阻,应在 1Ω 以下,否则应更换定子。

(3)检测定子绕组是否搭铁。如图 3-56 所示,用欧姆表 $R \times 1$ 挡检查绕组引线和定子铁芯之间,应为∞,否则应更换定子。

发电机性能检测

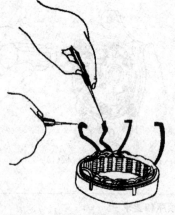

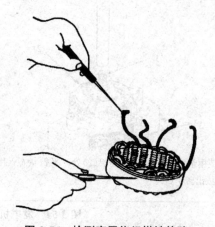

图 3-55　检测定子绕组断路故障　　　　　**图 3-56　检测定子绕组搭铁故障**

2.2.2　检测转子

(1)检查转子表面不得有刮痕,否则表明轴承松旷,应更换前后轴承。集电环表面应光洁平整,两集电环之间的槽内不得有油污和异物。

(2)检测转子绕组是否搭铁。如图 3-57 所示,用万用表检测集电环与转子之间的电阻,其数值应为∞,否则为有搭铁故障。对于有故障的转子应更换,有条件的可对集电环或线圈进行修理。

(3)检测转子绕组是否断路及短路。如图 3-58 所示,用万用表检查两集电环之间的电阻,其数值应为 2.8~3.3 Ω。大于此值时,表明有断路故障;小于此值时,说明有短路故障。

(4)转子轴与集电环的检修。转子轴的径向圆跳动可用百分表检测,如图 3-59 所示,其径向圆跳动不得超过

图 3-57　检测转子绕组搭铁

0.01 mm,否则应予以校正。集电环表面如烧蚀严重或失圆,可用车床进行修整,其最大偏摆量应不超过 0.05 mm,最后用细砂布抛光并吹净粉屑。

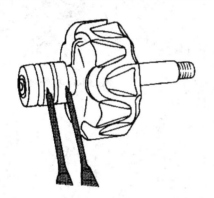

图 3-58　检测转子绕组导通

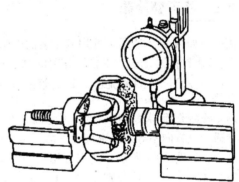

图 3-59　检测转子轴的径向圆跳动

2.2.3　检测电刷

(1)电刷长度的检测。如图 3-60 所示,测量伸出电刷支架外的电刷长度为 10.5 mm,使用限度为 1.5 mm。

(2)电刷弹簧压力的检测。电刷弹簧压力的检测方法如图 3-61 所示。当电刷从电刷架中露出长度为 2 mm 时,天平秤上指示的读数即电刷弹簧压力,应为 200~300 N,弹簧压力过小时,应更换新电刷。

(3)电刷的更换。更换电刷可按图 3-62 所示进行,先将电刷弹簧和新电刷装入电刷架内,然后用钳子夹住电刷引线,使电刷露出高度符合规定数值(10.5 mm),再用电烙铁将电刷引线与电刷架焊牢即可。

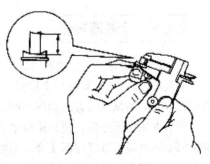

图 3-60　检测电刷长度

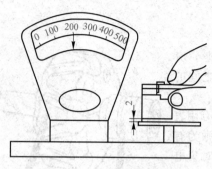

图 3-61 检测电刷弹簧压力

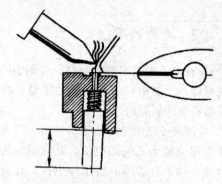

图 3-62 电刷的更换方法

2.2.4 检查轴承

如图 3-63 所示，用手按照(a)指示转动轴承，检查是
否有异常声音和卡滞现象。如有异常声音，应予以更换。

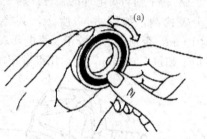

图 3-63 检查轴承

2.2.5 检测整流器

方法一：如图 3-64 所示，选用万用表的电阻挡(kΩ
量程)，使负表针搭 B 端子，正表针分别搭 P_1、P_2、P_3、
P_4，反之再测一遍，检测整流器正二极管的导通情况；
使正表针搭 E 端子，负表针分别搭 P_1、P_2、P_3、P_4，反之
再测一遍，检测整流器负二极管的导通情况。如果二极管在
正方向导通，反方向不导通，则表示正常。

方法二：如图 3-64 所示，选用万用表的二极管挡，使
负表针搭 B 端子，正表针分别搭 P_1、P_2、P_3、P_4，反之再
测一遍，检测整流器正二极管的导通情况；使正表针搭 E
端子，负表针分别搭 P_1、P_2、P_3、P_4，反之再测一遍，检
测整流器负二极管的导通情况。如果二极管在正方向导通，
反方向不导通，则表示正常。

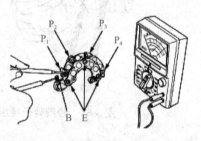

图 3-64 检测整流器

2.2.6 检测调节器

(1)电子调节器的工作状态的检测。电子调节器的好坏可用可调直流稳压电源和试灯(用 20 W
的灯泡替代发电机励磁绕组)来检测。内搭铁式调节器的测试连接方式如图 3-65(a)所示，外搭
铁式调节器的测试连接方式如图 3-65(b)所示。

调节直流稳压电源，使其输出电压从零逐渐升高，当电压升高到 6 V 时，试灯点亮。随着
电压的不断升高，试灯逐渐变亮，当电压升到 14.1 V 时，试灯应熄灭。再调节直流稳压电源，
使电压逐渐降低，试灯又重新变亮，且亮度随电压的降低逐渐减弱，则说明调节器良好。

如果测试的结果不符合以上描述情况，或在整个测试过程中，试灯一直不亮，则说明调节
器有故障。

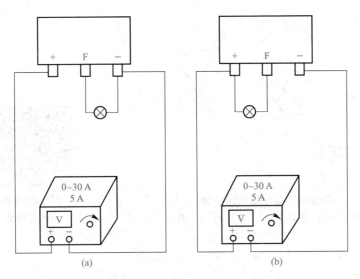

图 3-65   检测调节器和工作状态

(a)内搭铁式调节器接线；(b)外搭铁式调节器接线

(2)集成电路调节器检测。

1)二极管检测。用万用表的 kΩ 量程检测集成电路调节器 B—F 端子间的导通情况。如果在 BF 方向导通，反方向不导通，则表示正常，如图 3-66 所示。

2)工作状态的检测。连接集成电路调节器单体与稳压电源、电压表、灯泡等(此时 SW_1、SW_2 应处于 OFF 状态)，将电源电压调至 12 V。确认使 SW_1 为 ON 后，L_1 点亮且亮度较高，L_2 点亮但较昏暗。然后保持 SW_1 为 ON，同时使 SW_2 也为 ON，确认此时 L_1 熄灭，L_2 亮度变高。在该状态下，使电源电压从 12 V 起缓慢上升。确认 14.5 V±0.6 V 左右时，L_2 是熄灭状态。如果检测结果与上述相反，则说明调节器损坏，如图 3-67 所示。

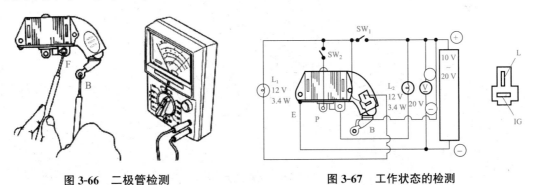

图 3-66   二极管检测   **图 3-67   工作状态的检测**

2.3   检测三相交流发电机整体性能

2.3.1   连接器电压检测

如图 3-68 所示，关闭点火开关，将 2P 连接器从交流发电机上断开。

149

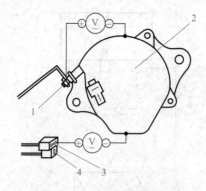

图 3-68   连接器电压检测

1—端子 B；2—后端差；3—端子 IG；4—端子 L

电压调节器的
检测与试验

测量端子 B(1)和底盘之间的电压，应接近蓄电池电压。

打开点火开关，测量端子 IG(3)和底盘之间的电压，应接近蓄电池电压。

2.3.2   空载电压测试

如图 3-69 所示，关闭点火开关，将 2P 连接器(6)连接到交流发电机上原来的位置。在端子 IG(4)和端子 B(2)之间连接跨接导线(3)。启动发动机，将转速设为怠速。从蓄电池上断开负极电缆。测量端子 B(2)和底盘之间的电压。

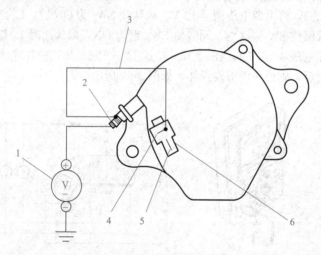

图 3-69   空载试验

1—电压表；2—端子 B；3—导线；4—端子 IG；5—端子 L；6—2P 连接器

如果测量结果小于 14 V，分解并检测交流发电机，重点检测集成电路调节器。

2.3.3   交流发电机发电性能检测

用交流发电机测试台检测交流发电机的调节电压、空载特性和输出特性。

(1)调节电压检测。如图 3-70 所示进行连接，并且开启开关 SW$_1$，将交流发电机速度提高至

2 700 min—1(r/min)。开启开关 SW$_2$，调节负载电阻 R，使电流表显示 10 A。检查电压表上的电压读数是否为 14.2～14.8 V。

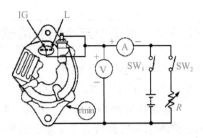

（2）空载特性检测。如图 3-70 所示进行连接，并且开启开关 SW$_1$，提高交流发电机的速度，使电流表的指针摆动到正侧。开启开关 SW$_1$ 以降低速度，读出电压等于出厂规格时的速度。速度必须在 13.5 V 时应为 1 150 min—1(r/min) 或以下。

图 3-70　交流发电机发电性能检测

（3）输出特性检测。如图 3-70 所示进行连接，并且开启开关 SW$_1$ 和 SW$_2$，在调节负载电阻的同时，增加交流发电机的速度，使电压达到标准值 13.5 V，电流达到 40 A 或以上时的速度应为小于或等于 5 000 min—1(r/min)。

降低速度使电流接近 0，关闭开关 SW$_1$ 和 SW$_2$。

2.4　检测单相交流发电机的性能

2.4.1　带单个发电线圈的磁电机交流发电机性能检测

（1）检测磁电机定子线圈。使用万用表测量发电线圈（图 3-50 中的 3）的 2 个端子间的电阻值，值约为 1.0 Ω。如果在标准值以外，则原因可能是发电线圈不良，应更换。

（2）检测发电性能。带单个发电线圈的磁电机发电主要用于照明。如图 3-71 所示，使发动机额定转速为 3 000 r/min 时，接通灯光主开关，使 A、B 端子导通，前照灯应明亮。测量 A、B 之间的电压和功率，值应为 12 V、25 W。如果在标准值以外，则原因可能是磁电机损坏。

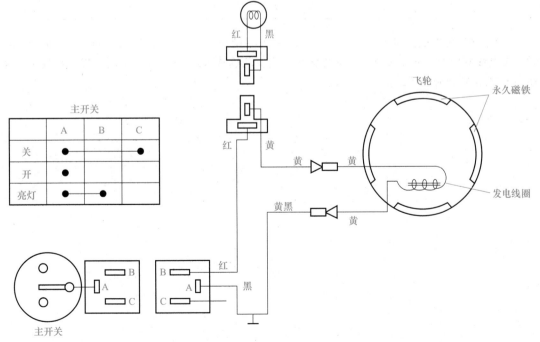

图 3-71　磁电机照明电路

2.4.2 带多个发电线圈的磁电机交流发电机性能检测

(1)检测磁电机定子线圈。使用万用表测量发电线圈(图 3-49 中的 2)的 2 个端子间的电阻值,值约为 0.15 Ω。如果在标准值以外,则原因可能是发电线圈不良,应更换。

(2)检测整流器和调压器。使用万用表检测整流器和调压器各端子之间的导通情况,如图 3-47 所示。检测结果应符合表 3-6 列出的要求。

只要有一个项目异常,即为调节器不良,即使所有项目都正常,调节器也不一定正常。

表 3-6　整流器和调压器各端子之间的导通标准值

万用表的正极端子 万用表的负极端子	端子 1	端子 2	端子 3	端子 4	端子 5	端子 6
端子 1	−	∞	∞	≤30 kΩ	∞	∞
端子 2	∞	−	∞	∞	∞	∞
端子 3	∞	∞	−	≤30 kΩ	∞	∞
端子 4	∞	∞	∞	−	∞	∞
端子 5	30~70 kΩ	30~70 kΩ	30~70 kΩ	30~70 kΩ	−	∞
端子 6	∞	∞	∞	∞	∞	−

(3)检测发电性能。启动发动机,使用万用表测量充电电压。当发动机转速达 1 000 r/min 时,发电线圈应产生 9.5~12.3 V 交流电压;当发动机转速达 2 000 r/min 时,发电线圈应产生 18.8~24.3 V 交流电压。

任务实施工作单

一、器材及资料

_____

_____

_____

二、相关知识

1. 简述内搭铁式交流发电机与外搭铁式交流发电机的区别。

_____

_____

_____

_____

2. 写出下图所示交流发电机的组件名称。

_____

_____

_____

_____

3. 简述交流发电机的整流原理(三相桥式整流)。

_____

_____

_____

_____

_____

4. 简述下图所示外搭铁型电压调节器工作原理。

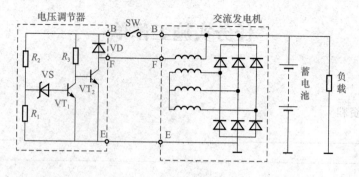

5. 解释磁电机交流发电机交流电动势产生的原理。

【计划与决策】

【实施】

1. 使用万用表对三相交流发电机外接线柱进行测量。将结果填入下表。

发电机测量结果(万用表型号及挡位:＿＿＿＿＿＿＿＿＿＿＿)

发 电 机 型 号	"F"与"E"间电阻/Ω	"B"与"E"间电阻/Ω		"N"与"E"或"B"间电阻/Ω	
		正向	反向	正向	反向
参考值	47	40—50	≥10 K	10—15	≥10 K

2. 根据操作,写出三相交流发电机的拆卸顺序。

＿＿＿

＿＿＿

＿＿＿

3. 三相交流发电机元件性能检测,将结果填入下表。

发电机测量记录(万用表型号:＿＿＿＿＿＿＿＿＿＿＿＿)

转子阻值(Ω)		转子绝缘电阻		定子阻值(Ω)			定子绝缘电阻		
二极管测量	二极管编号	1	2	3	4	5	6	7	8	9
	正向测量值(Ω或 V)									
	反向测量值(kΩ或 V)									
集电环检测记录									
转子轴检测记录									
碳刷检测记录									
轴承、端盖检测记录									

4. 电子控制式电压调节器的检测,将结果填入下表。

调节器型号		万用表型号		使用挡位	
测量电阻	"+"与"−"间电阻/Ω	"+"与"F"间电阻/Ω		"F"与"−"间电阻/Ω	
测量结果					
调节电压值	测试条件:			试验结果:	

5. 飞轮式磁电机发电机检测。

（1）检测带单个发电线圈的磁电机定子线圈。使用万用表测量发电线圈的 2 个端子间的电阻值为_____。如果在标准值以外，则原因可能是发电线圈不良，应更换。

（2）检测带多个发电线圈的磁电机定子线圈。使用万用表测量发电线圈的 2 个端子间的电阻值为_____。如果在标准值以外，则原因可能是发电线圈不良，应更换。

（3）检测整流器和调压器。使用万用表检测整流器和调压器各端子之间的导通情况，填写下表。

万用表的正极端子 / 万用表的负极端子	端子 1	端子 2	端子 3	端子 4	端子 5	端子 6
端子 1	—	∞	∞	≤30 kΩ	∞	∞
端子 2	∞	—	∞	∞	∞	∞
端子 3	∞	∞	—	≤30 kΩ	∞	∞
端子 4	∞	∞	∞	—	∞	∞
端子 5	30～70 kΩ	30～70 kΩ	30～70 kΩ	30～70 kΩ	—	∞
端子 6	∞	∞	∞	∞	∞	—

【检查】

_____

_____

_____

_____

【评估】

任务完成情况评价	自我评价	优、良、中、差	总评：
	组内评价	优、良、中、差	
	教师评价	优、良、中、差	

任务3　充电系统检测与维修

任务描述

　　农业机械电源充电系统的作用是在发电机向用电设备提供电量外，向蓄电池充电，使蓄电池始终保持可使用状态。电源充电系统一般由发电机、蓄电池、点火开关、电流表（或充电指示灯）组成。通过对交流发电机控制电路的分析和交流发电机整机测试方法的学习，掌握充电系统常见故障诊断与排除方法。

任务预备知识

3.1　三相交流发电机充电控制电路

　　如图 3-72 所示为久保田 704 轮式拖拉机电源充电系统电路，如图 3-73 所示为久保田联合收割机电源充电系统电路，它们由蓄电池、发电机、主开关、充电指示灯等电器元件组成。

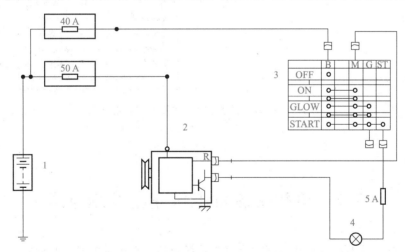

图 3-72　久保田 704 轮式拖拉机电源充电系统电路
1—蓄电池；2—发电机；3—主开关；4—充电指示灯

　　上述两种机型电路设计不同，但充电原理一样，充电电流由发电机 B 端子经导线、熔断丝流向蓄电池正极，完成充电。

　　充电电路利用充电指示灯来反馈发电机是否能给蓄电池充电，当主开关打到"ON""GLOW"或"START"挡，充电指示灯由电源（蓄电池或发电机）通过主开关供电。当发动机正常运转后，如果发电机产生的电压达到标准值（必须高于蓄电池电压），能够向蓄电池充电，电压调节器中的集成电路检测到某相线的电压信号，使电子开关截止，充电指示灯熄灭；反之，如果发电机能产生的电压没有达到标准值(一般为 14 V)，不能向蓄电池充电，使电子开关导通，充电指示灯点亮。

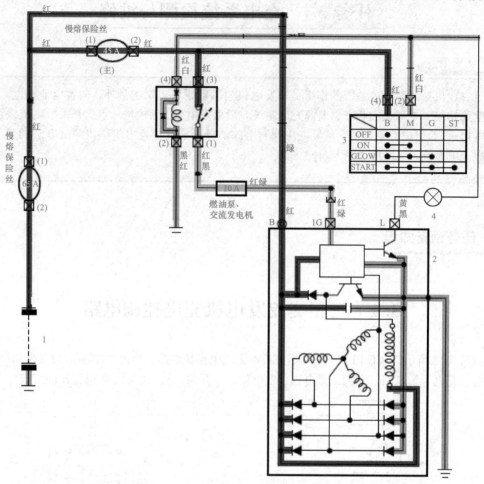

图 3-73　久保田联合收割机电源充电系统电路

1—蓄电池；2—发电机；3—主开关；4—充电指示灯

3.2　单相交流发电机充电控制电路

图 3-74 所示为久保田高速插秧机电源充电系统电路。它由发电机、调节器、充电指示灯、主开关、蓄电池等电器元件组成。

充电电流由调节器的"(6)—(4)"端子经导线、熔断丝流向蓄电池正极，完成充电。

充电电路利用充电指示灯来反馈发电机是否能给蓄电池充电，当主开关打到"ON"或"START"挡，充电指示灯由电源(蓄电池或磁电机)通过主开关供电。当发动机正常运转后，如果磁电机产生的电压达到标准值(必须高于蓄电池电压)，能够向蓄电池充电，电压调节器中的集成电路(Unit)检测到主开关 IG 端子的电压信号，使电子开关截止，充电指示灯熄灭；反之，如果发电机能产生的电压没有达到标准值(一般为 14 V)，不能向蓄电池充电，使电子开关导通，充电指示灯点亮。

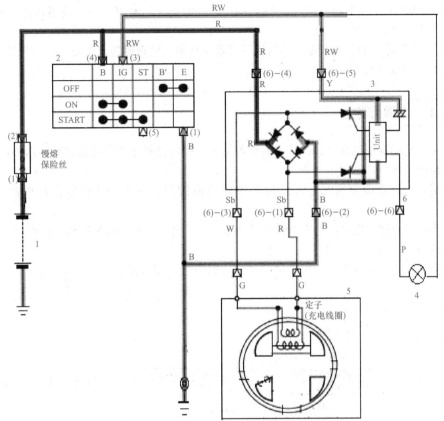

图 3-74　久保田高速插秧机电源充电系统电路

1—蓄电池；2—主开关；3—调节器；4—充电指示灯；5—发电机

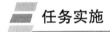任务实施

3.1　诊断与排除不充电故障

3.1.1　故障现象

以图 3-72 所示拖拉机电源充电系统电路为例，发动机中速以上运转，电流表指示放电，充电指示灯不熄灭。测量发电机端电压低于蓄电池电压。

拖拉机发电机
不发电故障检修

3.1.2　分析故障

(1)发电机皮带断裂或打滑严重。

(2)发电机励磁线路或充电线路断路。

(3)发电机故障,如电刷与滑环接触不良;二极管击穿、断路;转子绕组短路、断路或搭铁;定子绕组短路、断路、搭铁。

(4)调节器故障,如晶体管调节器的稳压管及小功率三极管短路或大功率三极管断路;调节器的搭铁方式与发电机不匹配。

3.1.3 故障排除

第一步:检测发电机端电压。若是大于蓄电池电压,说明充电导线或熔断丝损坏,应更换。若是小于蓄电池电压,进行下一步。

第二步:检查传动带情况。若是传动带断裂或打滑,应更换或张紧。若正常,进行下一步。

第三步:检查励磁电路。给发电机转子绕组通电,若无磁性,说明励磁电路断路,应更换。若正常,进行下一步。

第四步:检查电压调节器。用测试灯试验法检查电压调节器性能,若不正常,应更换。否则检修发电机。

故障诊断与维修流程如图 3-75 所示。

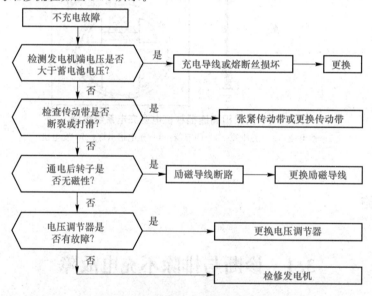

图 3-75 不充电故障诊断与维修流程

3.2 诊断与排除充电电流过小故障

3.2.1 故障现象

以图 3-72 所示拖拉机电源充电系统电路为例,在蓄电池亏电的情况下,发动机中高速运转时充电电流很小,或蓄电池经常亏电。

3.2.2　分析故障

(1)充电线路接触不良。

(2)传动带打滑。

(3)发电机有故障。

(4)调节器调节电压过低或有故障。

3.2.3　排除故障

第一步：检查发电机传动带的松紧或油污、检查导线的连接。若正常，进行下一步。

第二步：拆下发电机"F"导线，用测试灯两端接发电机"B"和"F"接线柱，启动发电机，并逐渐提高转速，若测试灯发红，证明发电机有故障；若亮度增加较大，则说明发电机正常，故障在调节器。有电流表可在此情况下观察其充电电流的大小，以区分是发电机还是调节器的故障。

故障诊断与维修流程如图3-76所示。

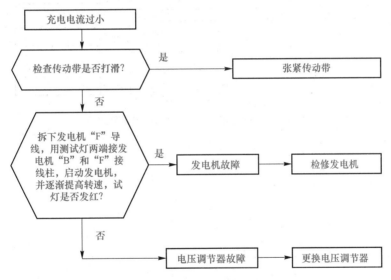

图3-76　充电电流过小故障诊断与维修流程

3.3　诊断与排除充电电流过大故障

3.3.1　故障现象

以图3-72所示拖拉机电源充电系统电路为例，在蓄电池不亏电的情况下，电流表指示充电仍在10 A以上，或电解液消耗过快。

3.3.2 分析故障

(1)调节器调节电压值过高。

(2)晶体管调节器大功率三极管不能有效截止或短路。

(3)发电机的励磁线路与"B+"短接。

3.3.3 故障排除

拆下调节器磁场接线,逐步提高发电机转速并观察电流表。若仍指示充电,即为发电机的故障;否则,为调节器的故障,应进行更换。

故障诊断与维修流程如图 3-77 所示。

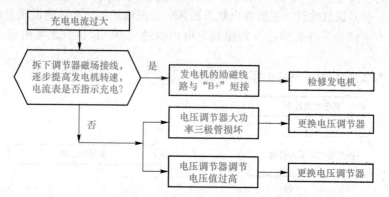

图 3-77　充电电流过大故障诊断与维修流程

任务实施工作单

【资讯】

一、器材及资料

_____

_____

二、相关知识

1. 写出下图所示某型号拖拉机充电系统的元件名称，并简述充电控制过程。

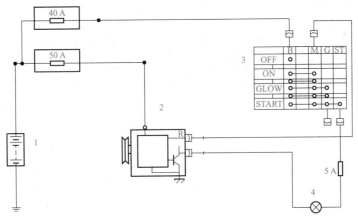

2. 简述下图所示某型号插秧机充电系统的充电控制过程。

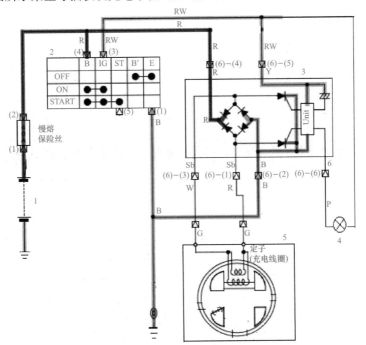

【计划与决策】

【实施】

1. 根据实践，记录充电系统不充电故障现象，以及诊断与排除过程。

2. 根据实践，记录充电系统充电电流过小故障现象，以及诊断与排除过程。

3. 根据实践，记录充电系统充电电流过大故障现象，以及诊断与排除过程。

4. 根据实践，记录充电系统充电不稳故障现象，以及诊断与排除过程。

_____

_____

_____

_____

_____

_____

_____

_____

_____

_____

【检查】

根据任务实施情况，自我检查结果及问题解决方案如下：

_____

_____

_____

_____

【评估】

任务完成情况评价	自我评价	优、良、中、差	总评：
	组内评价	优、良、中、差	
	教师评价	优、良、中、差	

实践与思考

一、实践项目

1. 按照本项目"任务1"中的任务实施要求，安装与拆卸蓄电池。

2. 按照本项目"任务1"中的任务实施要求，检测蓄电池的性能。

3. 按照本项目"任务1"中的任务实施要求，对蓄电池充电。

4. 按照本项目"任务1"中的任务实施要求，诊断与排除自行放电故障。

5. 按照本项目"任务1"中的任务实施要求，诊断与排除极板硫化故障。

6. 按照本项目"任务1"中的任务实施要求，诊断与排除蓄电池容量达不到规定要求故障。

7. 按照本项目"任务2"中的任务实施要求，拆装三相交流发电机。

8. 按照本项目"任务2"中的任务实施要求，检测三相交流发电机元件性能。

9. 按照本项目"任务2"中的任务实施要求，检测三相交流发电机整体性能。

10. 按照本项目"任务2"中的任务实施要求，检测单相交流发电机的性能。

11. 按照本项目"任务3"中的任务实施要求，诊断与维修不充电故障。

12. 按照本项目"任务3"中的任务实施要求，诊断与维修充电电流过小故障。

13. 按照本项目"任务3"中的任务实施要求，诊断与排除充电电流过大故障。

二、思考题

1. 叙述农机启动型铅蓄电池的工作原理。

2. 叙述蓄电池的充电特性和放电特性。

3. 叙述影响蓄电池容量的因素。

4. 叙述蓄电池常见的故障诊断与排除。

5. 叙述三相交流发电机的工作原理。

6. 叙述单相交流发电机的工作原理。

项目 4 农机启动系统维修

项目描述

本项目要求掌握启动系统维护与检修等知识，完成启动机的拆装、启动机元件性能检测、启动系统的故障诊断与排除等工作任务。

项目目标

1. 掌握组成启动系统及启动机的构造与工作原理，掌握启动机的整机检测及解体后主要部件的检测方法，能对启动系统的技术性能进行正确评价。

2. 掌握启动系统及启动机的控制原理，能够判断启动机的工作性能，能够正确分析故障原因，确定故障诊断流程，对启动系统的常见故障进行正确诊断。

3. 了解我国当代农业装备方面的建设成果及在数量、性能方面取得的成就，引导学生爱党爱国，产生强烈的为我国农业事业献身的精神品质。

课程思政学习指引

通过介绍党中央农业强国的伟大战略，当代农业发展及农业装备建设方面的成果，激励学生为服务农业现代化而学习。讲好"三农"故事，传承弘扬以"耕读文化"为底蕴的中华优秀传统文化，深刻分析"三农"政策，正确认识当前"三农"存在的问题和困难，充分彰显"三农"发展成就，锤炼学生心系"三农"的家国情怀。

任务 1　启动机检测与维修

任务描述

农机启动系统的作用是供给发动机曲轴启动转矩，使曲轴达到最低的启动转速，使发动机进入自行运行状态。以电动机为机械动力的电力启动系统操作简便，启动迅速可靠，重复启动能力强，在现代农机上广泛应用。通过学习启动系统与性能检测的相关知识，掌握启动机的整机检测及解体后主要部件的检测方法，能对启动系统的技术性能进行正确评价。

1.1　启动系统的功用与要求

要使发动机由静止状态过渡到工作状态，必须用外力转动发动机的曲轴，使气缸内吸入（或形成）可燃混合气并燃烧膨胀，工作循环才能自动进行。曲轴在外力作用下开始转动到发动机自动怠速运转的全过程，称为发动机的启动。

1.1.1　启动系统的两个重要参数

（1）启动转矩。克服启动阻力所需的力矩称为启动转矩。启动阻力包括气缸内被压缩气体的阻力和发动机本身及其附件内相对运动的零件之间的摩擦阻力。

（2）启动转速。保证发动机顺利启动所需的曲轴转速称为启动转速。车用汽油机在 0 ℃～20 ℃的气温下，一般最低启动转速为 30～40 r/min。为使发动机能在更低气温下迅速启动，要求启动转速能达 30～40 r/min。车用柴油机所要求的启动转速较高，达 150～300 r/min。

1.1.2　电力启动系统的组成

用电动机做机械动力，当电动机轴上的齿轮与发动机飞轮边缘的齿圈啮合时，动力就传到飞轮和曲轴，使之旋转。电动机本身又以蓄电池作为能源。

电力启动系统由启动机和控制电路两大部分组成。具体地说包括：蓄电池、启动机、启动继电器和点火开关，如图 4-1 所示。

它们的作用：启动机产生力矩，通过小齿轮驱动发动机飞轮转动，使发动机启动；控制电路用来控制启动机的工作。

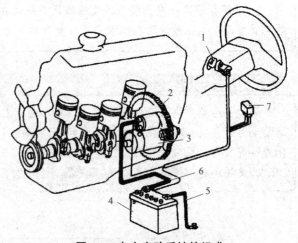

图 4-1　电力启动系统的组成
1—点火开关；2—飞轮；3—启动机；4—蓄电池；
5—搭铁电缆；6—启动机电缆；7—启动继电器

1.2　启动机的结构与原理

启动机由直流电动机、传动机构和操纵机构三部分组成，如图 4-2 所示。启动机总成、部件分解图如图 4-3 所示。

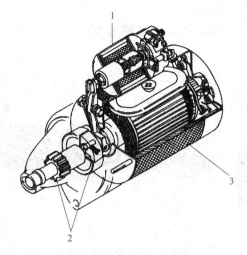

图 4-2 启动机组成

1—电磁开关(控制装置);2—传动机构;3—直流串励式电动机

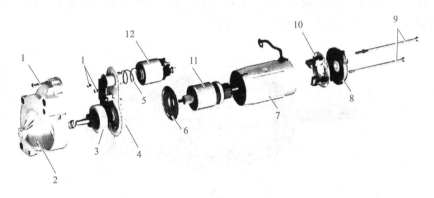

图 4-3 启动机分解图

1—螺栓;2—前端;3—单向离合器;4—变速机构;5—弹簧;6—变速器置;7—定子;
8—后端盖;9—螺钉;10—电刷架;11—转子;12—电磁开关

直流电动机是将蓄电池输入的电能转换为机械能,产生电磁转矩。

传动机构由单向离合器与驱动齿轮、拨叉等组成。其作用是在启动发动机时使驱动齿轮与飞轮齿圈相啮合,将启动机的转矩传递给发动机曲轴;在发动机启动后又能使驱动齿轮与飞轮自动脱离,在它们脱离过程中,发动机飞轮反拖驱动齿轮时,单向离合器使其形成空转,避免了飞轮带动启动机轴旋转。

启动机结构

操纵机构主要是指启动机的电磁开关,用来接通或断开电动机与蓄电池之间的电路。

1.2.1 直流电动机的结构

直流电动机可分为永磁式直流电动机和非永磁式直流电动机两种。两者的区别是永磁式直流电动机的磁极是永久磁铁,而非永磁式直流电动机的磁极是由磁极铁芯和磁场绕组线圈组成。除此之外,两种直流电动机的构造与工作原理几乎一样。永磁式直流电动机一般用于大功率农业机械,如拖拉机、联合收割机等。非永磁式直流电动机一般用于小功率农业机械,如插秧机等。

本书主要介绍非永磁式直流电动机。

直流电动机由电枢、磁极（磁场绕组）、电刷与电刷架、前端盖、后端盖等主要部件构成，如图 4-4 所示。

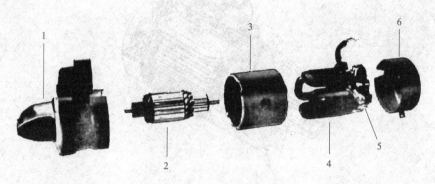

图 4-4　直流电动机结构

1—前端盖；2—电枢；3—磁极壳体；4—磁场绕组；5—电刷与电刷架；6—后端盖

（1）电枢。直流电动机的转动部分称为电枢，又称转子。转子由外圆带槽的硅钢片叠成的铁芯、电枢绕组线圈、电枢轴和换向器组成，如图 4-5 所示。

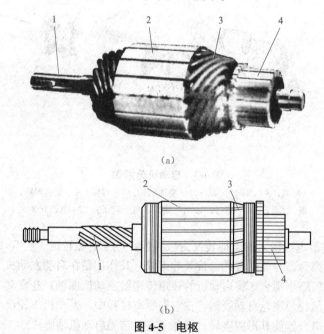

（a）

（b）

图 4-5　电枢

（a）电枢实物；（b）电枢示意

1—电枢轴；2—电枢铁芯；3—电枢绕组；4—换向器

为了获得足够的转矩，通过电枢绕组的电流较大（汽油机为 200～600 A；柴油机可达 1 000 A），因此，电枢绕组采用较粗的矩形裸铜漆包线绕制为成型绕组。

（2）磁极。磁极由固定在机壳内的磁极铁芯和磁场绕组线圈组成，如图 4-6 所示。

磁极一般是 4 个，两对磁极相对交错安装在电机的壳体内，定子与转子铁芯形成的磁通回路如图 4-7 所示，低碳钢板制成的机壳也是磁极的一部分。

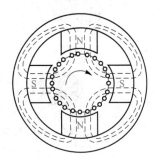

图 4-6 磁极及其绕组

1—励磁绕组；2—电刷；3—磁极铁芯；4—外壳

图 4-7 磁路

4 个励磁绕组有的是相互串联后再与电枢绕组串联(称为串联式)，有的则是两两串联后并联，再与电枢绕组串联(称为混联式)，如图 4-8(a)、(b)所示。

启动机内部线路连接如图 4-8(c)所示。励磁绕组一端接在外壳的绝缘接线柱上，另一端与两个非搭铁电刷相连接。

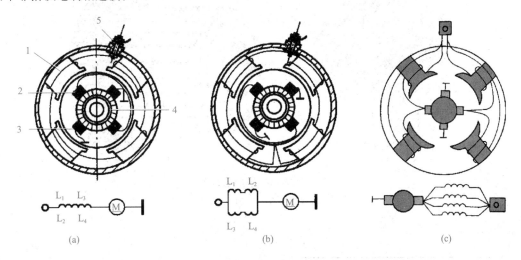

图 4-8 励磁绕组的连接

(a)4 个励磁绕组相互串联；(b)2 个励磁绕组串联后再并联；(c)4 个励磁绕组相互并联

1—励磁绕组；2—正电刷；3—负电刷；4—换向器；5—接线柱

当启动开关接通时，电动机的电路为蓄电池正极→接线柱→励磁绕组→电刷→换向器和电枢绕组→搭铁电刷→搭铁→蓄电池负极。

(3)电刷与电刷架。电刷架一般为框式结构，其中正极电刷架绝缘地固定在端盖上，负极电刷架与端盖直接相连并搭铁。电刷置于电刷架中，电刷由铜粉与石墨粉压制而成，呈棕黑色。电刷架上有弹性较强的盘形弹簧，保证电刷与换向器可靠接触，如图 4-9 和图 4-10 所示。

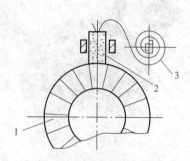

图 4-9   电刷与电刷架
1—电刷架；2—电刷弹簧；3—电刷

图 4-10   电刷与换向器
1—换向器；2—电刷；3—盘形弹簧

（4）换向器。换向器实现向旋转的电枢绕组注入电流。它由许多截面呈燕尾形的铜片围合而成，如图 4-11 所示。铜片之间由云母绝缘。云母绝缘层应比换向器铜片外表面凹下 0.8 mm 左右，以免铜片磨损时，云母片很快突出。电枢绕组各线圈的端头均焊接在换向器的铜片上。

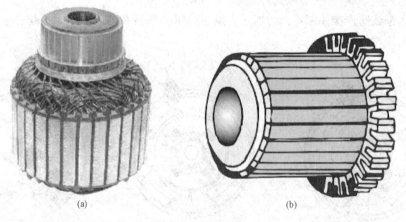

(a)   (b)

图 4-11   换向器
（a）换向器实物；（b）换向器示意

1.2.2   直流电动机的工作原理

（1）电磁转矩的产生。它是根据载流导体在磁场中受到电磁力作用而发生运动的原理工作的。如图 4-12（a）所示，为一台最简单的两极直流电动机模型。

根据左手定则判定 ab、cd 两边均受到电磁力 F 的作用，由此产生逆时针旋转方向的电磁转矩 M 使电枢转动。其换向方法如图 4-12（b）所示。实际的电枢上有很多线圈，换向器铜片也有相应的对数。

（2）直流电动机转矩自动调节原理。电枢在电磁转矩 M 作用下转动，但由于绕组在转动时同时也切割磁力线而产生感应电动势，根据右手定则判定其方向与电枢电流 I_S 方向相反，故称为反电动势。反电动势 E_f 与磁极的磁通 Φ 和电枢的转速 n 成正比：

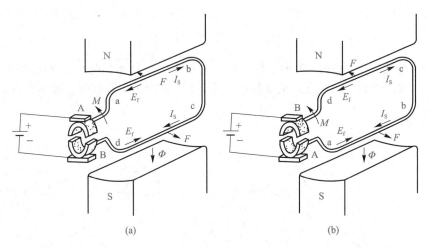

图 4-12　直流电动机的工作原理

（a）绕组中的电流从 a→b；（b）绕组中的电流从 d→a

$$E_f = C_e \Phi n$$

式中　C_e——电机结构常数。

由此可推出电枢回路的电压平衡方程式，即

$$U = E_f I_S R_S$$

式中　R_S——电枢回路电阻。

其中，包括电枢绕组电阻和电刷及换向器的接触电阻。

直流电动机在刚刚接通直流电源的瞬间，电枢转速、反电动势均为 0，此时，电枢绕组中的电流最大，即 $I_S = U/R_S$，将产生最大的电磁转矩，即 M_{max}，若此时的电磁转矩 M 大于电动机阻力转矩 M_z，电枢就开始加速运转起来。随着转速 n 的上升，E_f 增大，I_S 下降，M 也就随着下降。当 M 下降至与 M_z 相等时，电枢就以此转速运转。如果直流电动机在工作过程中负载发生变化，就会出现以下情况：

负载增大时，$M < M_z \rightarrow n \downarrow \rightarrow E_f \downarrow \rightarrow I_S \uparrow \rightarrow M \uparrow \rightarrow M = M_z$，达到新的稳定；

负载减小时，$M > M_z \rightarrow n \uparrow \rightarrow E_f \uparrow \rightarrow I_S \downarrow \rightarrow M \downarrow \rightarrow M = M_z$，达到新的稳定。

由此可见，当负载变化时，电动机能通过转速、电流和转矩的自动变化来满足负载的需要，使之能在新的转速下稳定工作。因此，直流电动机有自动调节转矩功能。

1.2.3　直流电动机的工作特性

启动机的转矩、转速、功率与电流的关系称为启动机的特性曲线。

串励直流电动机的特点是启动转矩大，机械特性软（电枢转速随其负载增大而降低，随其负载的减小而上升）。

（1）转矩特性。在磁路未饱和的情况下，串励直流电动机的转矩 M 与电枢电流的平方 I_S^2 成正比。直流电动机的转矩特性如图 4-13 所示。

在发动机启动瞬间，发动机的内部阻力矩很大，启动机处于完全制动状态下，由于转速为 0，电枢电流达到最大值（称为制动电流），电动机产生最大转矩（称为制动转矩），足以克服发动机的阻力矩使发动机启动。这就是启动机采用串励直流电动机的主要原因之一。

(2)转速特性(机械特性)。串励直流电动机转速 n 与电枢电流 I_s 的关系式为

$$n=\frac{U-I_s(R_s+R_J)}{C1\Phi}$$

串励直流电动机在磁极未饱和时,由于 Φ 不为常数,当 I_s 增加时,电枢转矩增大,由于 Φ 与 $I_s(R_s+R_J)$ 也随之增加,因此,电枢转速 n 随 $I_s(M)$ 的增大下降较快,故具有机械特性,如图 4-14 所示。

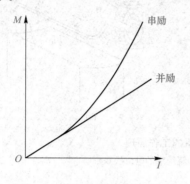

图 4-13　直流电动机的转矩特性

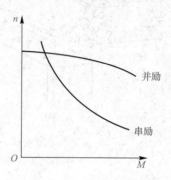

图 4-14　直流电动机机械特性

串励直流电动机具有在轻载时,电枢电流小,转速高;在重载时,电枢电流大,转速低的机械特性,能保证发动机既安全又可靠地启动,这是农机启动机采用串励直流电动机的又一主要原因。

(3)功率特性。串励直流电动机的功率 P 可用下式表示:

$$P=Mn/9\ 550$$

式中　M——电枢轴上的力矩(Nm);

　　　n——电枢转速(r/min);

由功率表达式可以看出,在完全制动($n=0$)和空转($M=0$)两种情况下,启动机的功率都等于 0。因为启动机工作时间很短,可以允许在最大功率下工作,所以把启动机的最大输出功率称为启动机的额定功率。其特性曲线如图 4-15(a)所示。

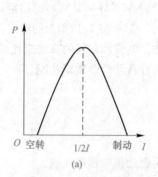

(a)

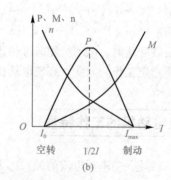

(b)

图 4-15　电动机特性曲线

(a)电动机功率特性;(b)串励直流电动机工作特性

(4)串励直流电动机的转矩、转速、功率特性完全可以描述启动机的工作特性。如图 4-15(b)所示为三大特性曲线在同一坐标系的情况,由该图可以看出:

1)完全制动时,相当于启动机刚接通的瞬间,$n=0$,电枢电流最大(即制动电流 I_{max}),转矩也达到最大值(称为制动转矩),但输出功率为 0。

2)启动机空转时电流最小(称为空载电流 I_0),转速达到最大值(称为空载转速),输出功率也为0。

3)在电流接近制动电流的一半时,启动机功率最大。将其最大功率作为额定功率。

(5)影响启动机功率的主要因素。

1)蓄电池容量的影响:蓄电池容量越小,其内阻越大,放电时产生的电压降越大,因而供给启动机的电压降低,使启动机输出的功率减小。

2)环境温度影响:当温度降低时,由于蓄电池电解液密度增大,内阻增大,会使蓄电池容量和端电压急剧下降,启动机功率将会显著下降。

3)接触电阻和导线电阻:电刷与换向器接触不良、电刷压簧弹力下降、电刷过短以及导线与蓄电池接线柱接触不良,都会使工作线路电阻增加;导线过长以及导线横截面积过小也会造成较大的电压降,由于启动机工作电流特别大,这些都会使启动机功率减小。

1.3 传动机构的结构与原理

启动机的传动机构包括离合器和拨叉两部分,如图4-16所示。离合器起着传递扭矩将发动机启动,同时又能在启动后自行脱离啮合,保护启动机不致损坏的作用。拨叉的作用是使离合器做轴向移动。滚柱式离合器是目前国内外农机启动机中使用最多的一种。

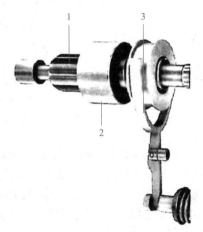

图 4-16 传动装置的结构
1—驱动齿轮;2—单向离合器;3—拨叉

1.3.1 滚柱式离合器的结构

滚柱式离合器的结构如图4-17所示。传动套筒8内具有花键槽,与电枢轴上的外花键相配合。启动小齿轮1套在电枢轴的光滑部分上。在传动套筒的另一端,活络地套着缓冲弹簧压向右方,并有卡簧防止脱出。移动衬套由传动叉拨动。启动小齿轮与离合器外壳刚性连接,十字块与传动套筒刚性连接。装配后,十字块与外壳形成四个楔形空间,滚柱分别安装在四个楔形空间内,且在压帽与弹簧张力的作用下,处在楔形空间的窄端。

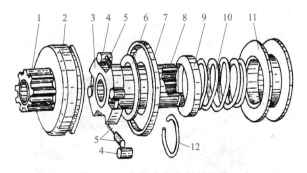

图 4-17 滚柱式离合器的结构
1—启动机驱动齿轮;2—外壳;3—十字块;4—滚柱;5—压帽与弹簧;6—垫圈;
7—护盖;8—花键套筒;9—弹簧座;10—缓冲弹簧;11—移动衬套;12—卡簧

1.3.2　滚柱式离合器的工作原理

离合器的外壳与十字块之间的间隙为宽窄不同的楔形槽。这种离合器就是通过改变滚柱在楔形槽中的位置来实现离合的。

单向离合器啮合

启动发动机时，在电磁力的作用下，传动拨叉使移动衬套沿电枢轴轴向移动，从而压缩缓冲弹簧。在弹簧张力的作用下，离合器总成与启动小齿轮沿电枢轴轴向移动，实现启动小齿轮与发动机飞轮的啮合。与此同时，控制装置接通启动机主电路，启动机输出强大的电磁转矩。转矩由传动套筒传至十字块，十字块与电枢轴一同转动。此时，由于飞轮齿圈瞬间制动，就使滚柱在摩擦力的作用下，滚入楔形槽的窄端而卡死。于是启动小齿轮和传动套成为一体，带动飞轮启动发动机，如图 4-18(a)所示。

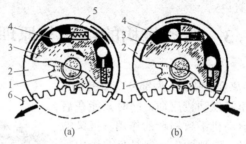

图 4-18　滚柱式离合器的工作原理

(a)发动机启动时；(b)发动机启动后

1—驱动齿轮；2—外壳；3—十字块；4—滚柱；5—压帽与弹簧；6—飞轮齿环

单向离合器分离

启动发动机后，由于飞轮齿环带动驱动齿轮高速旋转且比电枢轴转速高得多，驱动齿轮尾部的摩擦力带动滚柱克服弹簧张力，使滚柱滚向楔形腔室较宽的一端，于是滚柱将在驱动齿轮尾部与外座圈间发生滑摩，发动机动力不能传给电枢轴，起到分离作用，电枢轴只按自己的转速空转，避免电枢超速飞散的危险，如图 4-18(b)所示。

启动完毕，则由拨叉回位弹簧作用，经拨环使离合器退回，驱动齿轮完全脱离飞轮齿环。

1.3.3　拨叉

拨叉的作用是使离合器做轴向移动，将驱动齿轮啮入和脱离飞轮齿环。电磁式拨叉结构如图 4-19 所示。

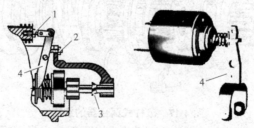

图 4-19　电磁式拨叉结构

1—调节螺杆；2—定位螺钉；3—限位螺母；4—拨叉

这种电磁式拨叉用外壳封装于启动机壳体上，由可动部分和静止部分组成。可动部分包括拨叉和电磁铁芯，两者之间用螺杆活动地连接。静止部分包括绕在电磁铁芯钢套外的线圈、拨叉轴和回位弹簧。电磁式拨叉的结构紧凑，操作省力又方便，还不受安装位置的限制。

发动机启动时，按下按钮或启动开关，线圈通电产生电磁力将铁芯吸入，于是带动拨叉转动，由拨叉头推出离合器，使驱动齿轮啮入飞轮齿环。发动机启动后，只要松开按钮和开关线圈就断电，电磁力消失，在回位弹簧的作用下，铁芯退出拨叉返回，拨叉头将打滑工况下的离合器拨回，驱动齿轮脱离飞轮齿环。

1.3.4　操纵机构的结构与工作原理

启动机的控制装置均采用电磁式控制装置，即电磁开关，如图 4-20 所示。

(1)操纵机构的结构。电磁开关主要由吸引线圈、保持线圈、复位弹簧、活动铁芯、接触片等组成。其中，电磁开关上的"30"端子接至蓄电池正极；"C"端子接启动机励磁绕组；吸引线圈一端接启动机主电路，如图 4-21 虚线框中所示。

图 4-20　启动机电磁开关实物

1—外壳；2—C 端子；3—30 端子；4—50＃端子；5—接触盘；6—活动铁芯；7—回位弹簧

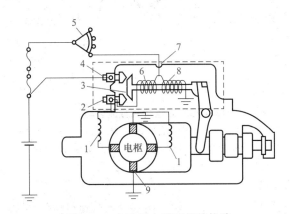

图 4-21　启动机电磁开关的构造

1—励磁线圈；2—"C"端子；3—旁通接柱；4—"30"端子；5—点火开关；
6—吸引线圈；7—"50"端子；8—保持线圈；9—电刷

(2)操纵机构的工作原理，如图 4-21 所示。点火开关接至启动挡时，接通吸引线圈和保持线圈，其电路为蓄电池正极→熔断器→点火开关→接线柱 7→分两路。一路经吸引线圈→主电路接线柱 C→励磁绕组→电枢绕组→搭铁→蓄电池负极；另一路经保持线圈→搭铁→蓄电池负极。

此时，吸引线圈与保持线圈产生的磁场方向相同，在两线圈电磁吸力的作用下，活动铁芯克服回位弹簧的弹力而被吸入。拨叉将启动小齿轮推出使其与飞轮齿圈啮合。齿轮啮合后，接触盘将触头接通，蓄电池便向励磁绕组和电枢绕组供电，产生正常的转矩，带动启动机转动。与此同时，吸引线圈被短路，齿轮的啮合位置由保持线圈的吸力来保持。

1.4 减速启动机的结构与原理

减速启动机在电枢和驱动齿轮之间装有一级减速齿轮，它的优点：采用了小型高速低转矩的电动机，使得启动机的体积小、质量轻而便于安装；提高了启动机的启动转矩而有利于发动机的启动；电枢轴较短而不易弯曲。减速齿轮的结构简单、效率高，保证了良好的机械性能。

减速启动机工作过程

减速启动机的减速机构有外啮合式、内啮合式和行星齿轮啮合式三种。

1. 外啮合式减速启动机

外啮合式减速启动机的结构如图 4-22 所示。外啮合式减速机构在电枢轴和启动机驱动齿轮之间用惰轮做过渡传动，电磁开关铁芯与驱动齿轮同轴，它直接推动驱动齿轮进入啮合，无须拨叉，因此启动机的外形与普通的启动机有较大的差别。外啮合式减速机构的传动中心距较大，受启动机结构的限制，其减速比不能太大，一般在小功率的启动机上应用。

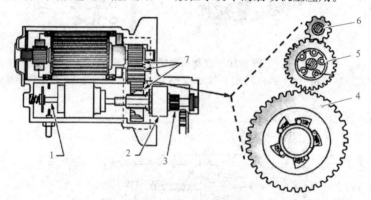

图 4-22 外啮合式减速启动机

1—活动铁芯；2—单向离合器；3—锥齿轮；4—减速齿轮；
5—中间齿轮；6—电枢轴齿轮；7—外啮合减速齿轮

2. 内啮合式减速启动机

内啮合式减速启动机原理如图 4-23 所示。内啮合式减速机构传动中心距小，可以有较大的减速比，故可适用较大功率的启动机。内啮合式减速机构的驱动齿轮仍用拨叉拨动进入啮合，因此启动机的外形与普通启动机相似。

3. 行星齿轮啮合式减速启动机

行星齿轮啮合式减速启动机结构如图 4-24 所示。行星齿轮传动具有结构紧凑、传动比大、效率高的特点。行星齿轮啮合式减速启动机由于输出轴与电枢轴同轴、同旋向，电枢轴无径向载荷，可使整机尺寸减小。除了增加行星齿轮减速机构的差别，行星齿轮啮合式减速启动机其他轴向位置上的结构与普通启动机相同，因此配件是可以通用的。

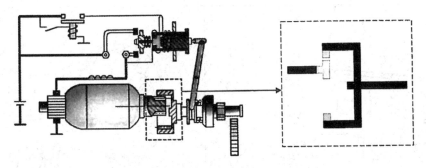

图 4-23　内啮合式减速启动机

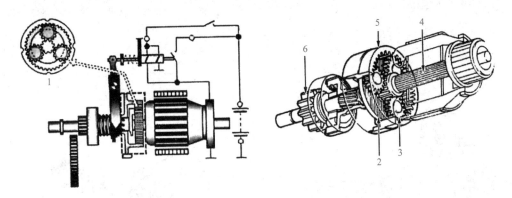

图 4-24　行星齿轮啮合式减速启动机

1—行星齿轮；2—行星架；3—行星轮；4—电枢轴；5—齿圈；6—驱动锥齿轮

▰▰▰ 任务实施

1.1　拆装启动机

以某型号减速启动机为例，介绍拆装步骤，如图 4-25 所示。

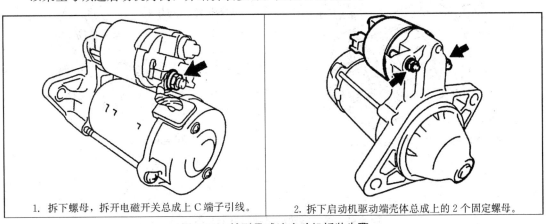

1. 拆下螺母，拆开电磁开关总成上 C 端子引线。　　2. 拆下启动机驱动端壳体总成上的 2 个固定螺母。

图 4-25　某型号减速启动机拆装步骤

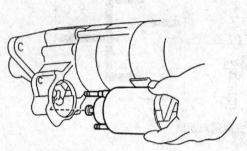

3. 取下电磁开关总成。

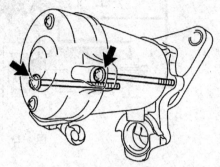

4. 拆下启动机磁轭总成（后端盖）上的 2 个固定螺栓。

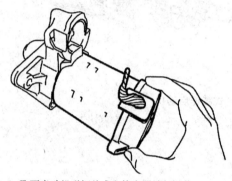

5. 取下启动机磁轭总成和换向器端架总成。

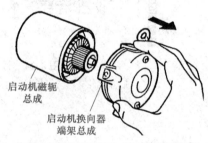

启动机磁轭总成

启动机换向器端架总成

6. 从启动机换向器端架总成上取出磁轭总成。

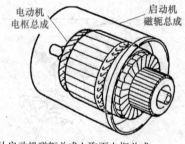

电动机电枢总成

启动机磁轭总成

7. 从启动机磁轭总成上取下电枢总成。

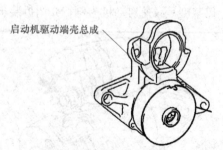

启动机驱动端壳总成

8. 取下启动机电枢盖板。

图 4-25　某型号减速启动机拆装步骤（续）

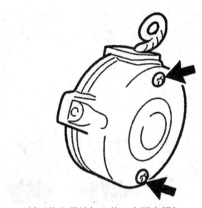

9. 拆下换向器端架上的 2 个固定螺钉。

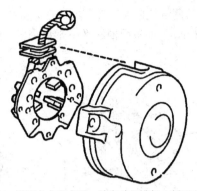

10. 拆下卡夹和卡爪，从启动机端架上拆下电刷架总成。

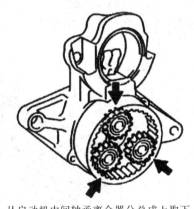

11. 从启动机中间轴承离合器分总成上取下 3 个行星齿轮。

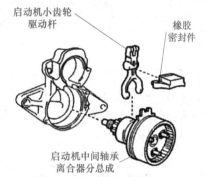

12. 从启动机驱动端壳总成上拆下带启动机小齿轮驱动杆的启动机中间轴承离合器分总成。

13. 拆下启动机中间轴承离合器分总成、橡胶密封件和启动机小齿轮驱动杆。

图 4-25　某型号减速启动机拆装步骤（续）

　　启动机的组装程序与分解相反，但要注意：在组装启动机前，应将启动机的轴承和滑动部位涂以润滑脂。

1.2　检测启动机元件性能

1.2.1　检测换向器

（1）检查换向器的接触面是否磨损，如图 4-26（a）所示。如果轻微磨损，请用砂纸研磨。

（2）用外径千分尺在几个位置测量换向器外径，如图 4-26（b）所示。

启动机性能检测

如果最小外径小于容许限度，请更换电枢。

（3）测量换向器底部凹槽深度，如图 4-26(c)所示。标准凹槽深度为 0.6 mm，最小凹槽深度为 0.2 mm。如果凹槽深度小于最小值，应用收据条修正。凹槽应清洁、无异物，其边缘应保持平滑。

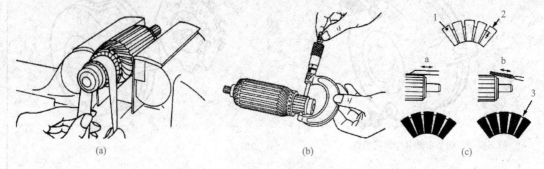

(a)   (b)   (c)

图 4-26 换向器检测

(a)检查换向器的接触面是否磨损；(b)测量换向器外径；(c)测量云母底切

1—扇形体；2—云母深度；3—云母

a—良好；b—不良

（4）测量换向器径向跳动，如图 4-27 所示。将换向器放在 V 形块上，用百分表测量径向跳动。标准径向跳动为 0.020 mm，最大径向跳动为 0.05 mm。如果径向跳动大于最大值，则更换电枢总成。

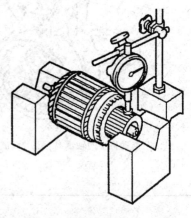

1.2.2 检测电刷和电刷架

（1）如果电刷的接触面脏污或积满灰尘，请用砂纸清洁。

（2）用游标卡尺测量电刷长度（A），如图 4-28 所示。标准长度为 14.0 mm，最小长度为9 mm，如果长度小于容许限度，请更换磁轭总成和电刷架。

（3）用欧姆计检查电刷架和电刷架支座之间的导通性，如图 4-29 所示。如果导通，请更换电刷架。

图 4-27 测量换向器径向跳动

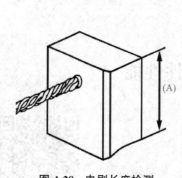

图 4-28 电刷长度检测

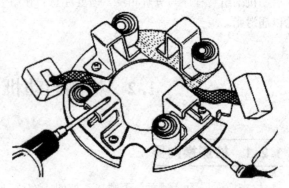

图 4-29 导通性检测

1.2.3 检测励磁线圈

(1)用万用表检查导线(1)和电刷(2)之间的导通性,如图 4-30(a)所示。如果不导通,请更换磁轭总成。

(2)用万用表检查电刷(2)和磁轭(3)之间的导通性,如图 4-30(b)所示。如果导通,请更换磁轭总成。

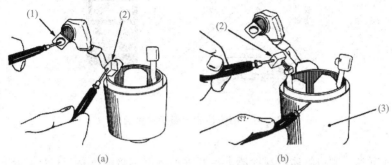

图 4-30　励磁线圈检测
(a)检查导线(1)和电刷(2)之间的导通性;
(b)检查电刷(2)和磁轭(3)之间的导通性

1.2.4 检测电枢线圈

(1)使用万用表检查换向器和电枢线圈芯体之间的导通性,如图 4-31(a)所示。如果导通,请更换电枢。

(2)使用万用表检查换向器扇形体的导通性,如图 4-31(b)所示。如果不导通,请更换电枢。

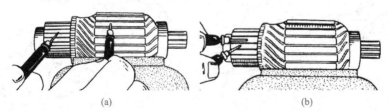

图 4-31　电枢线圈检测
(a)检查换向器和电枢线圈芯体之间的导通性;(b)检查换向器扇形体的导通性

1.2.5 检测超速离合器

(1)检查小齿轮是否磨损或损伤。如果有任何缺陷,请更换超速离合器总成。

(2)按照图 4-32 所示,确认小齿轮在超速方向自由平稳地转动并且没有在启动方向打滑。如果小齿轮打滑或在两个方向都不旋转,请更换超速离合器总成。

(3)用扭力表检查其正向扭矩,应大于 30 N·m 而不打滑,否则应更换。

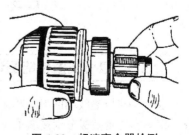

图 4-32　超速离合器检测

1.2.6　检测电磁开关

（1）接触片检测。解体检测电磁开关接触片的接触状况如图4-33所示，用手推动活动铁芯，使接触盘与两接线柱接触，然后将表笔两端置于端子"30"与端子"C"，应导通，且正常情况下电阻的阻值应为0 Ω。

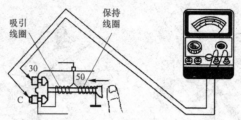

图4-33　解体检测电磁开关接触片

若接触片不导通，则应解体直观检测电磁开关的触点和接触盘是否良好，烧蚀较轻的可用砂布打磨后使用，烧蚀较重的应进行翻面或更换。

（2）吸引线圈开路检测。解体检测吸引线圈开路如图4-34所示，使用万用表连接端子"50"和端子"C"，应导通，并且电阻的阻值在标准范围内，否则吸引线圈可能出现开路故障。也可以进行不解体检测。

（3）保持线圈开路检测。检测保持线圈开路如图4-35所示，用欧姆表连接端子"50"和搭铁，应导通，并且电阻的阻值在标准范围内，否则保持线圈可能出现开路故障或线圈搭铁不良。也可以进行不解体检测。

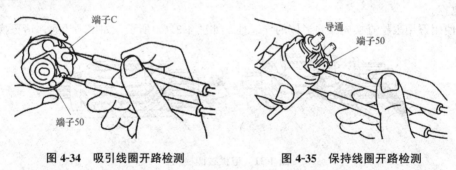

图4-34　吸引线圈开路检测　　　　**图4-35　保持线圈开路检测**

1.3　测试启动机整体性能

1.3.1　吸引线圈性能测试

将启动机励磁线圈的引线断开，按图4-36所示连接蓄电池与电磁开关，使蓄电池正极接端子"50"，蓄电池负极分别接端子"C"和启动外壳。如果推杆被强力吸引，则吸引线圈为正常。反之，可能是吸引线圈断线和柱塞滑动不良。

1.3.2 保持线圈性能测试

在做完吸引线圈性能测试后，按图 4-37 所示，将驱动齿轮移出之后从端子"C"上拆下导线。如果推杆继续保持被吸引状态，则保持线圈为正常。反之，可能是保持线圈断线。

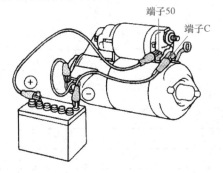

图 4-36 吸引线圈性能测试

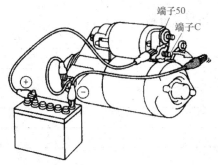

图 4-37 保持线圈性能测试

1.3.3 驱动齿轮回位测试

按图 4-38 所示，从启动机外壳上拆下导线，如果驱动齿轮迅速回位，则回位弹簧功能为正常。

1.3.4 驱动齿轮间隙的检查

将启动机励磁线圈的引线断开，按图 4-38 所示连接蓄电池与电磁开关，使蓄电池正极接端子"50"，蓄电池负极分别接端子"C"和启动外壳，使离合器驱动齿轮向外移动，再将负极导线从端子"C"上断开，使离合器驱动齿轮保持伸出状态，用游标卡尺测量驱动齿轮端部与止动环之间的间隙，标准间隙应为 1～5 mm。

1.3.5 启动机空载试验

首先将启动机固定好，再按图 4-39 所示连接导线，启动机运转应平稳，同时驱动齿轮应移出。读取安培表的数值，应符合标准值。断开端子 50 后，启动机应立即停止转动，同时驱动齿轮缩回。

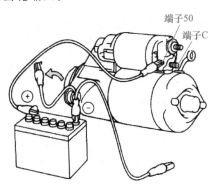

图 4-38 驱动齿轮回位测试

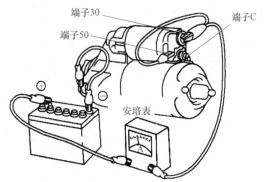

图 4-39 启动机空载试验

任务实施工作单

【资讯】

一、器材及资料

_____

_____

_____

_____

_____

二、相关知识

1. 简述电力启动系统的功能与组成。

_____

_____

_____

_____

_____

2. 写出下图所示启动机滚柱式离合器元件名称，简述其工作原理。

_____

_____

_____

_____

_____

_____

3. 写出下图所示操作机构元件名称，简述其工作原理。

【计划与决策】

【实施】

1. 根据实践，记录启动机的拆卸过程。

2. 根据实践，记录启动机元件性能检测结果。

(1)电磁开关检测。用万用表检测电磁开关接线柱 50 与电磁开关壳体之间的电阻，你的检测结果是_____。应为_____，否则表示_____，应_____。用万用表检测电磁开关接线柱 30 与接线柱 50 之间的电阻，你的检测结果是_____。应为_____，否则表示_____，应_____。用手推动活动铁芯，使接触盘与两接线柱接触，然后将表笔两端置于端子"30"与端子"C"，你的检测结果是_____，应为_____。

(2)拆下启动机电刷，换向器表应无_____现象，电刷在电刷架内应活动自如，电刷与换向器的接触面积不应小于_____，电刷长度不应小于新电刷的_____。电刷弹簧的张力应在_____之间。你的检查结果是_____。

(3)检测励磁线圈。用万用表检测磁场线较正端与碳刷之间的电阻，应为_____，否则表示_____，应_____。你的检测结果是_____。磁场线较正端与定子壳体之间的电阻，应为_____，否则表示_____，应_____。你的检测结果是_____。

(4)用万用表检测整流器铜条与轴之间的电阻，应为_____，否则表示_____，应_____。你的检测结果是_____。

(5)检测超速离合器。检查小齿轮是否磨损或损伤，你检查的结果是_____。

确认小齿轮在超速方向自由平稳地转动并且没有在启动方向打滑。你检查的结果是_____。

用扭力表检查其正向扭矩，应大于_____而不打滑，否则应更换。

你的检测结果是_____。

【检查】

根据任务实施情况，自我检查结果及问题解决方案如下：

_____

_____

_____

_____

【评估】

任务完成情况评价	自我评价	优、良、中、差	总评：
	组内评价	优、良、中、差	
	教师评价	优、良、中、差	

任务 2　启动系统检测与维修

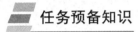**任务描述**

　　通过分析启动系统的控制电路，掌握启动系统的控制原理；通过对启动机的测试，能够判断启动机的工作性能。根据启动系统的故障现象，能够正确分析故障原因，确定故障诊断流程，对启动系统的常见故障进行正确诊断。

任务预备知识

2.1　启动系统的控制电路

　　图 4-40 所示为某款拖拉机的启动系统的控制电路，由蓄电池、启动机、熔断丝、电流表、启动开关、启动继电器等组成。

　　当启动开关接通后，启动继电器内部触点闭合，接通电磁开关电路，使电动机旋转，同时使驱动齿轮向外移动，与飞轮啮合。反之，断开启动开关，启动继电器内部触点打开，切断电磁开关电路，使电动机停止旋转，同时使驱动齿轮复位。

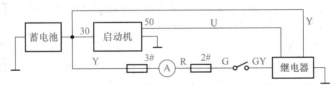

图 4-40　启动系统的控制电路

2.2　启动系统的工作原理

2.2.1　带继电器的启动系统工作过程

　　如图 4-41 所示，在电磁操纵式启动机的使用中，常通过启动继电器的触点接通或切断启动机电磁开关的电路来控制启动机的工作，以保护启动开关。

　　启动开关未接通时，启动继电器触点张开，启动机开关断开，离合器驱动齿轮与飞轮处于分离状态。启动开关接通时：

189

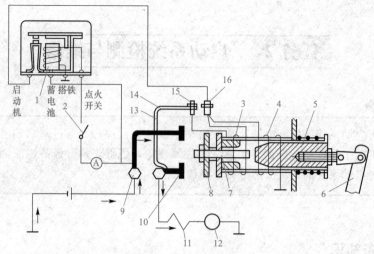

图 4-41 启动系统示意

1—启动机继电器；2—启动开关；3—吸引线圈；4—保持线圈；5—活动铁芯；
6—拨叉；7—推杆；8—接触盘；9—启动机主接线柱；10—电动机主接线柱；11—磁场绕组；
12—电枢绕组；13—辅助接线柱；14—导电片；15—吸引线圈接线柱；16—电磁开关接线柱

(1)启动继电器线圈电路接通。其电路：蓄电池正极→电流表→启动开关→启动继电器"启动开关"接线柱→线圈搭铁→蓄电池负极。

(2)电磁线圈电路接通。继电器触点闭合，同时接通吸引线圈和保持线圈电路，两线圈产生同方向的磁场，磁化铁芯，吸动活动铁芯前移，铁芯前端带动触盘接通启动机主接线柱与电动机主接线柱，后端通过耳环带动拨叉移动使驱动齿轮与飞轮啮合。

1)吸引线圈电路：蓄电池正极→启动机主接线柱9→启动继电器"电池"接线柱、支架、触点、"启动机"接线柱→电磁开关接线柱16→吸引线圈3→导电片14→电动机主接线柱10→电动机→搭铁→蓄电池负极。

带启动继电器的启动电路

2)保持线圈电路：蓄电池正极→启动机开关接线柱9→启动继电器"电池"接线柱、支架、触点、"启动机"接线柱→电磁开关接线柱16→保持线圈4→搭铁→蓄电池负极。

(3)电动机电路接通。接触盘将启动机主接线柱与电动机主接线柱连通后，电动机电路接通。此电路电阻极小，电流可达几百安培，电动机产生较大转矩，带动飞轮转动。电动机主接线柱接通后，吸引线圈被短路。

其电路：蓄电池正极→启动机主接线柱→接触盘8→电动机开关接线柱→磁场绕组→电枢绕组→搭铁→蓄电池负极。

(4)启动开关断开。启动继电器停止工作，触点张开。启动机主接线柱与电动机主接线柱断开，驱动齿轮和飞轮分离。

电磁强制啮合式启动电路

启动继电器触点张开后，启动机主接线柱与电动机主接线柱断开瞬间，保持线圈电流通路：蓄电池正极→启动机开关接线柱9→接触盘8→电动机主接线柱10→导电片14→吸引线圈1→电磁开关接线柱16→保持线圈2→搭铁→蓄电池负极。

2.2.2 带组合继电器式控制装置的启动系统工作过程

为了防止发动机启动以后启动电路再次接通，一些启动电路中安装了带有保护功能的组合式继电器，由启动继电器和保护继电器组合而成。启动继电器由启动开关控制，用来控制启动机电磁开关的电路，保护继电器与启动继电器配合，使启动电路具有自动保护功能，并可以控制充电指示灯，如图4-42所示。

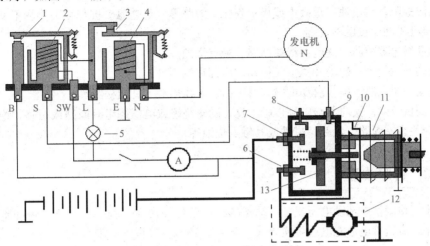

图4-42　组合继电器式控制电路

1—启动继电器常开触点；2—启动继电器线圈；3—保护继电器常闭触点；

4—保护继电器线圈；5—充电指示灯；6—端子"C"；7—端子"30"；

8—附加电阻短路开关接线柱；9—端子"50"；10—吸引线圈；11—保持线圈；12—直流电动机；13—接触盘

当点火开关转至启动挡位时，启动继电器电磁铁线圈电路接通。其电路：蓄电池正极→电流表→启动开关→组合继电器接线柱"SW"→启动继电器电磁铁线圈→充电指示控制继电器触点→搭铁→蓄电池负极。启动继电器触点闭合，接通吸引线圈和保持线圈电流通路，启动机开始工作。

发动机发动后，发电机产生电压，其中性点同时有一定数值的电压对充电指示控制继电器线圈供电。其电路：定子绕组→中性点→组合继电器接线柱"N"→线圈→接线柱"E"→搭铁→正向导通二极管→定子绕组。

当中性点电压达到 $U_e/2$ 后，线圈通过电流使铁芯产生吸力吸开触点，切断启动继电器线圈电路，触点张开，启动机停止工作。

发动机正常工作后，若误接通启动开关，启动机也不会工作。因为此时，发电机已正常供电，中性点始终保持一定的电压值，使充电指示控制继电器触点总是处于张开状态，启动继电器触点不再闭合，启动机更不会工作，从而实现了对启动机的保护。

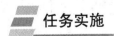任务实施

2.1　诊断与排除启动机不转故障

2.1.1　故障现象

以图4-41所示带继电器的启动系统为例，将启动开关旋至启动挡，启动机驱动齿轮不向外伸出，而且启动机不转动。

启动系统检修

2.1.2 分析故障

（1）电源故障。蓄电池严重亏电或极板硫化、短路等，蓄电池极桩与线夹接触不良，启动电路导线连接处松动而接触不良等。

（2）启动继电器故障。继电器线圈断路、触点烧蚀。

（3）启动开关故障。启动开关接线松动或内部接触不良。

（4）启动系统电路故障。启动电路中有断路、导线接触不良或松脱等。

（5）启动机故障。换向器与电刷接触不良，励磁绕组或电枢绕组有断路或短路，绝缘电刷搭铁，电磁开关线圈断路、短路、搭铁或其触点烧蚀等。

2.1.3 排除故障

第一步：检测蓄电池端电压或"30"端子电压是否大于 10 V，若小于 10 V，说明蓄电池亏电或导线断路，应给蓄电池充电或更换导线。若大于 10 V，进行下一步。

第二步：将启动开关置于启动挡，检测启动机"50"端子电压是否大于 10 V，若小于 10 V，说明启动继电器损坏、启动开关损坏、电流表损坏、导线断路，应更换。若大于 10 V，进行下一步。

第三步：检测启动机电磁开关性能。若是吸引线圈、保持线圈损坏、导电片、活动铁芯损坏，应更换电磁开关。否则，进行下一步。

第四步：检测电动机性能。若是电枢、励磁线圈、电刷及电刷架损坏，应做相应修理或更换启动机。

诊断与排除启动机不转故障的流程如图 4-43 所示。

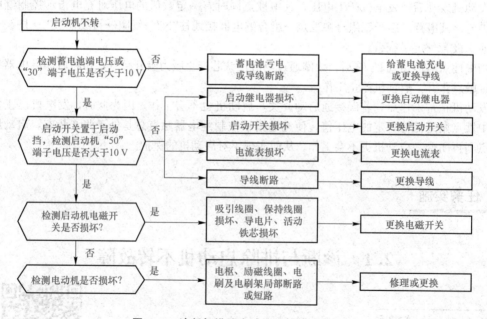

图 4-43　诊断与排除启动机不转故障的流程

2.2 诊断与排除启动机转动无力故障

2.2.1 故障现象

以图 4-41 所示带继电器的启动系统为例，将启动开关旋至启动挡，启动齿轮发出"咔哒"声向外移出，但是启动机不转动或转动缓慢无力。

2.2.2 分析故障

(1)电源故障。蓄电池亏电或极板硫化、短路，启动电路导线连接处接触不良等。

(2)启动机故障。换向器与电刷接触不良、电磁开关接触盘和触点接触不良、电动机激磁绕组或电枢绕组有局部短路等。

2.2.3 排除故障

第一步：检测蓄电池容量，若容量不符合电池的额定值，说明蓄电池存在亏电故障，应给蓄电池充电或者更换蓄电池。否则，进行下一步。

第二步：检测启动机"30"端子电压，若电压小于 11 V，说明存在蓄电池与启动机"30"端子连接导线断路故障，或者存在端子连接处松动或氧化故障，应更换连接导线、紧固或清洁。否则，进行下一步。

第三步：检测启动机工作性能，若是换向器与电刷接触不良，电刷磨损严重，应进行修理或更换；若是电磁开关接触盘与触点接触不良，应进行修理或更换；若是电枢、励磁线圈、电刷架局部断路或短路，应进行修理或更换。

诊断与排除启动机转动无力故障的流程如图 4-44 所示。

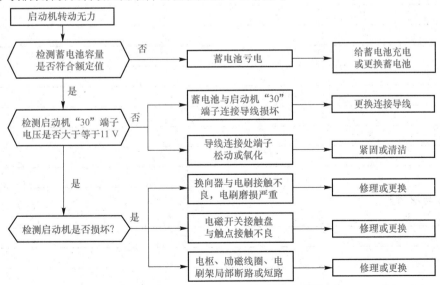

图 4-44 诊断与排除启动机转动无力故障的流程

任务实施工作单

一、器材及资料

_____

_____

_____

二、相关知识

结合下图所示简述启动机的工作过程。

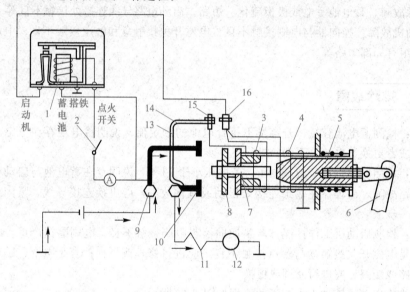

_____

_____

_____

_____

_____

_____

_____

_____

【计划与决策】

_____

_____

_____

_____

_____

【实施】

1. 吸引动作试验，记录检查结果。

(1)将启动机固定到台虎钳上。

(2)拆下启动机"C"端子上的导电铜片，用电缆将启动机"C"端子和电磁开关壳体分别与蓄电池负极连接。

(3)用电缆将启动机"50"端子与蓄电池正极连接，此时，驱动齿轮应向外移出。

(4)如果驱动齿轮不动，则说明电磁开关故障，应予以修理或更换。

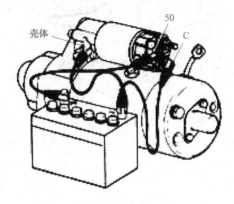

吸引动作试验方法

检查结果：

_____

_____

_____

2. 保持动作试验，记录检查结果。

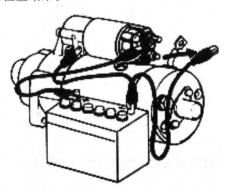

保持动作试验方法

(1)在吸引动作试验的基础上，当驱动齿轮在伸出位置时，拆下电磁开关"C"端子上的电缆。此时，驱动齿轮应保持在伸出位置不动。

(2)如驱动齿轮复位，则说明保持线圈断路，应予以检修或更换电磁开关。

检查结果：

_____

_____

_____

3. 复位动作试验，记录检查结果。

(1)在保持动作试验的基础上，拆下启动机壳体上的电缆，驱动齿轮应迅速复位。

（2）如驱动齿轮不能复位，则说明复位弹簧失效，应更换弹簧或电磁开关总成。

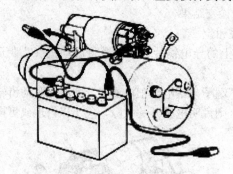

复位动作试验方法

检查结果：

_____

_____

_____

_____

4. 根据实践，画出启动机不转故障诊断与排除流程图。

5. 根据实践，画出启动机转动无力故障诊断与排除流程图。

6. 根据实践，记录启动机空转故障诊断与排除过程。

_____

_____

_____

_____

_____

_____

_____

_____

_____

_____

【检查】

根据任务实施情况，自我检查结果及问题解决方案如下：

_____

_____

_____

_____

【评估】

任务完成情况评价	自我评价	优、良、中、差	总评：
	组内评价	优、良、中、差	
	教师评价	优、良、中、差	

实践与思考

一、实践项目

1. 按照本项目"任务 1"中的任务实施要求，拆装启动机。
2. 按照本项目"任务 1"中的任务实施要求，检测启动机元件性能。
3. 按照本项目"任务 1"中的任务实施要求，测试启动机整体性能。
4. 按照本项目"任务 2"中的任务实施要求，诊断与排除启动机不转故障。
5. 按照本项目"任务 2"中的任务实施要求，诊断与排除启动机转动无力故障。

二、思考题

1. 叙述启动机的结构及各部分的作用。
2. 叙述电动机的结构与工作原理。
3. 叙述带继电器的启动系统工作原理。
4. 叙述带组合继电器式控制装置的启动系统工作原理。

项目 5　发动机点火系统维修

✳ 项目描述

　　本项目的要求是掌握发动机点火系统的结构和工作原理等知识，完成电子点火系统、磁电机点火系统的性能检测，以及故障维修等工作任务。

≫ 项目目标

1. 掌握发动机点火系统的工作原理。
2. 能分析发动机点火系统的控制电路。
3. 掌握发动机点火系统组成元件的检测方法。
4. 能正确评价发动机点火系统的技术性能。
5. 能完成发动机点火系统故障维修。
6. 理解工匠精神的内涵，提高职业素养与职业道德。

✳ 课程思政学习指引

　　通过介绍劳动模范、大国工匠的先进事迹，强化劳动、奉献教育，引导学生为中国特色社会主义发展而努力学习。介绍富有地方民情、社情特色的工匠精神典型案例与人物，通过邀请农机维修企业的知名工匠前来学校授课，营造"人人争当工匠、我以工匠为荣"的氛围，催发学生心中以国之工匠为榜样和向榜样自觉看齐的内驱动力。

任务　电子点火系统检测与维修

任务描述

　　点火系统是汽油发动机的重要组成部分。通过了解点火系统的作用、结构、工作原理，进行发动机点火系统组成元件性能检测，正确评价发动机点火系统的技术性能，完成发动机点火系统故障的诊断与修理。

1.1 点火系统的功用与要求

1.1.1 点火系统的作用

对于汽油发动机，吸入气缸内的可燃混合气在压缩终了时由电火花点燃而开始燃烧，燃烧产生强大的压力推动活塞向下运动而做功。为此，在汽油机上设有一套能在气缸内产生电火花的系统，称为点火系统。

点火系统的作用是将蓄电池或发电机的低压电转变成高压电，再按照发动机的工作顺序适时将高压电分送给需要点火的气缸的火花塞，产生电火花以点燃可燃混合气。

1.1.2 点火系统的类型

分类方法不同，点火系统的类型也不同。点火系统常用的分类方法及类型如下：
(1)按电能的来源划分：蓄电池点火系统、磁电机点火系统。
(2)按储能方式划分：电感储能点火系统、电容储能点火系统。
(3)按控制方式划分：电子点火系统、传统点火系统。

1.1.3 点火系统的要求

点火系统应达到在发动机各种工况和使用条件下保证可靠而准确地点火的要求。

(1)能产生足以击穿火花塞间隙的电压。火花塞电极击穿而产生火花时所需要的电压称为击穿电压。点火系统产生的次级电压必须高于击穿电压，才能使火花塞跳火。击穿电压的大小受很多因素影响，其中主要因素如下：

1)火花塞电极间隙和形状。火花塞电极的间隙越大，气体中的电子和离子受电场力的作用越小，不易发生碰撞电离，击穿电压就越高；电极的尖端棱角分明，所需的击穿电压就越低，如图5-1所示。

2)气缸内混合气的压力和温度。混合气的压力越大，温度越低，其密度就越大，离子自由运动距离就越短，不易发生碰撞电离，击穿电压就越高，如图5-2所示。

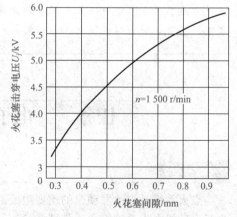

图5-1　火花塞击穿电压与火花塞间隙的关系

3)电极的温度和极性。火花塞电极的温度越高，电极周围的气体密度越小，击穿电压就越低；针状的中心电极为负极且温度较高时，击穿电压就较低，如图5-3所示。

4)发动机的工作情况。击穿电压与发动机转速的关系如图5-4所示。发动机高速工作时，气缸内的温度升高，使气缸的充气量减小，致使气缸中压力减小，因而火花塞的击穿电压随转速的升高而降低。发动机在启动和急加速时击穿电压升高，而全负荷且稳定工作状态时击穿电压较低。

混合气空燃比。如图5-5所示，混合气过稀和过浓时击穿电压都会升高。

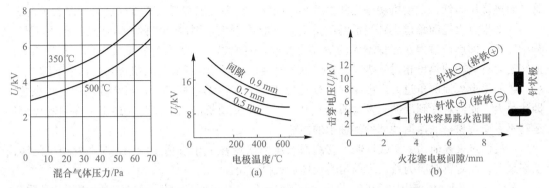

图5-2　火花塞击穿电压与
混合气体压力的关系

图5-3　火花塞击穿电压与火花塞电极的关系

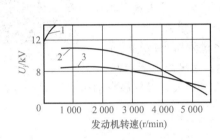 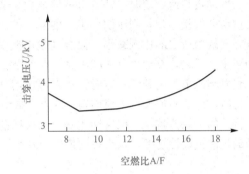

图5-4　火花塞击穿电压与发动机转速的关系
1—启动；2—加速；3—最大功率的稳定状态

图5-5　火花塞击穿电压与空燃比的关系

此外，发动机的功率、压缩比以及点火时刻等因素也影响击穿电压的高低。为了保证点火的可靠性，点火系统必须有一定的次级电压储备。但过高的次级电压，将造成绝缘困难，使成本提高。

（2）火花应具有足够的能量。发动机正常工作时，由于混合气压缩终了的温度接近其自燃温度，仅需要1~5 mJ的火花能量。但在混合气过浓或是过稀时，发动机启动、怠速或节气门急剧打开时，则需要较高的火花能量。

随着现代发动机对经济性和排气净化要求的提高，点火系统迫切需要提高火花能量。因此，为了保证可靠点火，高能电子点火系统一般应具有80~100 mJ的火花能量，启动时应产生高于100 mJ的火花能量，如图5-6所示。

（3）点火时刻应适应发动机的工作情况。对于多缸发动机，点火系统应按发动机的工作顺序进行点火。通常六缸发动机的点火顺序为1—5—3—6—2—4，四缸发动机的点火顺序为1—3—4—2或1—2—4—3。

此外，对于某一缸而言，电火花产生的时刻应使发动机发出的功率最大、油耗最低、排放污染最小。

1）点火提前角。从发出电火花开始至活塞到达上止点为止的一段时间内曲轴转过的角度，称为点火提前角。

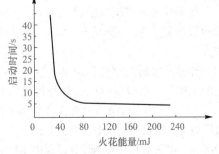

图5-6　发动机启动所需时间与
火花能量的关系

点火时刻对发动机性能影响很大，从火花塞点火到气缸内大部分混合气燃烧，并产生高爆发力需要一定的时间，虽然这段时间很短，但由于曲轴转速很高，在这段时间内，曲轴转过的角度还是较大的。若在压缩上止点点火，则混合气边燃烧，活塞边下移而使气缸容积增大，这将导致燃烧压力低，发动机功率也随之减小。因此，要在压缩接近上止点前点火，即点火提前。

①如果点火提前角过小，当活塞到达上止点时才点火，则混合气的燃烧主要在活塞下行过程中完成，即燃烧过程在容积增大的情况下进行，使炽热的气体与气缸壁接触的面积增大，因而转变为有效功的热量相对减少，气缸内最高燃烧压力降低，导致发动机过热，功率下降。

②如果点火提前角过大，由于混合气的燃烧完全在压缩过程进行，当活塞到达上止点之前即达最大，使活塞受到反冲，发动机做负功，不仅使发动机的功率降低，还有可能引起爆燃和运转不平稳现象，加速运动部件和轴承的损坏。

2）最佳点火提前角。实践证明，燃烧最大压力出现在上止点后 $10°\sim15°$ 时，发动机的输出功率最大，此时所对应的点火提前角为最佳点火提前角。

最佳点火提前角影响因素很多，最主要的因素是发动机转速、负荷、冷却液温度及燃油品质等。

当发动机转速一定时，随着负荷的加大，节气门开度增大，进入气缸内的可燃混合气量增多，则压缩终了时混合气的压力和温度增高，同时，残余废气在气缸内所占的比例减小，混合气燃烧速度加快，这时，点火提前角应适当减小。反之，发动机负荷减小时，点火提前角则应适当增大。

磁电式点火系统

当发动机节气门开度一定时，随着转速增高，燃烧过程所占曲轴转角增大，这时，应适当加大点火提前角，即点火提前角应随转速增高适当加大。

汽油的辛烷值越高，抗爆性越好，点火提前角可适当增大，以提高发动机的性能；辛烷值较低的汽油抗爆性越差，点火提前角则应减小。

1.2　电子点火系统的结构

发动机电子点火系统由蓄电池、点火开关、脉冲发生器线圈、点火器、点火线圈、火花塞等组成。其结构如图5-7所示。

点火系统的电源是蓄电池或发电机，作用是供给点火系统所需的电能。发动机启动时由蓄电池供电，正常工作时由发电机供电。

点火开关的作用是接通或断开点火系统初级电路，控制发动机启动、工作和熄火。

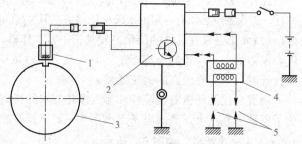

图 5-7　发动机电子点火系统
1—脉冲发生器线圈；2—点火器；
3—飞轮；4—点火线圈；5—火花塞

脉冲发生器线圈的作用是产生信号电压输送给点火控制器，通过点火控制器来控制点火系统的工作。一般以磁感应式信号发生器为主。

点火器的作用是按照信号发生器输入的点火信号接通或断开点火系统的初级电路，使点火线圈次级绕组产生点火高压电。点火器的点火信号由三部分组成，即检测来自脉冲发生器线圈点火信号的部分、将该信号放大的部分以及由所放大的信号使点火线圈的初级线圈电流间歇的部分。

点火线圈是一个自耦变压器，将低电压变为能击穿火花塞间隙所需的高电压。点火线圈由初级绕组、次级绕组和铁芯等组成，如图5-8所示。

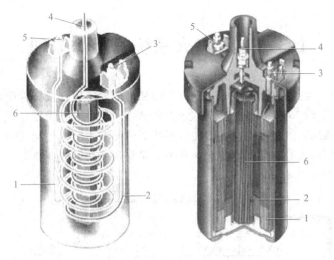

图 5-8 开磁路点火线圈的结构

1—初级绕组；2—次级绕组；3—点火线圈"＋"接线柱；
4—中央高压线接线柱；5—点火线圈"—"接线柱；6—铁芯

火花塞的作用是将高压电引入气缸燃烧室，产生电火花点燃可燃混合气。火花塞的结构如图 5-9 所示，中心电极用镍铬合金制成，具有良好的耐高温、耐腐蚀性能，导体玻璃起密封作用。火花塞间隙多为 0.6～0.7 mm，但当采用电子点火时，间隙可增大至 1.0～1.2 mm。

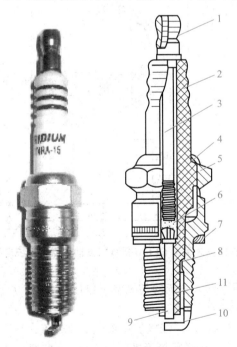

图 5-9 火花塞的结构

1—接线螺母；2—绝缘体；3—金属杆；4—内垫圈；5—壳体；6—导电玻璃；
7—密封垫圈；8—内垫圈；9—中心电极；10—侧电极；11—绝缘体裙部

1.3 电子点火系统的工作原理

如图 5-10 所示，当主开关处于 ON 挡位，电流从蓄电池正极→慢熔保险丝→主开关 4 号端子→主开关 3 号端子→10 A 保险丝→点火线圈初级绕组→搭铁→蓄电池负极。当飞轮随曲轴旋转时，脉冲发生器线圈的磁通发生变化，在传感线圈中便产生感应的交变电动势，该交变电动势（点火信号）输入到点火器，点火器内部的开关电路将切断初级线圈电流，在次级线圈侧产生约 2 万 V 的高压，使火花塞释放火花。

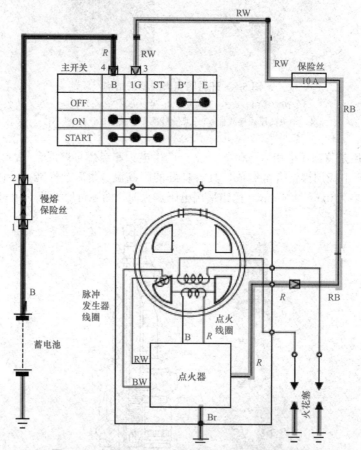

图 5-10 久保田 68 CM 插秧机发动机点火系统电路

(1)初级电流增长的过程。点火系统的初级电路包括蓄电池、点火开关、点火器内部电子开关、点火线圈初级绕组。

当点火器内部电子开关导通时，初级电流由蓄电池流过点火线圈初级绕组，初级电流按指数规律增长，并逐渐趋于极限值 UB/R，初级电流波形如图 5-11(a)所示。对插秧机上的点火线圈而言，在点火器内部电子开关导通约 20 ms，初级电流就接近于其极限值。

磁感应势信号发生器

初级电流增长时，不仅在初级绕组中产生自感电势，同时在次级绕组中也会感应出电势，为 1.5～2 kV，不能击穿火花塞间隙，次级电压波形如图 5-11(b)所示。

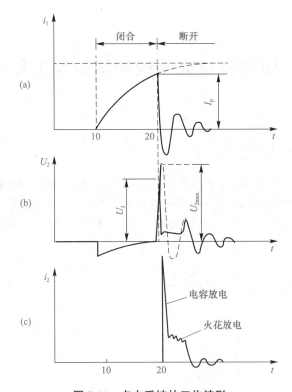

图 5-11 点火系统的工作波形

(a)初级电流波形；(b)次级电压波形；(c)次级电流波形

(2)次级绕组产生高压的过程。点火器内部电子开关导通后，初级电流按指数规律增长，当闭合时间为 T_b，i_1 增长到 I_p 时，点火器内部电子开关截止，I_p 称为初级断电电流。

点火器内部电子开关截止后，初级电流 I_p 迅速降到零，磁通也随之迅速减少，如图 5-11(a)所示。此时，在初级绕组和次级绕组中都产生感应电动势，初级绕组匝数少，产生 200～300 V 的自感电势，次级绕组由于匝数多，产生高达 15～20 kV 的互感电势 U_2，如图 5-11(b)所示。

点火器内部电子开关截止后，在次级绕组中的感应电动势也发生相应的变化。如果次级电压值不能击穿火花塞间隙，则 U_2 将按图 5-11(b)所示中虚线变化，在几次振荡之后消失。如果 U_2 升到 U_J 时火花塞间隙被击穿，则电压的变化如图 5-11(b)实线所示，U_J 称为击穿电压。

(3)火花塞电极间火花放电过程。通常火花塞的击穿电压 U_J 总低于 $U_{2\max}$，在这种情况下，当次级电压 U_2 达到 U_J 时，就使火花间隙击穿而形成火花，这时在次级电路中出现 i_2，次级电流波形如图 5-11(c)所示。同时次级电压突然下降，如图 5-11(b)所示。火花放电一般由电容放电和电感放电两部分组成。

所谓电容放电是指火花间隙被击穿时，储存在 C_2 中的电场能迅速释放的过程，其特点是放电时间极短(1 μs 左右)，但放电电流很大，可达几十安培；跳火以后，火花间隙的电阻减小，线圈磁场的其余能量将沿着电离的火花间隙缓慢放电，形成电感放电，又称火花尾，其特点是放电时间持续较长，达几毫秒，但放电电流较小，几十毫安，放电电压较低，约 600 V。试验证明，电感放电持续的时间越长，点火性能越好。

发动机工作期间，曲轴转两周，各缸按点火顺序轮流点火一次。若要停止发动机的工作，只要断开点火开关，切断初级电路即可。

1.4　磁电机点火系统的结构和工作原理

1.4.1　磁电机点火系统的组成

磁电机点火系统采用晶体管磁铁点火方式，利用半导体的开关特性的无触点点火装置。该点火系统由带永久磁铁的飞轮、晶体管磁铁装置（TCI）、火花塞、停止开关构成。晶体管磁铁装置由可产生初级线圈、次级线圈和控制初级线圈通断的控制部分构成，如图 5-12 所示。

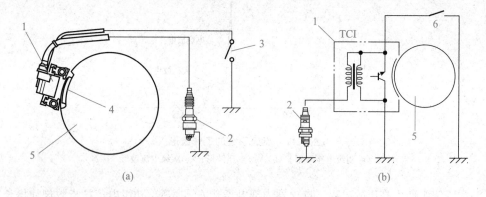

(a)　　　　　　　　　　　　　　　　　(b)

图 5-12　久保田 48 C 插秧机点火系统结构
（a)外部结构；（b)TCI 内部结构
1—晶体管磁铁点火装置；2—火花塞；3—停止开关；
4—永久磁铁；5—飞轮；6—熄火开关

1.4.2　磁电机点火系统的工作原理

如图 5-13 所示，当主开关处于开的挡位，同时飞轮随曲轴旋转时，嵌入在飞轮中的永久磁铁的磁力线穿过晶体管磁铁装置，使得晶体管磁铁装置周围的磁场发生变化，从而在晶体管磁铁装置（TCI）内部产生初级电流，该电流通过内部电子电路形成回路。信号电路接收初级线圈的交变电压信号，根据信号的变化情况，计算出点火时刻，通过控制晶体管或晶闸管（SCR），使其处于截止状态，点火线圈的初级侧所产生的电流被急速切断，从而在点火线圈的次级侧产生高压，最终在火花塞上形成火花。

当主开关处于关的挡位时，A 端子和 C 端子接通，使晶体管磁铁装置（TCI）中的初级线圈两端同时搭铁，形成回路，此时信号电路无法通过晶体管或晶闸管（SCR）切断初级线圈中的电流，所以不能在点火线圈的次级侧产生高压，火花塞上不能形成火花。

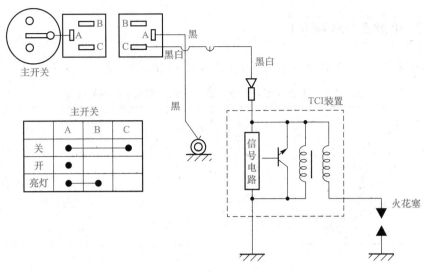

图5-13 久保田48 C插秧机点火系统电路

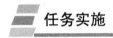任务实施

1.1 检测电子点火系统元件性能

1.1.1 检测火花塞性能

使用塞尺测量火花塞的间隙(表5-1)。

表5-1 塞尺测量火花塞间隙

	检测项目	标准值
	气隙	0.6~0.7 mm
	紧固扭矩	27.5 N·m

1.1.2 检测点火线圈性能

使用万用表测量点火线圈的初级线圈和次级线圈的电阻（表 5-2）。

表 5-2　万用表测量点火线圈的初级线圈和次级线圈的电阻

检测项目	标准值
初级线圈（1 之间）	2.7～3.7 Ω
次级线圈（2 之间）	16.4～24.6 kΩ

1.1.3 检测脉冲发生器线圈性能

使用万用表测量脉冲发生器线圈的电阻（表 5-3）。

表 5-3　万用表测量脉冲发生器线圈的电阻

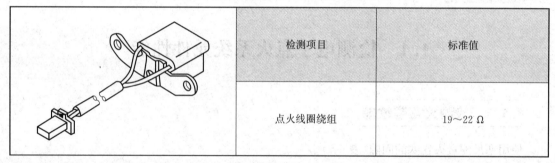

检测项目	标准值
点火线圈绕组	19～22 Ω

1.1.4 检测点火器性能

拆下点火器各端子的连接线，进行单体测试，如图 5-14 所示。

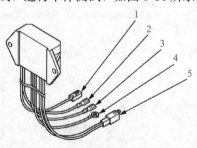

图 5-14　点火器

1—脉冲发生器线圈电线（黑白线和红白线）；2—地线（褐色线）；
3—点火线圈（一）（插入端子较小的一方，黑色线）；
4—点火线圈（＋）（插入端子较大的一方，红色线）；5—蓄电池线（红色线）

(1)检测点火器。使用万用表测量点火器侧各端子之间的电阻值或进行导通测试。如有一项异常，则为点火器不良，应予以更换。表 5-4 所示电阻值为使用万用表的电阻范围 1 kΩ 挡测量时的大致值。

表 5-4　点火器端子间的阻值参考

		万用表正极端子					
万 用 表 负 极 端 子	端子编号(颜色)	1(黑白)	1(红白)	2(褐)	3(黑)	4(红)	5(红)
	1(黑白)	—	2 kΩ	0	7 kΩ	∞	∞
	1(红白)	2 kΩ	—	2 kΩ	10 kΩ	∞	∞
	2(褐)	0 kΩ	2 kΩ	—	7 kΩ	∞	∞
	3(黑)	∞	∞	∞	—	∞	∞
	4(红)	13 kΩ	15 kΩ	13 kΩ	28 kΩ	—	0 kΩ
	5(红)	13 kΩ	15 kΩ	13 kΩ	28 kΩ	0 kΩ	—

(2)检查线束侧。使用万用表测量线束侧的电源线电压、点火器线圈电阻和脉冲发生器电阻（表 5-5）。

表 5-5　测量项目、条件及标准值

测量项目	测量条件	标准值
电源线 5(红色)的连接处与车体地线之间	主开关 OFF 时	0 V
电源线 5(红色)的连接处与车体地线之间	主开关 ON 时	12 V
点火器线圈单体检查 4(红色)与 3(黑色)的连接处之间	—	2.7~3.7 Ω
脉冲发生器单体检查 1(红白)和 1(黑白)的连接处之间	—	19~22 Ω

1.2　检测磁电机点火系统的性能

1.2.1　检测火花塞性能

从火花塞上拆下火花塞罩，将火花塞罩连接至点火校验器，然后将点火校验器的导线连接至火花塞，拉动启动把手，测量点火校验器跳出火花的最小间隙（表 5-6）。如果在标准值以下，应检查火花塞罩和 TCI 装置。

表 5-6　检测火花塞性能

	检测项目	标准值
 1—火花塞罩；2—点火校验器； 3—火花塞；a—火花塞最小跳火间隙	火花塞跳火间隙	6.0 mm

1.2.2　检测 TCI 装置

将万用表连接至 TCI 装置，测量 TCI 装置内部次级线圈的电阻值。连接万用表的负极表针与 TCI 装置的接地线，连接万用表的正极表针与 TCI 装置的高压线（表 5-7）。如果在标准值以外，需要更换。

表 5-7　检测 TCI 装置

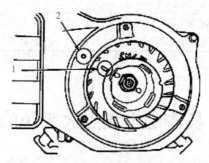

	检测项目	标准值
1—万用表正极线；2—万用表负极线	TCI 装置内部次级线圈	10.53～12.87 kΩ

1.2.3　检查点火正时

检查当活塞即将到达上止点时飞轮对准标记 1 与风扇罩对准标记 2 是否一致，如图 5-15 所示。

图 5-15　点火正时标记

1—飞轮对准标记；2—风扇罩对准标记

1.3　诊断与排除电子点火系统高压无火故障

1.3.1　故障现象

以图 5-7 所示发动机电子点火系统为例，接通点火开关，启动机能带动发动机曲轴运转，但无法启动。跳火试验时，火花塞无高压无火。

1.3.2　分析故障

(1)点火线圈的初级绕组断路。

(2)点火线圈的次级绕组断路。

(3)脉冲发生器线圈断路。

(4)高压线断路。

(5)火花塞工作不良。

(6)点火器损坏。

1.3.3 修理故障

第一步：检测点火线圈的初级绕组和次级绕组性能，若存在断路故障，应更换点火线圈，否则，进行下一步。

第二步：检测脉冲发生器线圈性能，若存在断路故障，应更换脉冲发生器线圈，否则，进行下一步。

第三步：检测高压线性能，若存在断路故障，应更换高压线，否则，进行下一步。

第四步：检测火花塞性能，若存在故障，应更换火花塞，否则，进行下一步。

第五步：取一只新的点火器换装到点火系统中，进行跳火试验，若点火系统高压有火，则说明原点火器损坏。

诊断与排除电子点火系统高压无火故障的流程如图 5-16 所示。

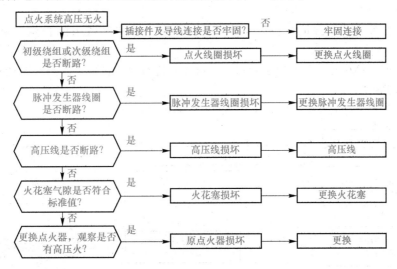

图 5-16 诊断与排除电子点火系统高压无火故障的流程

1.4 诊断与排除电子点火系统高压火花弱故障

1.4.1 故障现象

以图 5-7 所示发动机电子点火系统为例，接通点火开关，发动机启动困难，怠速不稳，排气冒黑烟，加速性及高中速性较差。跳火试验时，火花塞高压火花弱。

1.4.2 分析故障

(1)点火系统供电电压不足或搭铁不良。
(2)点火线圈性能不良。
(3)高压线电阻过大。
(4)火花塞漏电或积炭。
(5)点火器性能不良。

1.4.3 修理故障

第一步：检测蓄电池电压和搭铁情况，若蓄电池电压低于标准值或搭铁不良，应进行维修，否则，进行下一步。

第二步：检测点火线圈性能，若初级绕组和次级绕组阻值不符合标准值，应更换点火线圈，否则，进行下一步。

第三步：检测高压线性能，若高压线阻值不符合标准值，应更换高压线，否则，进行下一步。

第四步：检测火花塞性能，若火花塞漏电或积炭，应更换或去除积炭，否则，进行下一步。

第五步：取一只新的点火器换装到点火系统中，进行跳火试验，若点火系统高压火花强，则说明原点火器损坏。

诊断与排除电子点火系统高压无火故障的流程如图 5-17 所示。

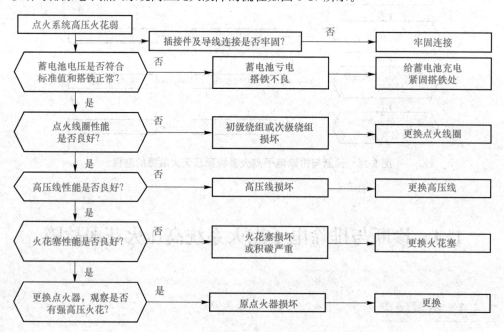

图 5-17 诊断与排除电子点火系统高压无火故障的流程

1.5　诊断与排除电子点火系统点火正时失准故障

1.5.1　故障现象

以图 5-7 所示发动机电子点火系统为例，接通点火开关，发动机不易启动，怠速不稳；发动机动力不足，水温偏高；发动机易爆易燃等。

1.5.2　分析故障

(1)点火正时调整不当。
(2)脉冲发生器线圈不良或安装位置不正确。

1.5.3　修理故障

第一步：检查点火正时是否正确，若不正确，应做调整。否则，进行下一步。
第二步：检查脉冲发生器线圈是否有变形、歪斜等状况，间隙是否合适，若不合适，应做调整。

任务实施工作单

【资讯】

一、器材及资料

_____

_____

_____

二、相关知识

1. 简述发动机点火系统的作用和工作要求。

_____

_____

_____

_____

_____

_____

_____

_____

_____

2. 根据下图所示，写出电子点火系统的组成，简述各元件的作用。

_____

_____

_____

_____

_____

_____

_____

_____

3. 根据下图所示，写出电子点火系统的组成及工作原理。

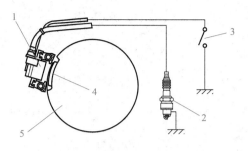

_____
_____
_____
_____
_____
_____
_____
_____
_____
_____

【计划与决策】

_____
_____

【实施】

1. 对电子点火系统的性能进行检测，记录检测数据，判断装置是否工作正常。

(1)火花塞性能检测。使用塞尺测量火花塞的间隙。

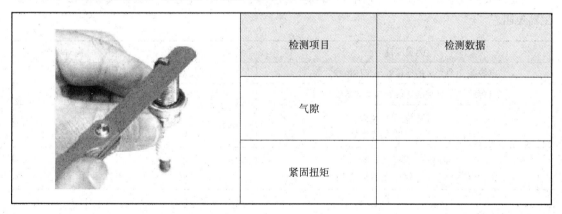

检测项目	检测数据
气隙	
紧固扭矩	

诊断结论：
_____

(2)点火线圈性能检测。使用万用表测量点火线圈的初级线圈和次级线圈的电阻。

检测项目	检测数据
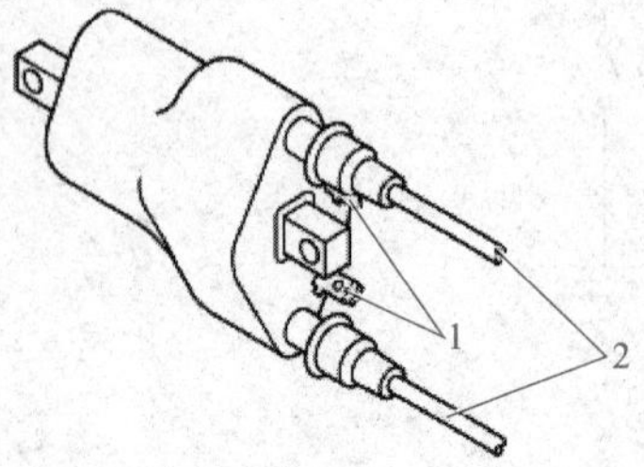 初级线圈(1 之间)	
次级线圈(2 之间)	

诊断结论:

_____

(3)脉冲发生器线圈性能检测。使用万用表测量脉冲发生器线圈的电阻。

检测项目	检测数据
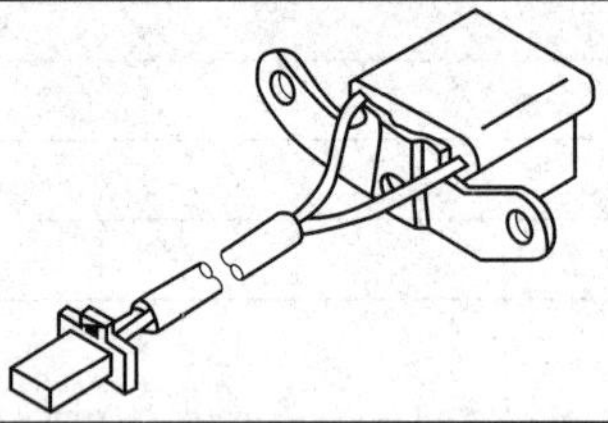 点火线圈绕组	

诊断结论:

_____

(4)点火器线束侧的检测。使用万用表测量线束侧的电源线电压、点火器线圈电阻和脉冲发生器电阻。

测量项目	测量条件	检测数据
电源线 5(红色) 的连接处与车体地线之间	主开关 OFF 时	
电源线 5(红色) 的连接处与车体地线之间	主开关 ON 时	
点火器线圈单体检查 4(红色) 与 3(黑色) 的连接处之间	—	
脉冲发生器单体检查 1(红白) 和 1(黑白) 的连接处之间	—	

诊断结论:

_____

2. 对磁电机点火系统的性能进行检测,记录检测数据,判断装置是否工作正常。

将万用表连接至 TCI 装置,测量 TCI 装置内部次级线圈的电阻值。连接万用表的负极表针与 TCI 装置的接地线,连接万用表的正极表针与 TCI 装置的高压线。如果在标准值以外,需要更换。

216

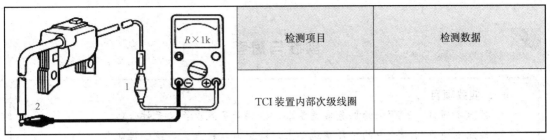

检测项目	检测数据
TCI 装置内部次级线圈	

诊断结论：

_____

_____

3. 根据实践，总结点火系统的使用与维护注意事项。

_____

_____

_____

_____

_____

_____

_____

_____

_____

_____

_____

_____

_____

【检查】

根据任务实施情况，自我检查结果及问题解决方案如下：

_____

_____

_____

【评估】

任务完成 情况评价	自我评价	优、良、中、差	总评：
	组内评价	优、良、中、差	
	教师评价	优、良、中、差	

实践与思考

一、实践项目

1. 按照本项目"任务"中的任务实施要求，检测电子点火系统元件性能。

2. 按照本项目"任务"中的任务实施要求，检测磁电机点火系统的性能。

3. 按照本项目"任务"中的任务实施要求，诊断与修理电子点火系统高压无火故障。

4. 按照本项目"任务"中的任务实施要求，诊断与修理电子点火系统高压火花弱故障。

5. 按照本项目"任务"中的任务实施要求，诊断与修理电子点火系统点火正时失准故障。

二、思考题

1. 叙述点火系统的要求。

2. 叙述电子点火系统的组成及各自作用。

3. 叙述电子点火系统的工作原理。

4. 解释点火提前角及最佳点火提前角的概念。

5. 叙述磁电机点火系统的组成及各自作用。

6. 叙述磁电机点火系统的工作原理。

项目6 农机辅助电气系统维修

项目描述

本项目的要求是掌握照明系统、信号系统、仪表报警系统、风窗雨刮系统的结构与工作原理等知识，完成照明系统、信号系统、仪表报警系统、风窗雨刮系统组成元件的性能检测，以及故障维修等工作任务。

项目目标

1. 掌握农机照明系统的结构、工作原理。能对农机照明系统的技术性能进行正确评价。能正确分析照明系统故障，能进行照明系统的故障维修。

2. 掌握农机信号系统的结构、工作原理。能对农机信号系统的技术性能进行正确评价。能正确分析信号系统故障，能进行信号系统的故障维修。

3. 掌握农机仪表报警系统的结构、工作原理。能对农机仪表报警系统的技术性能进行正确评价。能正确分析仪表报警系统故障，能进行仪表报警系统的故障维修。

4. 掌握农机风窗雨刮系统的结构、工作原理。能对农机风窗雨刮系统的技术性能进行正确评价。能正确分析风窗雨刮系统故障，能进行风窗雨刮系统的故障维修。

5. 了解新农艺和新型农业装备的融合，激发自强不息的民族责任和家国情怀。

课程思政学习指引

通过介绍农艺和新型农业装备的融合，激发学生自强不息的民族责任和家国情怀。介绍当代国内外先进农艺和新型农业装备技术水平，让学生认识到我国农业装备科技水平依然存在巨大的进步空间，使学生感受到肩上的责任，激发学生厚重的历史责任感和强烈的使命感，坚定学生为中华崛起而读书的信念。

任务1 照明系统检测与维修

任务描述

照明系统是农业机械夜间安全行驶和正常作业的重要保证。通过了解农业机械照明系统的结构、工作原理，进行照明系统组成元件的性能检测，正确评价农机照明系统的技术性能，完成农业机械照明系统故障的诊断与修理。

1.1 照明系统的结构

农业机械车辆照明系统按其用途不同，可分为前照灯、作业灯和仪表照明灯。前照灯用于夜间行车道路的照明；作业灯用于夜间作业部位的照明；仪表照明灯用于夜间仪表的照明。三者的结构和工作原理非常相似，本书以前照灯为例进行阐述。

1.1.1 前照灯的光学系统

前照灯的光学系统包括反射镜、配光镜和灯泡三部分，如图 6-1 所示。

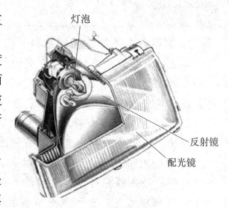

灯泡

反射镜

配光镜

图 6-1 前照灯的光学系统

（1）反射镜。反射镜又称反光镜，作用是最大限度地将灯泡发出的光线聚合成强光束，达到照射距离远而明亮的目的。它是由 0.6～0.8 mm 的冷轧钢板（或者玻璃、塑料）冲压成旋转抛物面形状而制成的，如图 6-2 所示。其内表面经精工研磨后镀铬、镀铝或镀银再抛光。

由于前照灯灯丝发出的光度有限，功率仅 20～60 W。灯丝位于反射镜的焦点处时，其大部分光线经反射后，成为平行光束射向远方。无反射镜的灯泡，其光度只能照清周围 6 m 左右的距离，而经反射镜反射后的平行光束可照清远方 150 m 以上的距离。灯丝偏离反射镜的焦点处时，经反射镜后，光线主要射向侧方和下方，有助于照明 5～10 m 远的路面和路缘。反射镜原理如图 6-3 所示。

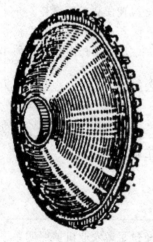

图 6-2 反射镜

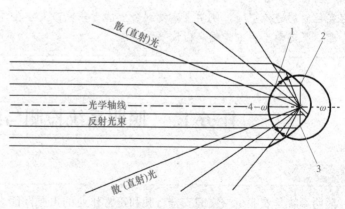

散（直射）光

光学轴线

反射光束

散（直射）光

图 6-3 反射镜原理
1—配光镜；2—反射镜；3—灯丝

(2)配光镜。配光镜又称散光玻璃，由透光玻璃压制而成，是多块特殊棱镜和透镜的组合，外形一般为圆形和矩形，如图6-4所示。它的作用在于将反射光束进行扩散分配，使路段达到照明均匀的目的，配光镜的光线分布如图6-5所示。

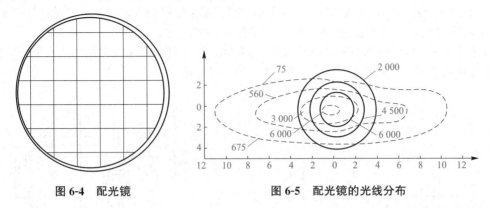

图6-4　配光镜 　　　　　　图6-5　配光镜的光线分布

(3)灯泡。灯泡的灯丝由功率大的远光灯丝和功率较小的近光灯丝组成，由钨丝制作成螺旋状，以缩小灯丝的尺寸，有利于光束的聚合。为了保证安装时远光灯丝位于反射镜的焦点上，近光灯丝位于焦点的上方，故将灯泡的插头制成插片式。插头的凸缘上有半圆形开口，与灯头上的半圆形凸起配合定位。三个插片插入与灯头距离不等的三个插孔中，保证其可靠连接。

前照灯的灯泡是充气灯泡，其构造如图6-6(a)所示。充气灯泡是将玻璃泡内的空气抽出后，再充满惰性混合气体。一般充入的惰性气体为96%的氩气和4%的氮气。充入灯泡的惰性气体可以在灯丝受热时膨胀，增大压力，减少钨的蒸发，提高灯丝的温度和发光效率，节省电能，延长灯泡的使用寿命。

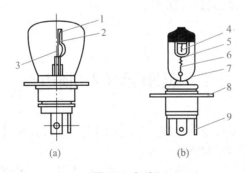

图6-6　灯泡
(a)充气灯泡；(b)卤钨灯泡
1、5—配光屏；2、4—近光灯丝；3、6—远光灯丝；7—泡壳；8—定焦盘；9—插片

卤钨灯泡[图6-6(b)]是利用卤钨再生循环反应的原理制成的。卤钨再生循环的基本作用过程：从灯丝蒸发出来的气态钨与卤族反应生成了一种挥发性的卤化钨，它扩散到灯丝附近的高温区又受热分解，使钨重新回到灯丝上，被释放出来的卤素继续扩散参与下一次循环反应，如此周而复始地循环下去，从而防止了钨的蒸发和灯泡的发黑现象。

1.1.2　前照灯的防眩目措施

前照灯射出的强光会使迎面来车驾驶员或前方工作人员炫目。"炫目"是指人的眼睛突然被强光照射时，由于视神经受刺激而失去对眼睛的控制，本能地闭上眼睛，或只能看到亮光而看不见暗处物体的生理现象。这时很易发生交通事故。

为了避免前照灯的眩目作用，保证农机夜间行车安全，一般在农机上都采用双丝灯泡的前照灯。灯泡的一根灯丝为"远光"，另一根为"近光"。远光灯丝功率较大，位于反射镜的焦点；近光灯丝功率较小，位于焦点上方(或前方)，如图6-7所示。

带有配光屏的双丝灯泡的工作情况如图6-8所示，远光灯丝位于反射镜的焦点上，近光灯丝则位于焦点前方且稍高出光学轴线，其下方装有金属配光屏。

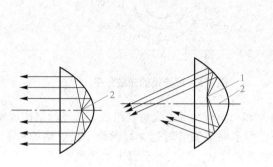

图6-7　普通双丝灯泡
1—焦点位置；2—焦点上方位置

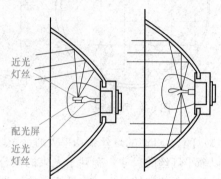

图6-8　具有配光屏的双丝灯泡

由近光灯丝射向反射镜上部的光线，反射后倾向路面，而配光屏挡住了灯丝射向反射镜下半部的光线，故无向上反射能引起炫目的光线。配光屏安装时偏转一定的角度，使其近光的光形分布不对称，形成一条明显的明暗截止线。

1.2　照明系统控制电路

照明系统的控制电路主要由电源、灯光开关、继电器、灯光组件等组成。控制电路一般分为继电器控制火线式和继电器控制搭铁式两种。

(1)继电器控制火线式控制电路(图6-9)。当闭合灯光开关，电流由蓄电池正极→熔断丝→灯光开关→灯光继电器线圈→搭铁，使灯光继电器触点闭合。此时电流由蓄电池正极→熔断丝→灯光继电器触点→远光灯继电器常闭触点→熔断丝→近光灯→搭铁，使近光灯发光。

在灯光开关闭合的状态下，当闭合变光开关，电流由蓄电池正极→熔断丝→变光开关，其中一路经远光指示灯→搭铁，使远光指示灯发光；另一路经远光灯继电器线圈→搭铁，使远光灯继电器常开触点闭合(常闭触点打开)，电流由蓄电池正极→熔断丝→灯光继电器触点→远光灯继电器常开触点→熔断丝→远光灯→搭铁，使远光灯发光。

(2)继电器控制搭铁式控制电路(图6-10)。当闭合灯光开关，电流由蓄电池正极→熔断丝→灯光继电器线圈→灯光开关→搭铁，使灯光继电器触点闭合。此时电流由蓄电池正极→熔断丝→灯光继电器触点→近光灯继电器线圈→变光开关常闭触点→搭铁，使变光继电器触点闭合。此时电流由蓄电池正极→熔断丝→灯光继电器触点→熔断丝→近光灯→变光继电器触点→搭铁，使近光灯发光。

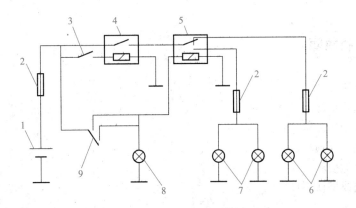

图 6-9 继电器控制火线式控制电路

1—蓄电池；2—熔断丝；3—灯光开关；4—灯光继电器；5—远光灯继电器；
6—近光灯；7—远光灯；8—远光指示灯；9—变光开关

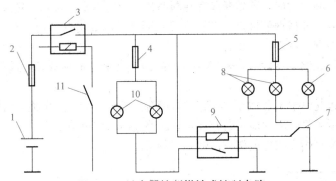

图 6-10 继电器控制搭铁式控制电路

1—蓄电池；2、4、5—熔断丝；3—灯光继电器；6—远光指示灯；
7—变光开关；8—远光灯；9—近光灯继电器；10—近光灯；11—灯光开关

在灯光开关闭合的状态下，将变光开关拨置远光灯挡，电流由蓄电池正极→熔断丝→灯光继电器触点→熔断丝→远光灯（指示灯）→变光开关→搭铁，使远光灯发光。此时，由于变光开关置于远光灯挡，近光灯继电器触点断开，使近光灯熄灭。

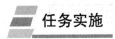

1.1 诊断与排除近光灯不亮故障

1.1.1 故障现象

以图 6-9 所示继电器控制火线式控制电路为例，在蓄电池处于正常工作状态下，接通灯光开关，发现近光灯不亮。

1.1.2 分析故障

(1)熔断丝断路。
(2)灯光继电器损坏。
(3)灯光开关损坏。
(4)远光灯继电器损坏。
(5)近光灯灯泡损坏。
(6)线路断路或搭铁不良。

1.1.3 排除故障

第一步：检测熔断丝性能，若熔断丝存在断路故障，应更换。否则，进入下一步。

第二步：检测导线和搭铁处性能，若存在导线断路故障或搭铁性能不良，应更换或修理导线，紧固搭铁处。否则，进入下一步。

第三步：检测灯光继电器性能，若存在线圈断路或者触点损坏故障，应更换。否则，进入下一步。

第四步：检测远光灯继电器性能，若存在常闭触点断路故障，应更换。否则，进入下一步。

第五步：检测近光灯灯泡性能，若存在灯丝断路故障，应更换。

诊断与排除近光灯不亮故障的流程如图 6-11 所示。

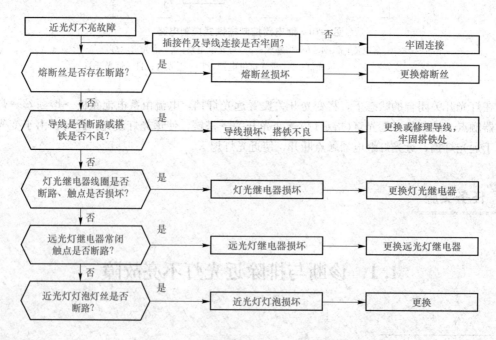

图 6-11 诊断与排除近光灯不亮故障的流程

1.2 诊断与排除远光灯不亮故障

1.2.1 故障现象

以图 6-10 所示继电器控制搭铁式控制电路为例，在蓄电池处于正常工作状态下，接通灯光开关，将变光开关拨置远光灯挡，发现远光灯不亮。

1.2.2 分析故障

(1)熔断丝断路。

(2)灯光继电器损坏。

(3)灯光开关损坏。

(4)变光灯开关损坏。

(5)远光灯灯泡损坏。

(6)线路断路或搭铁不良。

1.2.3 排除故障

第一步：检测熔断丝性能，若熔断丝存在断路故障，应更换。否则，进入下一步。

第二步：检测导线和搭铁处性能，若存在导线断路故障或搭铁性能不良，应更换或修理导线，紧固搭铁处。否则，进入下一步。

第三步：检测灯光继电器性能，若存在线圈断路或者触点损坏故障，应更换。否则，进入下一步。

第四步：检测变光开关性能，若存在常开触点断路故障，应更换。否则，进入下一步。

第五步：检测远光灯灯泡性能，若存在灯丝断路故障，应更换。

诊断与排除远光灯不亮故障的流程如图 6-12 所示。

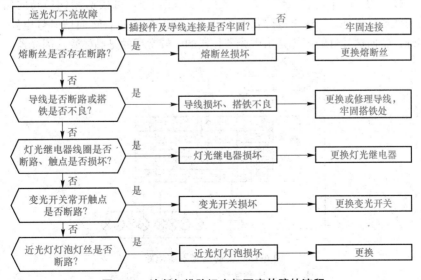

图 6-12 诊断与排除远光灯不亮故障的流程

任务 2　信号系统检测与维修

任务描述

　　信号系统是农业机械电气的重要组成部分。信号系统的作用是向他人或其他车辆发出警告和示意的信号。通过掌握转向信号装置、制动信号装置、倒车信号装置及喇叭信号装置等农机信号系统的作用、类型、组成、工作原理，进行农机信号系统组成元件的性能检测，正确评价农机信号系统的技术性能，完成农业机械照明系统故障的诊断与修理。

■ 任务预备知识

2.1　转向信号系统的结构与原理

2.1.1　转向信号系统的结构

　　农机转向信号装置主要用来指示车辆行驶方向。其灯光信号采用闪烁的方式，用来指示车辆左转或右转，以引起其他车辆和行人的注意，提高车辆的安全性。另外，农机在行驶（作业）中，如遇危险情况，可使前后左右 4 个转向信号灯同时闪烁，作为危险警告信号，请求其他车辆避让。因此，转向信号灯系统按用途有转向和警告之分。

　　转向信号装置电路主要由电源、转向信号灯、闪光器、转向灯开关等组成，如图 6-13 所示。在主开关接通的情况下，拨动转向灯开关（向左或向右），可接通左（右）转向信号灯电路，使左（右）转向信号灯闪烁。当按下危险报警等开关，同时接通左右转向信号灯电路，使转向信号灯同时闪烁。转向信号灯的闪烁是由闪光器控制的，较常用的是晶体管式闪光器。

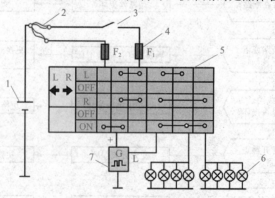

图 6-13　转向信号系统电路

1—蓄电池；2—熔断丝；3—主开关；4—熔断丝；
5—转向灯开关；6—转向信号灯；7—闪光器

2.1.2 晶体管式闪光器的工作原理

(1)触点式晶体管闪光器。如图 6-14 所示为带继电器触点式晶体管闪光器。当接通电源开关和转向灯开关后，闭合转向灯开关(左转或右转)，电流经蓄电池"+"→电源开关→接线柱 B→电阻 R_1→继电器 J 常闭触点→接线柱 S→转向灯开关→转向信号灯及转向指示灯→搭铁→蓄电池负极，转向信号灯亮。同时 R_1 上的电压降使三极管 VT 导通，产生集电极电流。

电子式闪光器

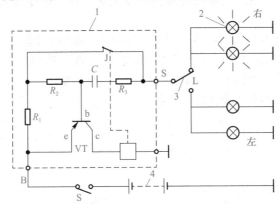

图 6-14 带继电器触点式晶体管闪光器
1—晶体管式闪光器；2—转向信号灯；3—转向灯开关；4—蓄电池

集电极电流经继电器线圈搭铁，继电器线圈通电，产生电磁吸力使继电器常闭触点由闭合状态变为断开状态。此时，蓄电池向电容 C 充电，使转向信号灯的灯光变暗。

随着电容 C 充电时间的延长，充电电流减小，三极管 VT 的基极电位提高，当基极电位接近发射极电位时，三极管 VT 截止，集电极电流消失，继电器触点再次闭合，转向信号灯电路再次导通，转向信号灯又被点亮。同时，电容 C 经 R_2、R_3、继电器触点放电，电容 C 放完电后，三极管 VT 的基极又恢复低电平，R_1 上的电压降使三极管 VT 导通，三极管 VT 重新导通，产生集电极电流，集电极电流经继电器线圈搭铁，继电器线圈通电，产生电磁吸力使继电器常闭触点由闭合状态变为断开状态，重复上述过程，使闪光信号灯发出闪烁光。其闪光频率由电容 C 的充放电时间常数 $T=RC$ 决定。闪光频率为 $60\sim120$ 次/min。

(2)无触点式晶体管闪光器。如图 6-15 所示为不带继电器无触点式晶体管闪光器。接通转向灯开关，三极管 VT_1 因正向偏压而饱和导通，三极管 VT_2 和三极管 VT_3 截止。由于三极管 VT_1 的发射极电流很小，故转向信号灯较暗。同时，电源通过电阻 R 对电容 C 充电，使得三极管 VT_1 的基极电位下降，当低于其导通所需正向偏置电压时三极管 VT_1 截止。

三极管 VT_1 截止后，三极管 VT_2 通过电阻 R_3 得到正向偏置电压而导通，三极管 VT_3 也随之饱和而导通，转向灯信号变亮。

此时，电容 C 经电阻 R_1、R_2 放电，使三极管 VT_1 保持截止，转向信号灯继续变亮。随着电容 C 放电电流减小，三极管 VT_1

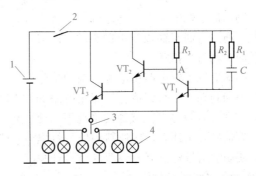

图 6-15 不带继电器无触点式晶体管闪光器
1—蓄电池；2—主开关；3—转向灯开关；4—转向信号灯

基极电位又逐渐升高，当电位高于其正向导通电压时，三极管 VT_1 又导通，三极管 VT_2、VT_3 又截止，转向信号灯又变暗。随着电容 C 的充放电，三极管 VT_3 反复导通与截止，使转向信号灯闪烁。

2.1.3　集成电路闪光器

集成电路闪光器体积小，外接元件少，闪光频率稳定，工作可靠性高，通用性强，使用寿命长。如图 6-16 所示为触点式集成电路闪光器电路。其工作原理可参考触点式晶体管闪光器。

无触点集成电路闪光器和无触点晶体管闪光器一样，即把闪光器中功率输出级的触点式继电器改换成无触点大功率晶体管，同样可以实现对转向灯的开关作用。图 6-17 所示是无触点集成电路、蜂鸣器电路，它在原闪光器的基础上增加了蜂鸣功能，以便构成声光并用的转向信号装置，以引起人们对农机转弯安全性的高度重视。

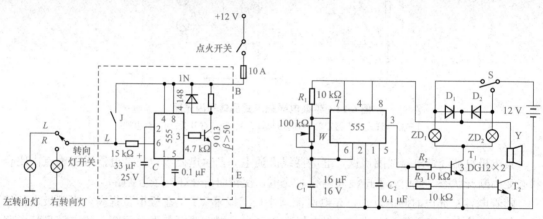

图 6-16　触点式集成电路闪光器电路　　　　图 6-17　无触点集成电路、蜂鸣器电路

2.2　制动信号系统的结构与原理

2.2.1　制动信号系统的作用及组成

制动信号灯安装在车辆尾部，当其工作时，通知后面车辆该车正在制动，以避免后面车辆与其相撞。

制动信号系统电路由电源、制动信号灯开关和制动信号灯组成。其简化电路如图 6-18 所示。在主开关接通的情况下，使制动灯信号开关闭合，接通制动信号灯电路，使制动信号灯点亮；制动灯信号开关断开，制动信号灯熄灭。

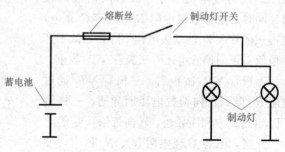

图 6-18　制动信号系统电路

2.2.2 制动信号灯开关

制动信号灯由制动信号灯开关直接控制，电流通常由电源至熔丝，再到制动信号灯。制动信号灯开关的形式有液压式制动信号灯开关、气压式制动信号灯开关和弹簧式制动信号灯开关。

(1)液压式制动信号灯开关，如图 6-19 所示。液压式制动信号灯开关安装在液压制动主缸的前端或制动管路中。当踩下制动踏板时，由于制动系统的油压增大，膜片 2 向上弯曲，接触桥 3 同时接通接线柱 6 和接线柱 7，使制动信号灯通电发光。松开制动踏板时，制动系统压力降低，接触桥 3 在回位弹簧 4 的作用下复位，制动信号灯电路被切断，制动信号灯熄灭。

(2)气压式制动信号灯开关，如图 6-20 所示。气压式制动信号灯开关安装在制动系统的气压管路上。当踩下制动踏板时，由于制动系统的气压增大，制动压缩空气推动橡胶膜片 2 向上弯曲，使触点闭合，接通接线柱 4 和接线柱 5，使制动信号灯通电发光。松开制动踏板时，制动系统压力降低，橡胶膜片 2 在回位弹簧 7 的作用下复位，制动信号灯电路被切断，制动信号灯熄灭。

(3)弹簧式制动信号灯开关。弹簧式制动信号灯开关是一种常用的制动信号灯开关，它安装在制动踏板的后面，如图 6-21 所示。当踩下制动踏板时，开关闭合，将接线柱 4 和 7 接通，使制动信号灯点亮；当松开制动踏板后，回位弹簧 6 使接触片 5 离开接线柱 4、7，制动信号灯电路断开，制动信号灯熄灭。

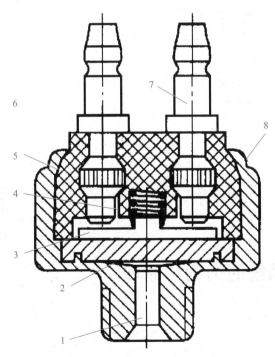

图 6-19　液压式制动信号灯开关
1—制动液；2—膜片；3—接触桥；
4—回位弹簧；5—胶木底座；
6、7—接线柱；8—壳体

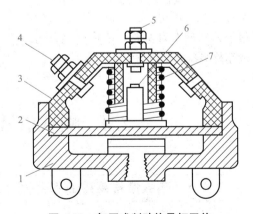

图 6-20　气压式制动信号灯开关
1—壳体；2—膜片；3—胶木盖；
4、5—接线柱；6—触点；7—回位弹簧

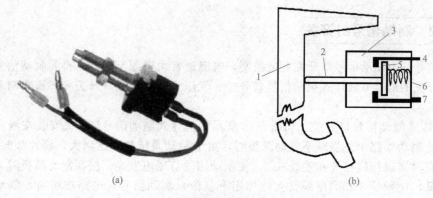

图 6-21 弹簧式制动信号灯开关

(a)外形；(b)结构

1—制动踏板；2—推杆；3—制动灯开关；

4、7—接线柱；5—接触片；6—回位弹簧

2.3 倒车信号系统的结构与原理

倒车信号灯安装于车辆的尾部，给驾驶员提供额外照明，使其能够在夜间倒车时看清农机的后部，也警告后面的车辆，该农机驾驶员想要倒车或正在倒车。

倒车信号系统电路主要由倒车信号灯开关、倒车信号灯（倒车蜂鸣器）等部件组成，如图 6-22 所示。

其工作过程：当变速杆挂入倒挡时，在拨叉轴的作用下，倒挡开关接通倒车报警器和倒车灯电路，倒车灯亮，同时倒车蜂鸣器发出声响信号。

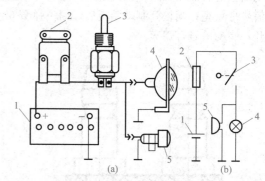

图 6-22 倒车信号系统电路

(a)示意图；(b)原理图

1—蓄电池；2—熔断丝；3—倒车信号灯开关；

4—倒车信号灯；5—蜂鸣器

2.4 喇叭信号系统的结构与原理

2.4.1 喇叭信号系统的作用及组成

喇叭主要用于警告行人和其他车辆，以引起注意，保证行车安全。

喇叭按发音动力有气喇叭和电喇叭之分；按外形有螺旋（蜗牛）形、筒形、盆形之分，如图 6-23 所示；按声频有高音和低音之分；按接线方式有单线制和双线制之分。

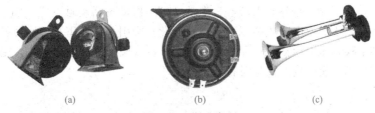

图 6-23　喇叭类型

(a)螺旋形喇叭；(b)盆形喇叭；(c)筒形喇叭

农机上，多采用盆形电喇叭。盆形电喇叭具有体积小、质量轻、指向好、噪声小等优点。

喇叭信号系统电路主要由电源、喇叭、继电器、喇叭按钮等组成，如图 6-24 所示。农机上装用两个喇叭时，由于消耗电流过大，如果直接用喇叭按钮操纵，按钮易烧坏，为此采用了喇叭继电器。

当按下喇叭按钮 3 时，线圈 2 通电，产生的电磁力使触点 5 闭合，接通电喇叭电路，使电喇叭发声。电喇叭控制电路：蓄电池正极→接线柱 B→触点臂 1→触点 5→电喇叭→蓄电池负极。

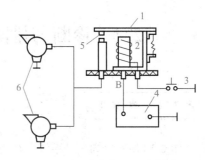

图 6-24　喇叭信号系统电路

1—触点臂；2—线圈；3—喇叭按钮；
4—蓄电池；5—触点；6—电喇叭

2.4.2　盆形电喇叭的结构与工作原理

如图 6-25 所示为盆形电喇叭的结构。膜片、共鸣板、衔铁、上铁芯刚性相连为一体。当上铁芯被吸下，膜片被拉动产生变形，产生声音。

线圈绕在下铁芯上，通电时产生磁场，吸引上铁芯下移。线圈一端接电源，另一端接触点的活动触点臂；触点为常闭触点，固定触点臂经导线接喇叭继电器、活动触点臂与上铁芯相接。铁芯与活动触点臂之间设有绝缘片。铁芯可以旋入和旋出，它与上铁芯之间有气隙，改变气隙大小可改变音调。调整螺钉用于调整音量。

盆形电喇叭

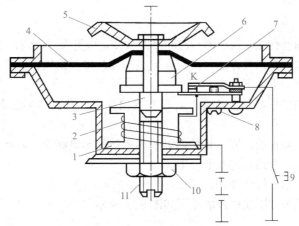

图 6-25　盆形电喇叭

1—固定铁芯；2—线圈；3—导杆；
4—膜片；5—共鸣板；6—活动铁芯；7—触点 K；
8—音量调整螺钉；9—喇叭按钮；10—锁紧螺母；11—音调调整螺钉

其工作过程：按下喇叭按钮，电流经蓄电池"＋"→线圈→活动触点臂→固定触点臂→喇叭按钮→蓄电池"－"。线圈通电产生磁场，铁芯被磁化，吸引上铁芯下移，膜片被拉动，产生响声。由于上铁芯下移，压迫活动触点臂，使触点张开，线圈断电，磁场消失，衔铁连同膜片回位，于是膜片产生第二次声响。如此周而复始。

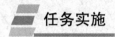
任务实施

2.1　诊断与排除所有转向信号灯不亮故障

2.1.1　故障现象

以图 6-13 所示转向信号系统电路为例，在蓄电池正常工作状态下，接通主开关，拨动转向灯开关，转向灯全不亮。

2.1.2　分析故障

(1)转向信号灯电路熔丝烧断。
(2)转向信号灯开关损坏。
(3)闪光器损坏。
(4)转向信号灯损坏。
(5)导线断路或搭铁不良。

2.1.3　排除故障

第一步：检测熔断丝性能，若熔断丝存在断路故障，应更换。否则，进入下一步。
第二步：检测导线和搭铁处性能，若存在导线断路故障或搭铁性能不良，应更换或修理导线，紧固搭铁处。否则，进入下一步。
第三步：检测转向信号灯开关性能，若存在转向信号灯开关内部触点断路故障，应更换。否则，进入下一步。
第四步：检测闪光器性能，取一只性能好的闪光器换至电路中，若转向信号灯亮，则说明原闪光器损坏，应更换。否则，进入下一步。
第五步：检测转向信号灯性能，若存在灯丝断路故障，应更换。
诊断与排除转向信号灯不亮故障的流程如图 6-26 所示。

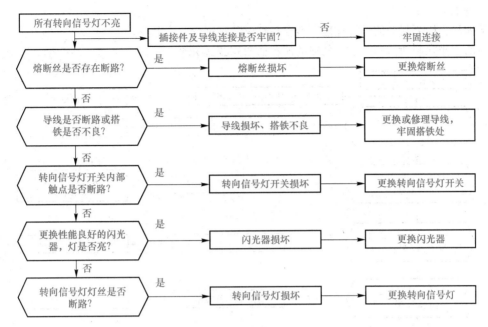

图 6-26　诊断与排除转向信号灯不亮故障的流程

2.2　诊断与排除制动信号灯不亮故障

2.2.1　故障现象

以图 6-18 所示制动信号系统电路为例，在蓄电池处于正常工作状态下，接通主开关，接通制动灯开关，制动灯不亮。

2.2.2　分析故障

(1)熔断丝断路。

(2)制动信号灯开关损坏。

(3)制动信号灯损坏。

(4)导线断路或搭铁不良。

2.2.3　排除故障

第一步：检测熔断丝性能，若熔断丝存在断路故障，应更换。否则，进入下一步。

第二步：检测导线和搭铁处性能，若存在导线断路故障或搭铁性能不良，应更换或修理导线，紧固搭铁处。否则，进入下一步。

第三步：检测制动信号灯开关性能，若存在制动信号灯开关内部触点断路故障，应更换。

否则，进入下一步。

第四步：检测制动信号灯性能，若存在灯丝断路故障，应更换。

诊断与排除制动信号灯不亮故障的流程如图 6-27 所示。

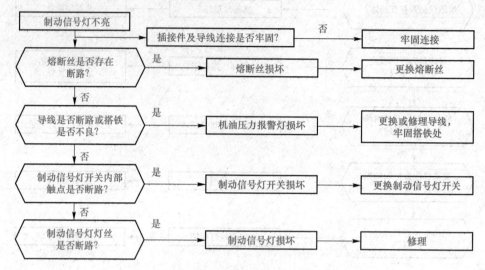

图 6-27   诊断与排除制动信号灯不亮故障的流程

2.3   诊断与排除倒车信号灯不亮故障

2.3.1   故障现象

以图 6-22 所示倒车信号系统电路为例，在蓄电池或发电机处于正常工作状态下，接通主开关，接通倒车信号灯开关，倒车灯不亮。

2.3.2   分析故障

(1)熔断丝断路。

(2)倒车信号灯开关损坏。

(3)倒车信号灯损坏。

(4)导线断路或搭铁不良。

2.3.3   排除故障

第一步：检测熔断丝性能，若熔断丝存在断路故障，应更换。否则，进入下一步。

第二步：检测导线和搭铁处性能，若存在导线断路故障或搭铁性能不良，应更换或修理导线，紧固搭铁处。否则，进入下一步。

第三步：检测倒车信号灯开关性能，若存在倒车信号灯开关内部触点断路故障，应更换。

否则，进入下一步。

第四步：检测倒车信号灯性能，若存在灯丝断路故障，应更换。

诊断与排除倒车信号灯不亮故障的流程如图 6-28 所示。

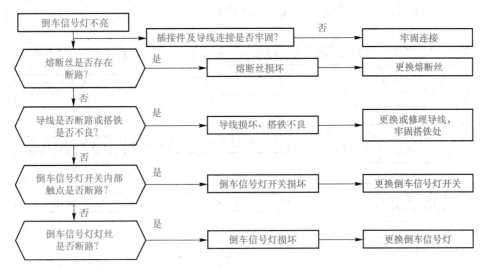

图 6-28 诊断与排除倒车信号灯不亮故障的流程

2.4 诊断与排除电喇叭不响故障

2.4.1 故障现象

以图 6-24 所示喇叭信号系统电路为例，在蓄电池或发电机处于正常工作状态下，按下喇叭按钮，电喇叭不响。

2.4.2 分析故障

(1)喇叭开关损坏。

(2)继电器损坏。

(3)喇叭损坏。

(4)导线断路或搭铁不良。

2.4.3 排除故障

第一步：检测导线和搭铁处性能，若存在导线断路故障或搭铁性能不良，应更换或修理导线，紧固搭铁处。否则，进入下一步。

第二步：检测喇叭开关性能，若存在喇叭开关内部触点断路故障，应更换。否则，进入下一步。

第三步：检测继电器性能，若存在继电器线圈断路或触点烧蚀故障，应更换。

第四步：检测喇叭性能，若存在线圈断路、触点烧蚀、膜片破损、音量（音调）调节螺钉位置不正确等故障，应修理或更换。

诊断与排除电喇叭不响故障的流程如图 6-29 所示。

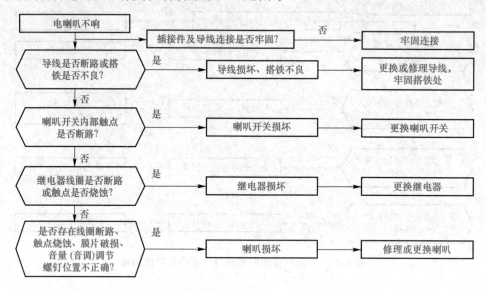

图 6-29　诊断与排除喇叭不响故障的流程

任务实施工作单

【资讯】

一、器材及资料

_____

_____

_____

_____

_____

_____

_____

二、相关知识

1. 结合下图所示写出某款拖拉机灯光电路的组成，并简述控制过程。

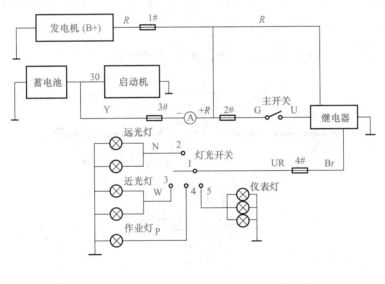

_____

_____

_____

_____

_____

_____

_____

_____

_____

_____

_____

2. 结合下图所示写出某款拖拉机转向信号电路的组成，并简述控制过程。

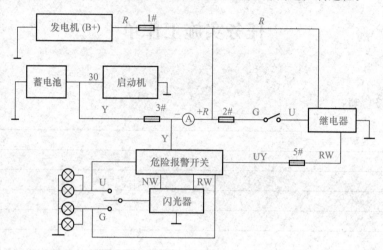

_____

_____

_____

_____

3. 结合下图所示写出盆形电喇叭的组成，并简述工作过程。

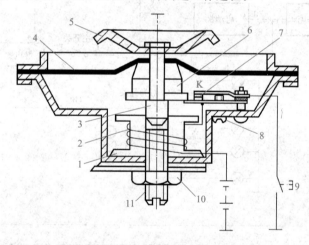

_____

_____

_____

_____

【计划与决策】

_____

_____

_____

_____

【实施】

1. 根据实践，画出照明灯都不亮故障的诊断与排除的分析图。

2. 根据实践，画出所有转向灯不亮故障的诊断与排除的分析图。

3. 根据实践，画出制动灯工作不正常故障的诊断与排除的分析图。

4. 根据实践，画出电喇叭不响故障的诊断与排除的分析图。

【检查】

根据任务实施情况，自我检查结果及问题解决方案如下：

_____

_____

_____

_____

【评估】

任务完成情况评价	自我评价	优、良、中、差	总评：
	组内评价	优、良、中、差	
	教师评价	优、良、中、差	

任务3 仪表报警系统检测与维修

 任务描述

> 农机仪表报警系统是车辆运行状况的动态反映，是车辆与驾驶员进行信息交流的界面，为驾驶员提供必要的车辆运行信息，同时也是维修人员发现和排除故障的重要依据。通过掌握农机仪表报警系统的作用、类型、结构、工作原理，进行仪表报警系统性能检测，正确评价农机仪表报警系统的技术性能，完成农机仪表报警系统故障的诊断与修理。

任务预备知识

为了使驾驶员随时掌握车辆的工作状况，并能及时发现和排除潜在的故障，农机上都装配仪表与报警系统。该系统一般由仪表、报警指示灯以及与之匹配的传感器组成，即机油压力表（指示器）、水温表（指示器）、燃油表、充电指示灯、远光灯指示灯、转向指示灯及发动机转速表、机油压力传感器、水温传感器、油量传感器、发动机转速传感器等。

仪表与报警指示灯布置在驾驶员座位前方的仪表板上。拖拉机仪表板、联合收割机仪表板和插秧机仪表板分别如图 6-30～图 6-32 所示。传感器安装在工作部位。

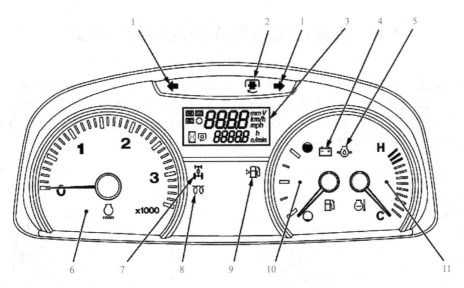

图 6-30 拖拉机仪表板

1—警示/转向信号指示灯；2—动力输出离合器指示器；3—液晶显示器；4—充电指示器；
5—机油压力指示器；6—转速表；7—4 轮驱动指示器；8—加热器指示器；9—燃油油位指示器；
10—燃油表；11—冷却液温度计

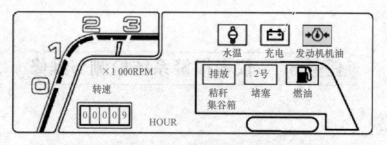

图 6-31 联合收割机仪表板

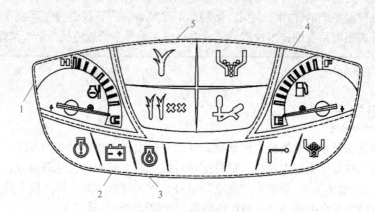

图 6-32 插秧机仪表板
1—水温显示；2—充电指示；3—机油压力指示；4—燃油显示；5—秧苗栽插显示

3.1 机油压力报警系统的结构与原理

机油压力报警系统用来指示发动机润滑系统工作状况，通常用指示灯显示机油压力是否达到标准值，如果报警灯亮，表示机油压力低于标准值，反之，表示机油压力达到标准值。

农机车辆发动机上配置的机油压力报警系统由拧装在发动机主油道上或粗滤器壳上的油压传感器和仪表板上的油压报警灯两部分组成，如图 6-33 所示。

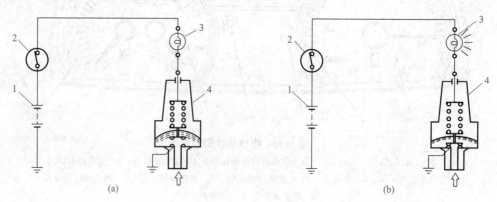

图 6-33 机油压力报警系统
(a)机油压力达到标准值；(b)机油压力低于标准值
1—蓄电池；2—主开关；3—报警灯；4—机油压力传感器

3.1.1 机油压力传感器

机油压力传感器又称为压力开关，它由触点、弹簧及膜片组成。压力开关内有受油压作用而动作的膜片及受油压作用而动作的触点，当无机油压力作用时，弹簧推动膜片，触点处于闭合状态；当机油压力达到规定值时，膜片克服弹簧作用力，使触点断开。其结构如图 6-34 所示。

机油压力传感器安装在发动机润滑油路上。当油压低于规定值时，膜片不具有推动弹簧的作用力，触点闭合，电流经蓄电池"＋"→主开关→报警灯→触点→搭铁，使指示灯点亮；当油压达到标准值时，膜片推起弹簧，触点分开，指示灯熄灭。在正常情况下，触点动作压力在 30～50 kPa 范围。

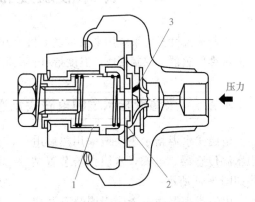

图 6-34　机油压力传感器
1—弹簧；2—膜片；3—触点

3.1.2 晶体管式机油压力报警电路

如图 6-35 所示，晶体管式机油压力报警电路包含蓄电池、主开关、机油压力开关总成、机油压力报警灯总成。工作原理如下：

当接通主开关后，蓄电池的电压经过电阻 R_1 和电阻 R_2 分压后，三极管 VT_1 的基极处电压大于三极管的导通电压，这时分两种情况，一是若机油压力低则机油压力传感器触点闭合，形成电回路，三极管 VT_1 导通，三极管 VT_1 导通后将三极管 VT_2 的基极电压拉低，三极管 VT_2 截止，则蓄电池的电压经电阻 R_4 后，加在三极管 VT_3 的基极，使三极管 VT_3 导通，机油压力报警灯点亮；二是若机油压力正常则机油压力传感器触点断开，三极管 VT_1 截止，蓄电池的电压经电阻 R_3 加在三极管 VT_2 的基极上，三极管 VT_2 导通，三极管 VT_2 导通后将三极管 VT_3 的基极电压拉低，三极管 VT_3 截止，机油压力报警灯熄灭。

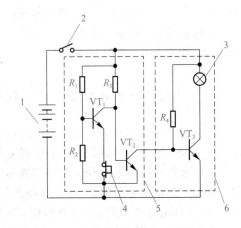

图 6-35　晶体管式机油压力报警电路
1—蓄电池；2—主开关；3—报警灯；4—机油压力传感器；
5—机油压力开关总成；6—机油压力报警灯总成

当机油压力开关总成和机油压力报警总成电路之间的连接导线(即三极管 VT_2 的集电极和三极管 VT_3 的基极之间的连接导线)脱落或断线时，蓄电池的电压经电阻 R_4 后加在三极管 VT_3 的基极，这样三极管 VT_3 导通，机油压力报警灯点亮。

3.2 冷却液温度报警系统的结构与原理

冷却液温度报警系统用来指示发动机冷却水工作的温度。该系统由装在发动机气缸体水套上的温度传感器、控制模块、温度指示表或报警灯组成。其中，温度指示表采用电磁式。

3.2.1 带温度指示表的电磁式水温报警系统

电磁式水温指示表一般配用热敏电阻水温传感器。电磁式水温报警装置结构如图 6-36 所示。

电磁式水温指示表壳内固装有互成一定角度的两个铁芯，铁芯上分别绕有电磁线圈，其中电磁线圈 L_2 与传感器串联，电磁线圈 L_1 与传感器并联。两个铁芯的下端设置带指针的偏转衔铁。

当点火开关置于 ON 时，左、右两线圈通电，各形成一个磁场，同时作用于软铁转子，转子便在合成磁场的作用

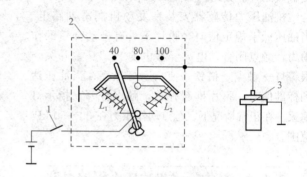

图 6-36 电磁式水温报警装置
1—点火开关；2—冷却液温度表；3—冷却液温度传感器

下转动，使指针指在某一刻度上。当冷却液温度较低时，传感器热敏电阻阻值大，线圈 L_2 中电流变小，而线圈 L_1 中电流变大，合成磁场逆时针转动，使指针指在低温处；反之，当冷却液温度升高时，传感器热敏电阻阻值减小，线圈 L_2 中电流增大，而线圈 L_1 中电流变小，合成磁场顺时针转动，使指针指在高温处。

3.2.2 带报警灯的晶体管式水温报警系统

如图 6-37 所示，晶体管式水温报警电路包含蓄电池、主开关、水温传感器总成、水温报警灯总成。图中传感器 R_2 为热敏电阻，当冷却液温度较低时，传感器热敏电阻阻值大，当冷却液温度较高时，传感器热敏电阻阻值小。工作原理如下：

接通主开关后，当发动机冷却液水温低于 100 ℃，传感器热敏电阻 R_2 呈高阻值，蓄电池的电压经过电阻 R_1 和电阻 R_2 分压后，三极管 VT_1 的基极处电压大于三极管的导通电压，三极管 VT_1 导通，三极管 VT_1 导通后将三极管 VT_2 的基极电压拉低，三极管 VT_2 截止，水温报警灯熄灭。当发动机冷却液水温高于 100 ℃，传感器热敏电阻 R_2 呈低阻值，蓄电池的电压经过电阻 R_1 和电阻 R_2 分压后，三极管 VT_1 的基极处电压小

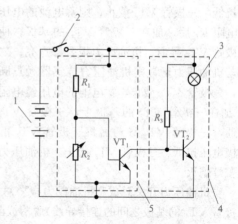

图 6-37 晶体管式水温报警电路
1—蓄电池；2—主开关；3—报警灯；
4—水温传感器总成；5—水温报警灯总成

于三极管的导通电压，三极管 VT$_1$ 截止，则蓄电池的电压经电阻 R$_3$ 后，加在三极管 VT$_2$ 的基极，使三极管 VT$_2$ 导通，水温报警灯点亮。

3.3 燃油量报警系统的结构与原理

燃油量报警系统的用途是指示农机油箱中的存油量。该系统由装在油箱中的油量传感器和仪表盘上的燃油量指示表两部分组成。燃油量指示表采用电磁式，油量传感器均使用可变电阻式。

电磁式燃油量报警系统由电磁式燃油表与可变电阻式传感器组成，结构如图 6-38 所示。电磁式燃油表中的线圈 1 串联在电源与传感器之间、线圈 2 与传感器并联。可变电阻式传感器由电阻、滑杆、浮子组成。

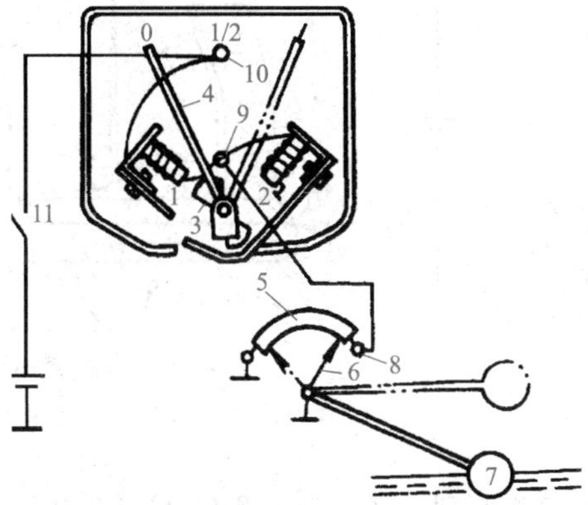

工作原理：当点火开关置于 ON 时，电流由蓄电池正极→点火开关 11→燃油表接线柱 10→左线圈 1→接线柱 9→右线圈 2→搭铁→蓄电池负极。

同时，电流由接线柱 9→传感器接线柱 8→可变电阻 5→滑片 6→搭铁→蓄电池负极。

左线圈 1 和右线圈 2 形成合成磁场，

图 6-38　电磁式燃油量报警系统

1—左线圈；2—右线圈；3—转子；
4—指针；5—可变电阻；6—滑片；7—浮子；
8—传感器接线柱；9、10—接线柱；11—点火开关

转子 3 就在合成磁场的作用下转动，使指针指在某一刻度上。

当油箱无油时，浮子下沉，可变电阻 5 上的滑片 6 移至最右端，可变电阻 5 被短路，右线圈 2 也被短路，左线圈 1 的电流达最大值，产生的电磁吸力最强，吸引转子 3，使指针停在最左面的"0"位上。

随着油箱中油量的增加，浮子上浮，带动滑片 6 沿可变电阻滑动。可变电阻 5 部分接入电路，左线圈 1 电流相应减小，而右线圈 2 中电流增大。转子 3 在合成磁场的作用下向右偏转，带动指针指示油箱中的燃油量。如果油箱半满，指针指在"1/2"位；当油箱全满时，指针指在"1"位。

3.4 充(放)电指示系统的结构与原理

3.4.1 电流表的功用

电源的充(放)电大小一般由电流表指示。电流表串接在充电电路中，电流表的正极接发电机的正极，电流表的负极接蓄电池的正极。当电流表的指针指向"＋"侧时，表示蓄电池充电；当电流表的指针指向"－"侧时，表示蓄电池放电。目前，有些农机上已取消了电流表而用充电指示灯代替(详见项目 3 农机电源系统维修)。

3.4.2 电磁式电流表的结构与工作原理

(1)结构。电磁式电流表的结构及工作原理如图 6-39 所示。电流表内的黄铜片(相当于单匝线圈)固定在绝缘底板上,两端与接线柱 1、3 相连,黄铜片的下面装有永久磁铁 6。磁铁内侧的轴 7 上装有带指针的软铁转子 5。

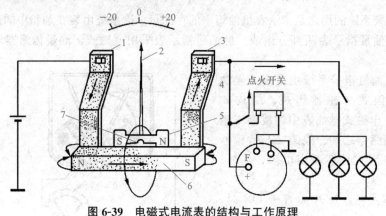

图 6-39 电磁式电流表的结构与工作原理
1、3—接线柱;2—指针;4—黄铜片;5—软铁转子;6—永久磁铁;7—轴

(2)工作原理。当电流表没有电流通过时,软铁转子 5 被永久磁铁磁化而相互吸引,使指针停在中间"0"的位置。当蓄电池充电时,充电电流通过黄铜片 4,在黄铜片周围产生磁场,与永久磁场合成一个磁场。在合成磁场作用下,软铁转子 5 向"＋"方向偏转一个角度,即旋转到合成磁场的方向上。充电电流越大,偏转角度越大,电流表的读数越大。若放电电流通过黄铜片 4 时,则电流表的指针随之反向偏转,指示蓄电池放电电流的大小。

3.5 发动机转速指示系统的结构与原理

发动机转速指示系统的用途是指示农机发动机转速。由装在发动机上的转速传感器和仪表盘上的转速指示表两部分组成。发动机转速指示系统有机械式和电子式两种。

3.5.1 机械式转速指示系统

机械式转速指示系统主要由软轴和电磁式仪表两部分组成,如图 6-40 所示。

发动机工作时,软轴将发动机的转速传递给电磁式仪表接头,带动主轴和永久磁铁旋转,永久磁铁磁力线切割感应罩,在感应罩中产生感应电流,沿感应罩旋转流动,形成涡流。感应涡流在永久磁铁磁场的作用下产生电磁力,使感应罩和转速表指针一起沿顺时针方向转动。

当与游丝的弹力平衡时,指针便停留在刻度盘上的某个

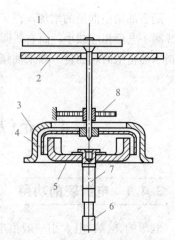

图 6-40 机械式转速指示系统
1—转速表指针;2—刻度盘;3—护罩;
4—感应罩;5—永久磁铁;
6—软轴接头;7—主轴;8—游丝

位置，指示出相应的发动机转速。发动机转速越高，感应罩内涡流越大，受到的磁场力越大，指针旋转的角度越大，指示的转速越高。

3.5.2 电子式转速指示系统

（1）电子式转速表。电子式转速表主要由固定不动的永久磁铁和可以转动的线圈两部分组成，如图6-41所示。永久磁铁由磁钢、极环和极板组成，与仪表壳体支架连在一起。磁钢的上下两端分别装有极环和极板，它们之间的空间形成磁路气隙。

当发动机工作时，电子电路中产生的直流电（见电路部分叙述）由转速表a端（＋）进入，b端（－）流出，形成通路。电流的方向：a→右导流片→下游丝→线圈右里接头→线圈左外接头→骨架→针轴→上游丝→左导流片→b端（－）。

由此可见，当直流电通过装套在极环臂上的线圈时，处于磁路气隙中的下部分线圈中的电流 I 的流动方向是从里向外，即线圈外部绕组中的电流按图示方向由下向上流动。电流 I 和磁钢的磁场相互作用力 F 使线圈沿极环的环型臂做顺时针方向转动（根据楞次左手定则），从而带动骨架和指针轴做同向转动。当磁电作用的感应力矩与游丝相平衡时，指针便停留在刻度盘上的某个位置，指示出相应的发动机转速。发动机转速越高，流入线圈中的平均电流值越大，下部分线圈产生的磁场作用力 F 越大，指针旋转的角度越大，指示的转速越高。

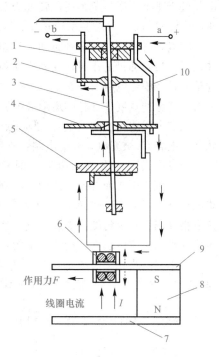

图6-41　电子式转速表
1—左导流片；2—上游丝；3—针轴；
4—下流丝；5—骨架；6—线圈；7—极板；
8—磁钢；9—极环；10—右导流片

（2）电子驱动电路工作原理。电子式转速表的电子驱动电路形式按驱动电路的触发信号划分，可分为磁电机交流输出脉冲信号驱动式和点火（供油）脉冲信号驱动式。

1）磁电机交流输出脉冲信号驱动式。如图6-42所示，驱动电路中A、B端分别接磁电机充电线圈交流输出端，R_1 是限流电阻；D_W 是稳压二极管，用于限压削波使交流电正半周波形接近矩形；电位器 R_W、电阻 R_2 与转速表头并联，用于校准转速表的指示精度；C_1、C_2、C_3 是3个无极性电容器，用作频率转换。若发动机转速增高，频率随之增大，通过3个电容器的交流分量与频率成正比增加，再经4个二极管 $D_1 \sim D_4$ 整流后变成直流电，从而使转速表内可动线圈获得的平均电流值增大，指针偏转的角度增大，指示出相应的发动机转速。

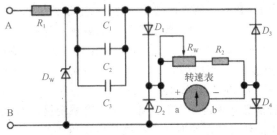

图6-42　脉冲信号式电子驱动电路

其具体工作情况：当交流电处于正半周时（设 A 为正，B 为负），电流方向：$A \rightarrow R_1 \rightarrow C_1$、$C_2$、$C_3 \rightarrow D_1 \rightarrow a \rightarrow b \rightarrow D_4 \rightarrow B$。

当交流电处于负半周时，电流方向：$B \rightarrow D_2 \rightarrow a \rightarrow b \rightarrow D_3 \rightarrow C_1$、$C_2$、$C_3 \rightarrow R_1 \rightarrow A$。即无论交流电是处于正半周还是负半周，转速表头中均有同一方向电流带动指针偏转，并且，流过转速表头的电流只与 A、B 端频率成正比，因此，该电路能正确指示发动机的转速。

2）点火（供油）脉冲信号驱动式。如图 6-43 所示，该电路的转速触发信号来自点火（供油）脉冲信号。当发动机工作时，发动机曲轴每旋转 1 周点火线圈（或供油电磁线圈）一次侧产生 1 个脉冲信号，经积分电路 R_1、R_2、C_1 整形送到三极管 T_1，从而获得具有一定变化幅度的电流值和具有一定脉冲宽度（时间）的矩形波电流，驱动转速表。

当点火线圈一次侧通电时，即无点火脉冲信号输入时，三极管 T_1 的基极无偏压而处于截止状态，电容 C_2 被充电，充电电路：$+12\ V \rightarrow R_3 \rightarrow C_2 \rightarrow D_1 \rightarrow$ 地，构成回路。

当点火线圈一次侧断电时，即有点火脉冲信号输入时，三极管 T_1 的基极电位接近 $+12\ V$，得到正电位而导通。此时，C_2 通过导通的 T_1 放电，放电回路：电容器 C_2 正极（＋）$\rightarrow T_1$ 集电极 $\rightarrow T_1$ 发射极 $\rightarrow$ 表头（＋）$\rightarrow$ 表头（－）$\rightarrow D_2 \rightarrow$ 电容器 C_2 负极（－），构成回路，从而驱动转速表指针偏转一定角度。如此反复，使转速表头显示出电流的平均值。发动机转速越高，通过表头的平均电流值越大，指针摆动的角度越大，指示的转速越高。

3）集成电路式。如图 6-44 所示为集成电路式电子驱动电路。其信号处理核心是采用时基电路 555（或 BCSZ15、CCS225 等）集成块。电路的触发信号也是取自点火（供油）脉冲信号。

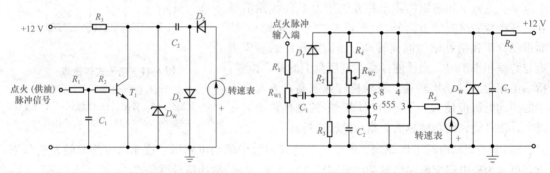

图 6-43　点火（供油）脉冲信号式
电子驱动电路

图 6-44　集成电路式电子驱动电路

电路中的电位器 R_{W1} 用于调整比较电压，使 555 集成块输入门限电压设置在可避免误触发的电压上；稳压管 D_W 以及电阻 R_6 用来防止电压波动，起稳定电路工作电压之用；电阻 R_4、电位器 R_{W2} 和电容 C_2 用于决定单极性正脉冲的脉宽，即转换成正比于发动机转速的电压，将其在已校准过的刻度盘上指示出来，即能反映出发动机转速的大小。

该驱动电路通过电阻 R_2 和 R_3，在 555 集成块的 8 脚上设置了约 4 V 的电压（即电源电压的 1/3），如果此电压减少到低于 2.7 V 时，集成块 555 即被触发导通，此情况恰恰发生在点火脉冲输入端有点火信号输入的瞬时，于是 555 集成块的输出端 3 脚输出高电位，通过电阻 R_5 给转速表头提供电流，指示出发动机相应的转速。其驱动回路：$+12\ V \rightarrow R_6 \rightarrow 555$ 脚 8 $\rightarrow 555$ 脚 3 $\rightarrow R_5 \rightarrow$ 表头（＋）$\rightarrow$ 表头（－）$\rightarrow$ 地，构成回路。

充电指示灯报警装置请参考项目 3 中的任务 3.3 充电系统检测与维修，远光灯指示灯、转向指示灯请参考项目 6 中的任务 6.1 照明系统检测与维修和任务 6.2 信号系统检测与维修。这里不再赘述。

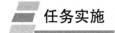

任务实施

3.1 诊断与排除机油压力仪表报警电路故障

3.1.1 故障现象

以图 6-33 所示机油压力报警系统为例,在发动机正常工作、蓄电池或发电机处于正常工作状态下,机油压力报警灯常亮。

3.1.2 分析故障

(1)机油压力报警灯损坏。
(2)机油压力传感器损坏。
(3)导线断路或搭铁不良。
(4)发动机润滑系统有故障。

3.1.3 排除故障

第一步:检测导线和搭铁处性能,若存在导线断路故障或搭铁性能不良,应更换或修理导线,紧固搭铁处。否则,进入下一步。

第二步:检测机油压力报警灯性能,若存在报警灯灯丝断路故障,应更换。否则,进入下一步。

第三步:检测机油压力传感器性能,若存在传感器内部触点损坏、膜片破裂、弹簧损坏故障,应更换。否则,进入下一步。

第四步:检测发动机润滑系统,若存在系统油压低于标准值、机油泵损坏等故障,应修理或更换。

机油压力报警灯常亮故障的诊断与排除流程如图 6-45 所示。

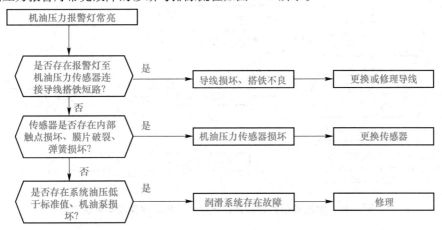

图 6-45 机油压力报警灯常亮故障的诊断与排除流程

3.2　诊断与排除冷却液温度仪表报警电路故障

3.2.1　故障现象

以图 6-36 所示电磁式水温报警装置为例,接通电源开关后,水温表指针指在 40 ℃处不动,水温变化时,指针仍不动。

3.2.2　分析故障

(1)冷却液温度表损坏。
(2)水温传感器损坏。
(3)导线断路或搭铁不良。

3.2.3　故障排除

第一步:检测导线和搭铁处性能,若存在导线断路故障或搭铁性能不良,应更换或修理导线,紧固搭铁处。否则,进入下一步。
第二步:检测冷却液温度表性能,若存在冷却液温度表内部线圈断路或搭铁不良等故障,应更换。否则,进入下一步。
第三步:检测水温传感器性能,若热敏电阻的阻值与水温成反比例关系,应更换。
水温表指针始终指在低温处故障的诊断与排除流程如图 6-46 所示。

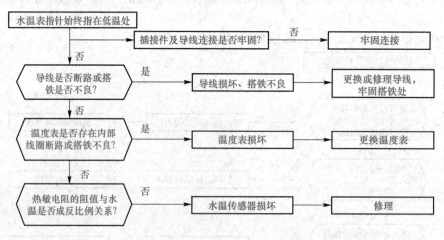

图 6-46　水温表指针始终指在低温处故障的诊断与排除流程

3.3 诊断与排除燃油量仪表报警电路故障

3.3.1 故障现象

以图 6-38 所示电磁式燃油量报警系统为例,在油箱油量充足的情况下,接通电源开关后,油量表指针始终指在无油处不动。

3.3.2 分析故障

(1)油量表损坏。
(2)油量传感器损坏。
(3)导线断路或搭铁不良。

3.3.3 排除故障

第一步:检测导线和搭铁处性能,若存在导线断路故障或搭铁性能不良,应更换或修理导线,紧固搭铁处。否则,进入下一步。

第二步:检测油量表性能,若存在油量表内部线圈断路或搭铁不良等故障,应更换。否则,进入下一步。

第三步:检测油量传感器性能,若可变电阻的阻值不随浮子位置的变化正常改变,应更换。油量表指针始终指在无油处故障的诊断与排除流程如图 6-47 所示。

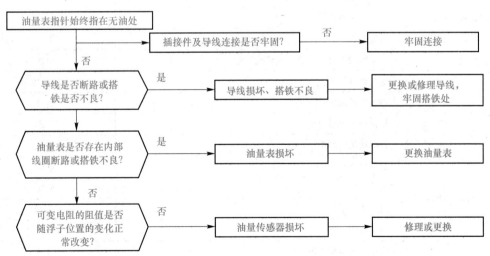

图 6-47 油量表指针始终指在无油处故障的诊断与排除流程

3.4 诊断与排除转速表指针不动或抖动故障

3.4.1 故障现象

发动机正常运转，转速表指针不动。

3.4.2 分析故障

(1)仪表损坏。
(2)软轴损坏。
(3)线路断路或搭铁不良。

3.4.3 排除故障

对于机械式转速指示系统转速表指针不动或抖动故障，应首先检查软轴是否完好，如果软轴存在断裂现象，则更换软轴。如果软轴完好，则故障存在于转速表，根据实际情况给予处理。

对于电子式转速指示系统转速表指针不动或抖动故障，根据表 6-1 进行修理。

表 6-1 电子式转速指示系统转速表指针不动或抖动故障修理

故障现象	分析故障	故障排除
发电机运转，转速表不工作	插接头松动，接触不良	连接牢固
	连接导线内部接触不良	更换导线
	磁电机交流输出线圈损坏	修理磁电机
	印刷线路板损坏	更换
	转速表损坏	更换
	可动线圈短路、断路、脱焊或接触不良	更换
	永久磁铁无磁	充磁、更换
	游丝折断或弹性不足	更换
指针抖动、不准	指针轴磨损或折断	更换
	指针轴轴向间隙过大	调整
	下轴承磨损	更换
	轴承损坏	更换
	阻尼油不足	添加
	游丝失效	更换、调整
	可动线圈运动受阻	检修
	驱动频率失准	校准

任务实施工作单

一、器材及资料

_____

_____

_____

二、相关知识

1. 结合下图所示写出某款电磁式水温报警装置的组成，并简述工作过程。

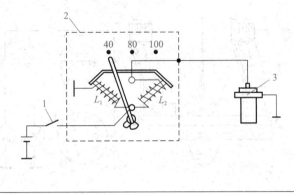

_____

_____

_____

_____

_____

_____

_____

_____

_____

2. 结合下图所示写出电热式燃油量报警装置的组成，并简述控制过程。

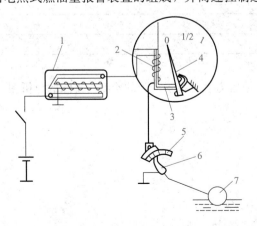

3. 结合下图所示写出电磁式电流表的组成，并简述工作过程。

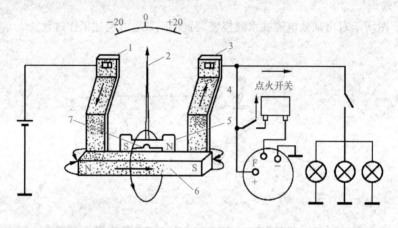

【实施】

1. 根据实践，画出机油压力表无指示故障的诊断与排除的分析图。

2. 根据实践，画出水温表指针始终指向低温处故障的诊断与排除的分析图。

3. 根据实践，画出油量表指针定格在无油处故障的诊断与排除的分析图。

【检查】

根据任务实施情况，自我检查结果及问题解决方案如下：

_____

_____

_____

_____

【评估】

任务完成情况评价	自我评价	优、良、中、差	总评：
	组内评价	优、良、中、差	
	教师评价	优、良、中、差	

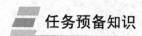

　　风窗雨刮系统是配备在农机驾驶室的重要电器设备，它可以扫除风窗玻璃上阻碍视线的雨雪和灰尘，保证驾驶员具有良好的视线，对安全行驶具有重要作用。通过掌握风窗雨刮系统的结构、工作原理，进行风窗雨刮系统性能检测，正确评价风窗雨刮系统的技术性能，完成农机风窗雨刮系统故障的诊断与修理。

任务预备知识

4.1　风窗雨刮系统的结构

　　风窗雨刮系统按驱动方式划分，可分为真空式、气动式和电动式三种类型。现代农机上使用电动式风窗雨刮系统。该系统具有均速、间歇、回位和喷洗功能，有些风窗雨刮系统还有慢速、快速等功能。

　　电动风窗雨刮系统由驱动机构、传动机构和控制系统等组成。其中，驱动机构包括雨刮电动机、减速机构、洗涤电动机等；传动机构包括刮水器底板、驱动杆系、驱动杆铰链、刮水刷臂、刮水刷片总成、橡胶刷片、刷片支座、刷片支持器、刮水刷臂心轴等；控制系统包括开关、继电器等，如图 6-48 所示。

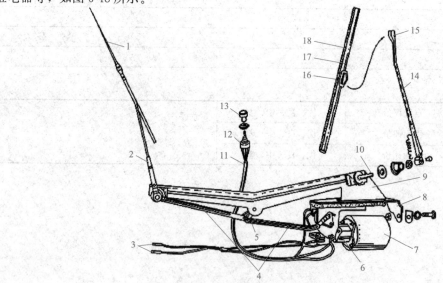

图 6-48　电动风窗雨刮系统的结构

1—刮水刷片总成；2—刮水刷臂；3—接线端子；4—驱动杆系；5—驱动杆铰链；6—减速机构；7—电动机；
8—电动机安装架；9—刮水器底板；10—刮水刷臂心轴；11—电线束；12—刮水器开关；
13—刮水器开关旋钮；14—刮水刷臂；15—刷片支撑器；16—刷片支座；17—刷片架；18—橡胶刮片

4.2　风窗雨刮系统的控制原理

电动风窗雨刮器由电动机驱动，刮水器的左右刮水刷片被刮水刷臂压靠在风窗玻璃外表面上，电动机驱动减速机构旋转，蜗轮蜗杆机构实现减速增扭，其输出轴带动四连杆机构，通过四连杆机构把连续的旋转运动改变为左右摆动的运动，带动刮水刷臂和刮水刷片左右摆动，刮刷风窗玻璃。电动风窗雨刮系统控制电路如图6-49所示。

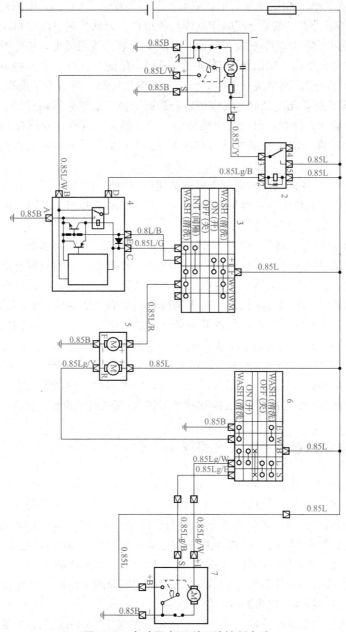

图 6-49　电动风窗雨刮系统控制电路

1—前雨刮电机；2—雨刮继电器；3—前雨刮开关；4—间歇继电器；

5—前(后)洗涤电机；6—后雨刮开关；7—后雨刮电机

4.2.1 前电动风窗雨刮器工作原理

(1)前雨刮连续工作。如图 6-49 所示，将前雨刮开关置于"ON"挡，电流通过前雨刮开关的"ON"挡→间歇继电器"E"端子→搭铁，使间歇继电器的 NPN 型三极管导通，间歇继电器线圈通电，使常开触点吸合；另一路电流通过雨刮继电器线圈→间歇继电器触点→搭铁，使雨刮继电器常开触点吸合；此时，电流经雨刮继电器触点→前雨刮电机→搭铁，使前雨刮电机转动，驱动传动机构，刮刷风窗玻璃。

(2)前雨刮间歇工作。如图 6-49 所示，将前雨刮开关置于"INT"挡，电流通过前雨刮开关置于"INT"挡→间歇继电器"C"端子→间歇控制模块→搭铁，间歇控制模块控制间歇继电器的 PNP 型三极管导通与截止。当 PNP 型三极管导通时，间歇继电器线圈通电，使常开触点吸合；另一路电流通过雨刮继电器线圈→间歇继电器触点→搭铁，使雨刮继电器常开触点吸合；此时，电流经雨刮继电器触点→前雨刮电机→搭铁，使前雨刮电机转动，驱动传动机构，刮刷风窗玻璃。当 PNP 型三极管截止时，无电流通过间歇继电器线圈，使间歇继电器触点处于原状，导致雨刮继电器触点也处于原状，此时，前雨刮电机断电，停止转动。这样，间歇控制模块按照一定的频率控制间歇继电器的 PNP 型三极管导通与截止，就可以周期性的控制前雨刮电机转动，实现前雨刮间歇工作。

(3)前雨刮自动回位控制。在前雨刮电机的减速机构中装有凸轮开关，其作用是实现前雨刮开关关闭后，继续给电机供电，让电机保持旋转，保证刮水刷臂和刮水刷片回到风窗玻璃的下沿，回位后凸轮开关断开，前雨刮器停止工作。

如图 6-49 所示，将前雨刮开关置于"OFF"挡，如果刮水刷臂和刮水刷片处于风窗玻璃的非下沿时，凸轮开关接通间歇继电器与搭铁之间的电路，使电流通过雨刮继电器线圈→间歇继电器常闭触点→搭铁，使雨刮继电器常开触点吸合，使电流经雨刮继电器触点→前雨刮电机→搭铁，使前雨刮电机转动，驱动传动机构，刮水刷臂和刮水刷片回到风窗玻璃的下沿；刮水刷臂和刮水刷片回到风窗玻璃的下沿时，凸轮开关断开间歇继电器与搭铁之间的电路，此时无电流通过雨刮继电器线圈，使其触点处于原状，此时，前雨刮电机断电，停止转动。

(4)前雨刮洗涤控制。如图 6-49 所示，将前雨刮开关置于"WASH"挡，电流经前雨刮开关"WASH"挡→前洗涤电机→搭铁，喷水泵工作，通过喷嘴向前风窗玻璃喷水。同时，前雨刮开关"INT"挡也被接通，工作过程详见"前雨刮间歇工作"，实现前风窗玻璃清洗。

4.2.2 后电动风窗雨刮器工作原理

(1)后雨刮连续工作。如图 6-49 所示，将后雨刮开关置于"ON"挡，电流通过后雨刮开关的"ON"挡→后雨刮电机→搭铁，使后雨刮电机转动，驱动传动机构，刮刷风窗玻璃。

(2)后雨刮自动回位控制。如图 6-49 所示，将后雨刮开关置于"OFF"挡，如果刮水刷臂和刮水刷片处于风窗玻璃的非下沿时，凸轮开关接通电源与电机之间的电路，电流经"+B"端子→雨刮开关"OFF"挡→后雨刮电机→搭铁，使后雨刮电机转动，驱动传动机构，刮水刷臂和刮水刷片回到风窗玻璃的下沿；刮水刷臂和刮水刷片回到风窗玻璃的下沿时，凸轮开关断开电源与电机之间的电路，此时，后雨刮电机断电，停止转动。

(3)后雨刮洗涤控制。如图 6-49 所示，将后雨刮开关置于"WASH"挡，电流经后洗涤电机→后雨刮开关"WASH"挡→搭铁，喷水泵工作，通过喷嘴向后风窗玻璃喷水。同时，后雨刮开关"ON"挡也被接通，工作过程详见"后雨刮连续工作"，实现后风窗玻璃清洗。

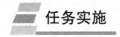

4.1 检测风窗雨刮系统性能

4.1.1 检测前雨刮器开关性能

(1)检查开关连接器电压。如图 6-50 所示，从前雨刮器开关 1 上断开 6P 连接器，将主开关转到"ON(开)"位置，使用万用表测量线束侧连接器端子 e 和底盘之间的电压，电压值应为蓄电池电压，否则说明线束、保险丝或主开关故障。

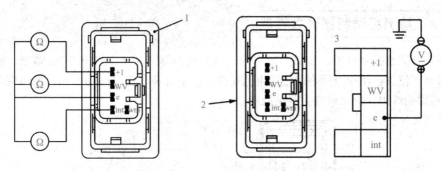

图 6-50 前雨刮器开关和连接器

1、2—6P 连接器(开关侧)；3—6P 连接器(线束侧)

(2)检查前雨刮器开关。如图 6-50 所示，用万用表检查开关的导通性，如果没有显示表 6-2 规定的导通性，则说明开关故障。

表 6-2 前雨刮器开关端子导通性能

位置 端子	int	+1	e	wv	wm
前雨刮器开关 WASH (清洗) I		●	●		●
ON (开)		●	●		
OFF (关)					
INT (间隔)	●		●		
WASH (清洗) II	●		●	●	●

4.1.2 检测前雨刮器电机性能

如图 6-51 所示，升起前雨刮器臂 3，将主开关转到"ON(开)"位置；将前雨刮器开关推到"ON(开)"位置，计算雨刮器臂每分钟的摆动次数，摆动次数应为 25～43 次/min，否则更换雨刮器马达总成。

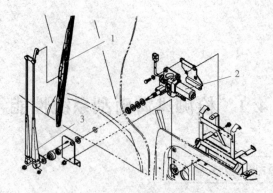

图 6-51　前雨刮器电机位置

1—雨刮片；2—雨刮器电机；3—雨刮器臂

4.1.3　检测后雨刮器开关性能

(1)检查开关连接器电压。如图 6-52 所示，从后雨刮器开关 1 上断开 5P 连接器，将主开关转到"ON(开)"位置，使用万用表测量线束侧连接器端子 b 和底盘之间的电压，电压应为蓄电池电压，否则说明线束、保险丝或主开关故障。

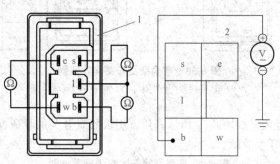

图 6-52　后雨刮器开关和连接器

1—5P 连接器(开关侧)；2—5P 连接器(线束侧)

(2)检查后雨刮器开关。使用电阻计检查开关的导通性，如果没有显示表 6-3 规定的导通性，则说明开关故障。

表 6-3　后雨刮器开关端子导通性能

位置	端子	e	w	b	l	s
后雨刮器开关	WASH (清洗) I	●	●		●	●
	ON (开)			●	●	
	OFF (关)				●	●
	INT (间隔)					
	WASH (清洗) II	●	●	●	●	

4.1.4 检测后雨刮器电机性能

如图 6-53 所示，升起后雨刮器臂 3，将主开关转到"ON（开）"位置，将后雨刮器开关推到"ON（开）"位置，计算雨刮器臂每分钟的摆动次数，摆动次数应为 25～43 次/min，否则更换雨刮器马达总成。

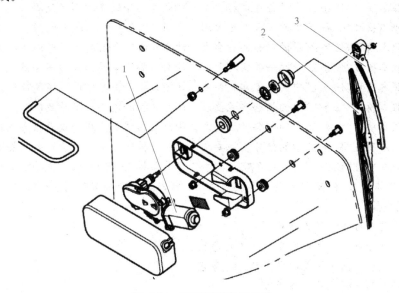

图 6-53　后雨刮器电机位置
1—雨刮器电机；2—雨刮片；3—雨刮器臂

4.2　诊断与排除风窗雨刮系统故障

风窗雨刮系统故障有雨刮器不工作、雨刮器速度过低、雨刮器停止位置不正确等几类，按照表 6-4 进行故障分析和解决。

表 6-4　风窗雨刮系统故障分析和解决

故障现象	分析故障	故障排除
风窗雨刮器不工作	保险丝熔断	更换
	雨刮器马达损坏	更换
	雨刮器开关损坏	更换
风窗雨刮器速度过低	雨刮器马达损坏	更换
	蓄电池电压过低	更换
	雨刮器开关接触不良	更换
风窗雨刮器停止位置不正确	雨刮器马达损坏	更换

一、实践项目

1. 按照本项目"任务1"中的任务实施要求，诊断与排除近光灯不亮故障。
2. 按照本项目"任务1"中的任务实施要求，诊断与排除远光灯不亮故障。
3. 按照本项目"任务2"中的任务实施要求，诊断与排除所有转向信号灯不亮故障。
4. 按照本项目"任务2"中的任务实施要求，诊断与排除制动信号灯不亮故障。
5. 按照本项目"任务2"中的任务实施要求，诊断与排除倒车信号灯不亮故障。
6. 按照本项目"任务2"中的任务实施要求，诊断与排除电喇叭不响故障。
7. 按照本项目"任务3"中的任务实施要求，诊断与排除机油压力仪表报警电路故障。
8. 按照本项目"任务3"中的任务实施要求，诊断与排除冷却液温度仪表报警电路故障。
9. 按照本项目"任务3"中的任务实施要求，诊断与排除燃油量仪表报警电路故障。
10. 按照本项目"任务4"中的任务实施要求，诊断与排除风窗雨刮系统故障。

二、思考题

1. 叙述前照灯防炫目的措施。
2. 解释有触点晶体管式闪光器的工作原理。
3. 解释无触点晶体管式闪光器的工作原理。
4. 解释盆形电喇叭的工作原理。
5. 解释晶体管式机油压力报警电路的工作原理。
6. 解释带报警灯的晶体管式水温报警电路工作原理。
7. 解释电磁式燃油量报警电路的工作原理。
8. 解释电磁式电流表的工作原理。
9. 叙述电子式转速表的工作原理。

项目7 联合收割机电气系统维修

项目描述

本项目的要求是在掌握联合收割机报警系统、联合收割机电器控制系统的结构与工作原理等知识后，完成联合收割机报警系统、联合收割机电器控制系统组成元件的性能检测，以及故障维修等工作任务。

项目目标

1. 掌握联合收割机报警系统的结构、工作原理。能对联合收割机报警系统的技术性能进行正确评价。能正确分析联合收割机报警系统故障，能进行联合收割机报警系统的故障维修。

2. 掌握联合收割机电气控制系统的结构、工作原理。能对联合收割机电气控制系统的技术性能进行正确评价。能正确分析联合收割机电气控制系统故障，能进行联合收割机电气控制系统的故障维修。

3. 了解我国农机工业领域的科研成就，激发自强自信的创新精神和执着坚持、吃苦耐劳的科研精神。

课程思政学习指引

通过介绍当代我国农机工业领域的科研成就和先进技术应用案例，彰显国家和民族的创新劲头和自信风采。讲述农机科技工作者不断挑战、战胜自我的科研创新案例，引领学生未来的发展，激发学生的创新意识和自强精神。

任务1 联合收割机报警系统检测与维修

任务描述

联合收割机报警系统是保证驾驶员全面了解联合收割机作业状况的重要装置，为驾驶员提供必要的设备运行信息，同时也是维修人员发现和排除故障的重要依据。通过了解联合收割机报警系统的结构、工作原理，进行联合收割机报警系统组成元件的性能检测，正确评价联合收割机报警系统的技术性能，完成联合收割机报警系统故障的诊断与修理。

任务预备知识

联合收割机报警系统主要由排草报警系统、2号螺旋轴报警系统，以及发动机水温、燃油、机油、充电等辅助报警系统等组成。联合收割机报警系统的电路如图7-1所示。

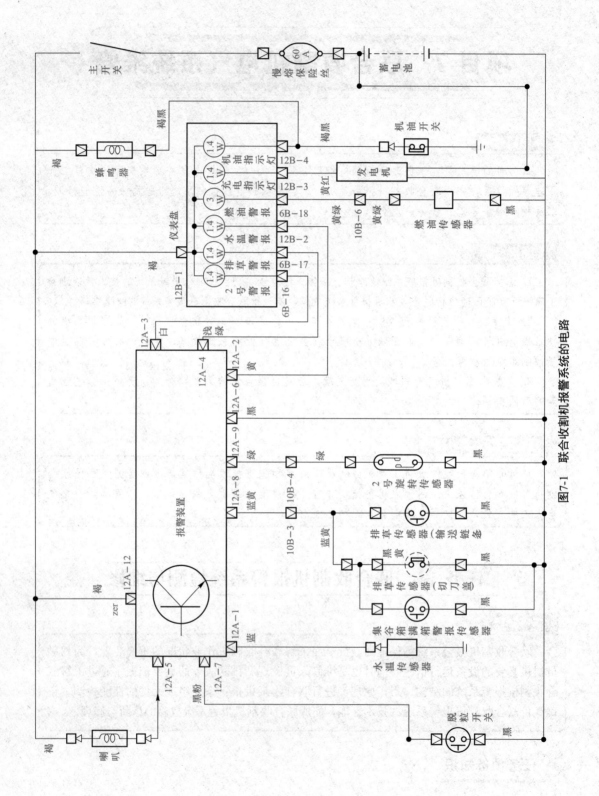

图7-1 联合收割机报警系统的电路

1.1 排草堵塞报警系统的结构与原理

如图7-1所示，排草堵塞报警系统主要由排草警报灯、排草传感器(输送链条)、排草传感器(切刀盖)、排草传感器(谷满)、脱粒离合器开关、喇叭、报警装置组成。排草报警装置的工作原理如下：

在脱粒离合器处于"合"(脱粒开关"ON")的状态下，满足"排草传感器－输送链条传感器触点闭合(ON)""排草传感器－切刀盖传感器触点打开(ON)""集谷箱满箱传感器触点闭合(ON)"条件之一时，仪表盘上的排草警报灯点亮，同时喇叭鸣响，发出排草堵塞警报。

(1)排草警报灯控制原理：电流经蓄电池正极→慢熔保险丝→主开关→仪表盘12B－1端子→排草警报灯→仪表盘6B－17端子→报警装置12A－4端子(内部晶体管开关导通)→报警装置12A－6端子→蓄电池负极。

(2)喇叭电路控制原理：电流经蓄电池正极→慢熔保险丝→主开关→喇叭→报警装置12A－7端子(内部晶体管开关导通)→报警装置12A－6端子→蓄电池负极。

如果将脱粒离合器处于"离"(脱粒开关"OFF")的状态下，则喇叭停止鸣响，但排草警报灯仍保持点亮。在排除堵塞故障后，各传感器恢复原状态(OFF)时排草警报灯熄灭。

1.2 2号螺旋轴堵塞报警系统的结构与原理

如图7-1所示，2号螺旋轴报警系统由2号螺旋轴警报灯、2号螺旋轴旋转传感器、脱粒开关、喇叭、警报装置组成。2号螺旋轴报警装置的工作原理如下：

2号搅龙旋转传感器安装在2号搅龙的上端，2号搅龙旋转1圈，传感器便重复产生4次OFF→ON→OFF信号，并将此信号传输至报警装置。在脱粒离合器处于"合"(脱粒开关"ON")的状态下，如果2号搅龙的转速在350±50 r/min以下的时间达1 s以上，则喇叭将持续鸣响，仪表盘上的2号搅龙警报灯也同时点亮，发出2号搅龙堵塞警报。

2号螺旋轴警报灯控制原理：电流经蓄电池正极→慢熔保险丝→主开关→仪表盘12B－1端子→排草警报灯→仪表盘6B－16端子→报警装置12A－3端子(内部晶体管开关导通)→报警装置12A－6端子→蓄电池负极。

如果将脱粒离合器置于"离"(脱粒开关"OFF")的状态下，则喇叭停止鸣响，2号搅龙警报灯也同时熄灭。排除2号搅龙堵塞故障后，2号搅龙的转速恢复到350±50 r/min以上，则喇叭不鸣响，同时2号搅龙警报指示灯熄灭。

1.3 辅助报警系统的结构与原理

1.3.1 充电报警系统

如图7-1所示，充电报警系统由充电指示灯、交流发电机、电压调节器等组成(详见项目3

的任务 3.3 充电系统检测与维修）。充电指示灯一端接电源正极，另一端接电压调节器的"L"端子。充电报警系统的工作原理如下：

在发动机停止状态下，将主开关置于"开"，由于发电机没发电，则充电指示灯点亮。在发动机运转过程中，电压调节器将判定交流发电机的端子(B)脱落或电池过度放电等，在充电系统出现异常时，充电指示灯点亮。

充电指示灯电路控制原理：电流经蓄电池正极→慢熔保险丝→主开关→仪表盘 12B－1 端子→充电指示灯→仪表盘 12B－3 端子→发电机电压调节器（内部晶体管开关导通）→蓄电池负极。

当发动机启动时，如果发电机能正常发电，并能向蓄电池充电，则充电指示灯熄灭。

1.3.2 机油压力报警系统

如图 7-1 所示，机油压力报警系统由发动机机油指示灯、机油开关（传感器）、蜂鸣器等组成。机油压力报警系统的工作原理如下：

在发动机停止状态下，将主开关置于"闭合"，则机油指示灯点亮，蜂鸣器鸣响。

如果启动发动机时机油压力正常，则机油指示灯熄灭，蜂鸣器也停止鸣响。

如果在发动机运转过程中因机油泵产生故障等而导致机油压力下降，则机油指示灯点亮，蜂鸣器鸣响。

停止发动机时，如果主开关仍保持"闭合"的状态（机油指示灯和充电指示灯点亮时），则蜂鸣器鸣响以提醒驾驶员不要忘记关闭主开关。

(1)机油指示灯电路控制原理：电流经蓄电池正极→慢熔保险丝→主开关→仪表盘 12B－1 端子→机油指示灯→仪表盘 12B－4 端子→机油开关（传感器）→蓄电池负极。

(2)蜂鸣器电路控制原理：电流经蓄电池正极→慢熔保险丝→主开关→蜂鸣器→机油开关（传感器）→蓄电池负极。

1.3.3 水温报警系统

如图 7-1 所示，发动机水温报警系统由水温指示灯、水温传感器、喇叭、报警装置、脱粒开关等组成。水温报警系统的工作原理如下：

在脱粒离合器处于"合"（脱粒开关"ON"）的状态下，冷却水温度达到 115 ℃以上时，则喇叭鸣响，水温指示灯也同时点亮。脱粒离合器为"离"时（脱粒开关"OFF"），喇叭停止鸣响。排除故障后，冷却水温度达到 108 ℃以下，则喇叭停止鸣响，水温指示灯也同时熄灭。

(1)水温指示灯电路控制原理：电流经蓄电池正极→慢熔保险丝→主开关→仪表盘12B－1 端子→水温指示灯→仪表盘 12B－2 端子→报警装置 12A－2 端子（内部晶体管开关导通）→报警装置 12A－6 端子→蓄电池负极。

(2)喇叭电路控制原理：电流经蓄电池正极→慢熔保险丝→主开关→喇叭→报警装置12A－7 端子（内部晶体管开关导通）→报警装置 12A－6 端子→蓄电池负极。

1.3.4 燃料报警装置

如图 7-1 所示，燃料报警装置由燃油指示灯、燃油传感器等组成。

当油箱中燃油剩余量减少到最低量时，燃油传感器内部触点闭合，燃油指示灯点亮。

燃油指示灯电路控制原理：电流经蓄电池正极→慢熔保险丝→主开关→仪表盘12B－1端子→燃油指示灯→仪表盘6B－18端子→燃油传感器→蓄电池负极。

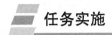

1.1　检测排草堵塞报警系统性能

1.1.1　检测输送链条传感器、漏斗传感器性能

如图7-2所示为输送链条传感器、漏斗传感器安装位置及连接器。使用万用表对输送链条传感器、漏斗传感器连接器端子线束侧进行检测，检查方法和标准值见表7-1。

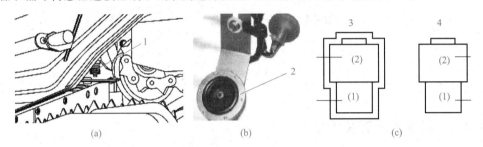

(a)　　　　　　　　　　　　(b)　　　　　　　　　　　　(c)

图7-2　输送链条传感器、漏斗传感器安装位置及连接器

(a)输送链条传感器安装位置；(b)漏斗传感器安装位置；(c)连接器

1—输送链条传感器；2—漏斗传感器；3—连接器(传感器侧)；4—连接器(配线侧)

表7-1　检查方法和标准值

测量项目	测量端子	测量条件	标准值
输送链条传感器	传感器侧连接器1—2之间	传感器 ON	0 Ω
		传感器 OFF	∞ Ω
电源供给线	线束侧连接器2(蓝黄)—车体之间	主开关：ON	DC11~16 V
搭铁线	线束侧连接器1(黑)—车体之间	搭铁良好	0 Ω
漏斗传感器	传感器侧连接器1—2之间	传感器 ON	0 Ω
		传感器 OFF	∞ Ω
电源供给线	线束侧连接器2(蓝黄)—车体之间	主开关：ON	DC11~16 V
搭铁线	线束侧连接器1(黑)—车体之间	搭铁良好	0 Ω

1.1.2　检测切刀盖传感器性能

如图7-3所示为切刀盖传感器安装位置及连接器。使用万用表对切刀盖传感器连接器端子线束侧进行检测，检查方法和标准值见表7-2。

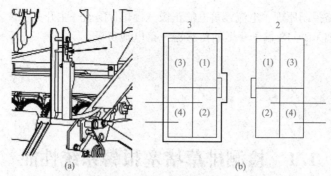

图 7-3　切刀盖传感器安装位置及连接器

(a)切刀盖传感器安装位置；(b)连接器

1—排草传感器(切刀盖)；2—排草传感器(配线侧)；3—连接器(传感器侧)

表 7-2　检查方法和标准

测量项目	测量端子	测量条件	标准值
切刀盖传感器	传感器侧连接器 2—4 之间	传感器 ON	∞ Ω
		传感器 OFF	0 Ω
	线束侧连接器 2(黑)—车体之间	搭铁良好	0 Ω
电源供给线	线束侧连接器 4(蓝黄)—车体之间	主开关：ON	DC11~16 V

1.1.3　检测脱粒开关性能

如图 7-4 所示为脱粒开关安装位置及连接器。使用万用表对脱粒开关连接器端子线束侧进行检测，检查方法和标准值见表 7-3。

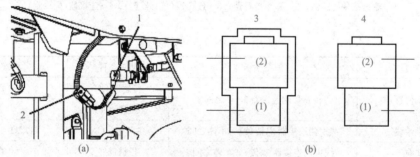

图 7-4　脱粒开关安装位置及连接器

(a)脱粒开关安装位置；(b)连接器

1—脱粒开关；2—连接器；3—连接器(开关侧)；4—连接器(配线侧)

表 7-3　检查方法和标准值

测量项目	测量端子	测量条件	标准值
脱粒开关	开关侧连接器 1—2 之间	开关 ON	0 Ω
		开关 OFF	∞ Ω
电源供给线	线束侧连接器 2(黑粉)—车体之间	主开关：ON	DC11~16 V
搭铁线	线束侧连接器 1(黑)—车体之间	搭铁良好	0 Ω

1.1.4 检测排草指示灯性能

如图 7-5 所示为排草指示灯连接器。使用万用表对排草指示灯连接器端子线束侧进行检测，检查方法和标准值见表 7-4。

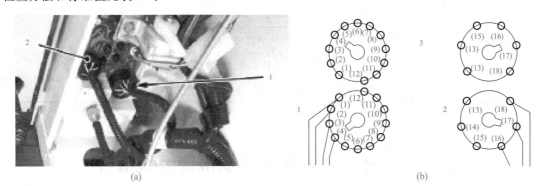

图 7-5　排草指示灯连接器

(a)排草指示灯连接器安装位置；(b)连接器

1—连接器 12B；2—连接器 6B；3—仪表盘侧

表 7-4　检查方法和标准值

测量项目	测量端子	测量条件	标准值
指示灯	仪表盘面板背面的端子 1—端子 17 之间	导通	0 Ω
电源供给线	线束侧连接器 12B—1(褐)—车体之间	主开关：ON	DC11～16 V
搭铁线	线束侧连接器 6B—17 (蓝黄)—车体之间	排草传感器的输送链条传感器置于 ON	0 Ω

1.1.5 检测报警装置性能

如图 7-6 所示为报警装置、喇叭安装位置及连接器。使用万用表对报警装置、喇叭连接器端子线束侧进行检测，检查方法和标准值见表 7-5。

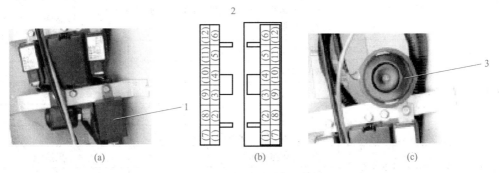

图 7-6　报警装置、喇叭安装位置及连接器

(a)报警装置安装位置；(b)连接器；(c)喇叭安装位置

1—报警装置；2—连接器 12A；3—喇叭

表 7-5　检查方法和标准值

测量项目	测量端子	测量条件	标准值
电源供给线	线束侧连接器 12A—12(褐)—车体之间	主开关：ON	DC11～16 V
警报指示灯电源线	线束侧连接器 12A—4(浅绿)—车体之间	主开关：ON	DC11～16 V
搭铁线	线束侧连接器 12A—6(黑)—车体之间	导通	0 Ω
	线束侧连接器 12A—7(黑粉)—车体之间	脱离开关置于 ON	0 Ω
	线束侧连接器 12A—8(黑)—车体之间	输送链条传感器置于 ON	0 Ω
喇叭	线束侧卡接端子(褐)—车体之间	主开关：ON	DC11～16 V

1.2　诊断与排除排草堵塞报警系统故障

排草报警系统故障包括以下几类：

(1)发生草秆堵塞时，排草警报不正常动作，警报指示灯不点亮，喇叭不鸣响；

(2)警报指示灯点亮，但喇叭不鸣响；

(3)喇叭鸣响，但警报指示灯不点亮；

(4)脱粒离合器"离"时(脱粒开关置于"OFF")，喇叭鸣响，但警报指示灯不点亮；

(5)没有草秆堵塞却发出警报，在主开关处于"闭合"的状态下，传感器处于 OFF 状态，警报指示灯点亮；

(6)将脱粒开关置于"ON"时，喇叭鸣响。

排草报警系统故障的原因及排除方法见表 7-6。

表 7-6　排草报警系统故障的原因及排除方法

故障现象	故障原因	故障排除
发生草秆堵塞时，排草警报不正常动作，警报指示灯不点亮，喇叭不鸣响	保险丝熔断	更换
	输送链条传感器、排草传感器、漏斗传感器损坏	更换
	仪表盘面板、警报装置、喇叭、传感器的电源线断路	维修
警报指示灯点亮，但喇叭不鸣响	喇叭损坏	更换
	喇叭电源线、搭铁线断路	维修
	警报装置损坏	更换
	脱粒开关损坏	更换
	脱粒开关的搭铁线断路	维修
喇叭鸣响，但警报指示灯不点亮	指示灯灯泡损坏	更换
	指示灯电源线断路	维修
脱粒离合器"离"时，喇叭鸣响，但警报指示灯不点亮	脱粒开关损坏	更换
	警报装置损坏	

故障现象	故障原因	故障排除
没有草秆堵塞却发出警报,在主开关处于"闭合"的状态下,传感器处于OFF状态,警报指示灯点亮	仪表盘和传感器之间处于短路搭铁状态	维修
	输送链条传感器、排草传感器、漏斗传感器损坏	更换
将脱粒开关置于"ON"时,喇叭鸣响	输送链条传感器、排草传感器、漏斗传感器损坏	更换

1.3 检测2号螺旋轴报警系统性能

1.3.1 检测2号搅龙旋转传感器性能

如图7-7所示为2号搅龙旋转传感器及连接器。使用万用表对2号搅龙旋转传感器连接器端子线束侧进行检测,检查方法和标准值见表7-7。

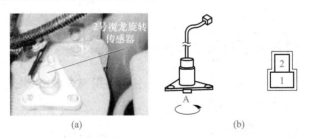

(a)　　　　　　　　　(b)

图7-7　2号搅龙旋转传感器及连接器

(a)2号搅龙旋转传感器安装位置;(b)传感器连接器

表7-7　检查方法和标准值

测量项目	测量端子	测量条件	标准值
电源供给线	线束侧连接器绿线—车体之间	主开关:ON	DC11~16 V
搭铁线	线束侧连接器黑线—车体之间	搭铁良好	0 Ω

1.3.2 检测报警装置性能

如图7-8所示为报警装置及连接器。使用万用表对报警装置连接器端子线束侧进行检测,检查方法和标准值见表7-8。

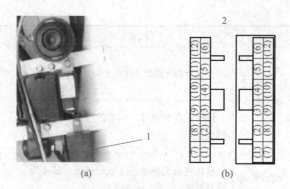

图 7-8　报警装置及连接器

(a)报警装置安装位置；(b)连接器

1—报警装置；2—连接器 12A

表 7-8　检查方法和标准值

测量项目	测量端子	测量条件	标准值
电源供给线	线束侧连接器 12A—12(褐)—车体之间	主开关：ON	DC11~16 V
警报指示灯电源供给线	线束侧连接器 12A—3(白)—车体之间	主开关：ON	DC11~16 V
搭铁线	线束侧连接器 12A—6(黑)—车体之间	导通	0 Ω
	线束侧连接器 12A—7(黑粉)—车体之间	脱离开关置于 ON	0 Ω
	线束侧连接器 12A—9(绿)—车体之间	不导通、导通	0 Ω

1.3.3　检测 2 号搅龙警报指示灯性能

如图 7-9 所示为 2 号搅龙警报指示灯连接器。使用万用表对 2 号搅龙警报指示灯连接器端子线束侧进行检测，检查方法和标准值见表 7-9。

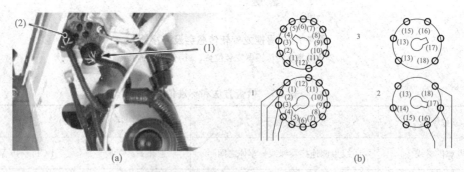

图 7-9　2 号搅龙警报指示灯连接器

(a)2 号搅龙警报指示灯连接器安装位置；(b)连接器

1—连接器 12B；2—连接器 6B；3—仪表盘侧

表 7-9　检查方法和标准值

测量项目	测量端子	测量条件	标准值
指示灯	仪表盘面板背面的端子 1—端子 16 之间	导通	0 Ω

测量项目	测量端子	测量条件	标准值
电源供给线	线束侧连接器 12B－1(褐)－车体之间	主开关：ON	DC11～16 V
搭铁线	线束侧连接器 6B－16(白)－车体之间	导通	0 Ω

1.4　诊断与排除 2 号螺旋轴警报故障

2 号螺旋轴警报故障包括以下几类：

(1)在 2 号螺旋轴堵塞时，喇叭不响、警报指示灯不点亮；

(2)在 2 号螺旋轴没有发生堵塞的状态下，发出警报；

(3)喇叭鸣响，但警报指示灯不点亮；

(4)警报指示灯点亮，但喇叭不鸣响。

2 号螺旋轴警报故障的原因及排除方法见表 7-10。

表 7-10　2 号螺旋轴警报故障的原因及排除方法

故障现象	故障原因	故障排除
在 2 号螺旋轴堵塞时，喇叭不响、警报指示灯不点亮	保险丝熔断	更换
	2 号螺旋轴旋转传感器损坏	
	警报装置损坏	
	脱粒开关损坏	
	电源线、搭铁线断路	维修
在 2 号螺旋轴没有发生堵塞的状态下，发出警报	2 号螺旋轴旋转传感器损坏	更换
	警报装置损坏	
	警报装置的 2 号螺旋轴旋转传感器电源线断路	维修
喇叭鸣响，但警报指示灯不点亮	指示灯灯泡损坏	更换
	警报装置损坏	
	指示灯电源线、搭铁线断路	维修
警报指示灯点亮，但喇叭不鸣响	喇叭损坏	更换
	警报装置损坏	
	喇叭电源线、搭铁线断路	维修

1.5　检测辅助报警系统性能

1.5.1　检测充电指示灯性能

如图 7-10 所示为充电指示灯连接器。使用万用表对充电指示灯连接器端子线束侧进行检测，检查方法和标准值见表 7-11。

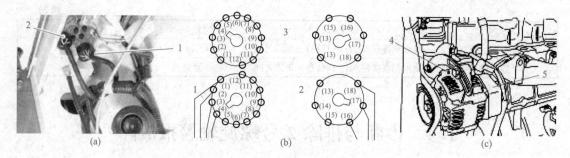

图 7-10   充电指示灯连接器

(a)充电指示灯连接器安装位置；(b)连接器 6B；(c)连接器 2 N

1—连接器 12B；2—连接器 6B；3—仪表盘侧；4—交流发电机；5—连接器 2 N

表 7-11   检查方法和标准查

测量项目	测量端子	测量条件	标准值
指示灯	仪表盘面板背面的端子 1—端子 3 之间	导通	0 Ω
电源供给线	线束侧连接器 12B—1(褐)—车体之间	主开关：ON	DC11～16 V
搭铁线	线束侧连接器 12B—3(黄红)—车体之间	搭铁良好	0 Ω

1.5.2   检测发动机机油压力传感器、机油指示灯、机油压力蜂鸣器性能

如图 7-11 所示为机油压力传感器、机油指示灯及连接器。使用万用表对机油压力传感器、机油指示灯连接器端子线束侧进行检测，检查方法和标准值见表 7-12。

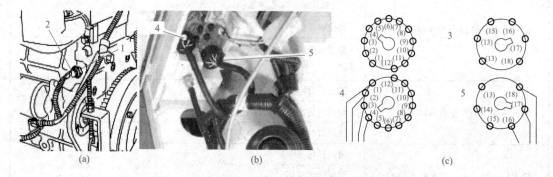

图 7-11   机油压力传感器、机油指示灯及连接器

(a)机油开关安装位置；(b)连接器安装位置；(c)连接器

1—机油开关；2—连接器；3—仪表盘侧；4—连接器 12B；5—连接器 6B

表 7-12   检查方法和标准值

测量项目	测量端子	测量条件	标准值
机油压力传感器	线束侧连接器茶黑—车体之间	主开关：ON	DC11～16 V
指示灯	仪表盘面板背面的端子 1—端子 4 之间	导通	0 Ω
电源供给线	线束侧连接器 12B—1(褐)—车体之间	主开关：ON	DC11～16 V
搭铁线	线束侧连接器 12B—4(褐黑)—车体之间	导通	0 Ω

如图 7-12 所示为机油压力蜂鸣器及连接器。用万用表对机油压力蜂鸣器连接器端子线束侧进行检测，检查方法和标准值见表 7-13。

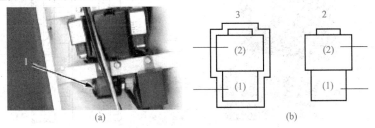

图 7-12　机油压力蜂鸣器及连接器

(a)机油压力蜂鸣器安装位置；(b)连接器

1—蜂鸣器；2—连接器(配线侧)；3—连接器(蜂鸣器侧)

表 7-13　检查方法和标准值

测量项目	测量端子	测量条件	标准值
蜂鸣器电源供给线	线束侧连接器 2(褐)—车体之间	主开关：ON	DC11～16 V
蜂鸣器搭铁线	线束侧连接器 1(褐黑)—车体之间	导通	0 Ω

1.5.3　检测发动机水温报警指示灯、传感器、报警装置性能

如图 7-13 所示为水温传感器及连接器。使用万用表对水温传感器连接器端子线束侧进行检测，检查方法和标准值见表 7-14。

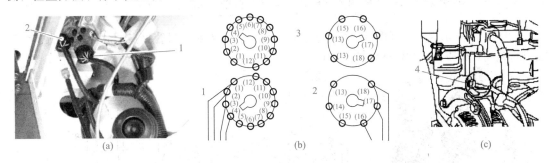

图 7-13　水温传感器及连接器

(a)水温传感器安装位置；(b)连接器；(c)水温传感器

1—连接器 12B；2—连接器 6B；3—仪表盘侧；4—水温传感器

表 7-14　检查方法和标准值

测量项目	测量端子	测量条件	标准值
水温指示灯	仪表盘面板背面的端子 1—端子 2 之间	导通	0 Ω
水温指示灯电源供给线	线束侧连接器 12 B—1(褐)—车体之间	主开关：ON	DC11～16 V
水温指示灯搭铁线	线束侧连接器 12 B—2(黄)—车体之间	导通	0 Ω
水温传感器电源供给线	线束侧卡接端子(蓝)—车体之间	主开关：ON	DC11～16 V

如图 7-14 所示为报警装置及连接器。使用万用表对报警装置连接器端子线束侧进行检测，检查方法和标准值见表 7-15。

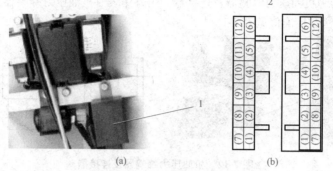

图 7-14 报警装置及连接器

(a)报警装置安装位置；(b)连接器

1—报警装置；2—连接器 12A

表 7-15 检查方法和标准值

测量项目	测量端子	测量条件	标准值
警报装置电源供给线	线束侧连接器 12B—12(褐)—车体之间	主开关：ON	DC11～16 V
警报指示灯电源线	线束侧连接器 12A—2(黄)—车体之间	主开关：ON	DC11～16 V
警报装置搭铁线	线束侧连接器 12A—6(黑)—车体之间	导通	0 Ω
	线束侧连接器 12A—1(蓝黄)—车体之间	导通	0 Ω

1.5.4 检测发动机燃料警报指示灯、传感器性能

如图 7-15 所示为燃料警报指示灯及连接器。使用万用表对燃料警报指示灯连接器端子线束侧进行检测，检查方法和标准值见表 7-16。

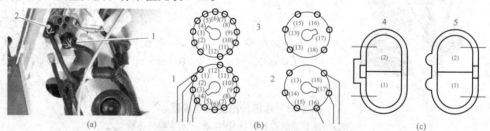

图 7-15 燃料警报指示灯及连接器

(a)燃料警报指示灯连接器安装位置；(b)、(c)连接器

1—连接器 12B；2—连接器 6B；3—仪表盘侧；4—连接器 2(传感器侧)；5—连接器 2(配线侧)

表 7-16 检查方法和标准值

测量项目	测量端子	测量条件	标准值
燃料警报指示灯	仪表盘面板背面的端子 1—端子 18 之间	导通	0 Ω
燃料警报指示灯电源供给线	线束侧连接器 12 B—1(褐)—车体之间	主开关：ON	DC11～16 V
燃料警报指示灯搭铁线	线束侧连接器 6 B—18(黄绿)—车体之间	导通	0 Ω

如图 7-16 所示为燃料传感器及连接器。使用万用表对燃料传感器连接器端子线束侧进行检测，检查方法和标准值见表 7-17。

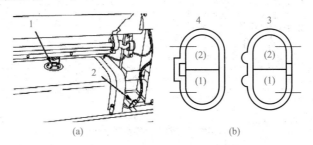

图 7-16　燃料传感器及连接器

(a)燃料传感器安装位置；(b)连接器

1—燃油传感器；2—连接器 2；3—连接器 2(配线侧)；4—连接器 2(传感器侧)

表 7-17　检查方法和标准值

测量项目	测量端子	测量条件	标准值
燃料传感器	连接器端子之间	燃料用完	0 Ω
		有燃料	∞ Ω
燃料传感器电源供给线	线束侧连接器 2(黄绿)—车体之间	主开关：ON	DC11～16 V
燃料传感器搭铁线	线束侧连接器 1(黑)—车体之间	导通	0 Ω

1.6　诊断与排除辅助报警系统故障

辅助报警系统故障的原因及排除方法见表 7-18。

表 7-18　辅助报警系统故障的原因及排除方法

故障现象	故障原因	故障排除
	诊断与排除充电指示灯警报故障	
在主开关处于"闭合"的状态下，发动机停止时，充电指示灯不点亮	主开关和充电指示灯之间、充电指示灯和交流发电机之间的导线断路	维修
	交流发电机及电压调节器损坏	更换
	指示灯灯泡损坏	
在发动机运行正常状态下，充电指示灯不熄灭	充电指示灯搭铁	维修
	交流发电机损坏	更换
	诊断与排除机油警报故障	
当主开关处于"闭合"状态(发动机停止)时，机油指示灯不点亮，或蜂鸣器不鸣响	指示灯灯泡损坏	更换
	机油开关损坏	
	钥匙开关和机油指示灯之间、机油指示灯和机油开关之间的导线断路	维修
	蜂鸣器损坏	更换

故障现象	故障原因	故障排除
即使启动发动机，机油指示灯也不熄灭，蜂鸣器也不停止鸣响	发动机机油压力过低	维修
	发动机机油不足	补充
	机油开关损坏	更换
诊断与排除水温警报故障		
水温没有上升，但发出警报	水温传感器损坏	更换
当主开关处于"闭合"状态时，警报指示灯一直点亮	水温指示灯和水温传感器之间搭铁	维修
当主开关处于"闭合"状态时，喇叭一直鸣响	水温传感器损坏	更换
	喇叭和警报装置之间搭铁	维修
当水温上升时（过热状态），不发出警报	水温传感器损坏	更换
	保险丝熔断	
喇叭鸣响，但警报指示灯不点亮	指示灯灯泡损坏	更换
	指示灯电源线断路	维修
	指示灯地线断路	
警报指示灯点亮，但喇叭不鸣响	喇叭损坏	更换
	喇叭电源线断路	维修
	警报装置损坏	更换
	脱粒开关损坏	
当发出警报时，即使切断脱粒离合器，喇叭也不停止鸣响	脱粒开关损坏	更换
诊断与排除燃料警报故障		
当主开关处于"闭合"状态时，燃料已经用完，但警报指示灯不点亮	保险丝熔断(15A)	更换
	指示灯灯泡损坏	
	燃料传感器损坏	
	传感器地线断路	维修
当主开关处于"闭合"状态时，燃料已经加满，但警报指示灯点亮	燃料传感器损坏	更换
	指示灯和传感器之间搭铁	维修

任务实施工作单

一、器材及资料

_____

_____

_____

二、相关知识

1. 结合报警系统的电路图，写出排草报警装置的组成，并简述其工作原理。

_____

_____

_____

_____

_____

_____

2. 结合报警系统的电路图，写出 2 号螺旋轴报警装置的组成，并简述其工作原理。

_____

_____

_____

_____

【计划与决策】

_____

_____

_____

【实施】

1. 对排草报警装置进行检修，记录检测数据，判断装置是否工作正常。

（1）输送链条传感器、漏斗传感器检测。

测量项目	测量端子	测量条件	检测数据
输送链条传感器	传感器侧连接器 1—2 之间	传感器 ON	
		传感器 OFF	
电源供给线	线束侧连接器 2（蓝黄）—车体之间	钥匙开关：ON	
地线	线束侧连接器 1（黑）—车体之间	搭铁良好	
漏斗传感器	传感器侧连接器 1—2 之间	传感器 ON	
		传感器 OFF	
电源供给线	线束侧连接器 2（蓝黄）—车体之间	钥匙开关：ON	
地线	线束侧连接器 1（黑）—车体之间	搭铁良好	

诊断结论：

(2)切刀盖传感器检测。

测量项目	测量端子	测量条件	检测数据
切刀盖传感器	传感器侧连接器2－4之间	传感器ON	
	线束侧连接器2(黑)－车体之间	传感器OFF	
		搭铁良好	
电源供给线	线束侧连接器4(蓝黄)－车体之间	钥匙开关：ON	

诊断结论：

(3)脱粒开关检测。

测量项目	测量端子	测量条件	检测数据
脱粒开关	开关侧连接器1－2之间	开关ON	
		开关OFF	
电源供给线	线束侧连接器2(黑粉)－车体之间	钥匙开关：ON	
地线	线束侧连接器1(黑)－车体之间	搭铁良好	

诊断结论：

(4)排草指示灯检测。

测量项目	测量端子	测量条件	检测数据
指示灯	面板背面的端子1－面板背面的端子17之间	导通	
电源供给线	线束侧连接器12BA－1(茶)－车体之间	钥匙开关：ON	
地线	线束侧连接器6B－17(蓝黄)－车体之间	排草传感器的输送链条传感器置于ON	

诊断结论：

(5)报警装置检测。

测量项目	测量端子	测量条件	检测数据
电源供给线	线束侧连接器12A－12(茶)－车体之间	钥匙开关：ON	
警报指示灯电源线	线束侧连接器12A－4(浅绿)－车体之间	钥匙开关：ON	
地线	线束侧连接器12A－6(黑)－车体之间	导通	
	线束侧连接器12A－7(黑粉)－车体之间	脱离开关置于ON	
	线束侧连接器12A－8(黑)－车体之间	输送链条传感器置于ON	
喇叭	线束侧卡接端子(茶)－车体之间	钥匙开关：ON	

诊断结论：

2. 对 2 号螺旋轴报警装置进行检修，记录检测数据，判断装置是否工作正常。

(1)2 号搅龙旋转传感器检测。

测量项目	测量端子	测量条件	检测数据
电源供给线	线束侧连接器绿线－车体之间	钥匙开关：ON	
地线	线束侧连接器黑线－车体之间	搭铁良好	

诊断结论：

(2)报警装置检测。

测量项目	测量端子	测量条件	检测数据
电源供给线	线束侧连接器 12A－12(茶)－车体之间	钥匙开关：ON	
警报指示灯电源供给线	线束侧连接器 12A－3(白)－车体之间	钥匙开关：ON	
地线	线束侧连接器 12A－6(黑)－车体之间	导通	
	线束侧连接器 12A－7(黑粉)－车体之间	脱离开关置于 ON	
	线束侧连接器 12A－9(绿)－车体之间	不导通、导通	

诊断结论：

(3)2 号搅龙警报指示灯检测。

测量项目	测量端子	测量条件	检测数据
指示灯	面板背面的端子 1－面板背面的端子 16 之间	导通	
电源供给线	线束侧连接器 12B－1(茶)－车体之间	钥匙开关：ON	
地线	线束侧连接器 6B－16(白)－车体之间	导通	

诊断结论：

3. 对充电、机油、水温、燃料系统报警装置进行检修，记录检测数据，判断装置是否工作正常。

(1)充电指示灯检测。

测量项目	测量端子	测量条件	检测数据
指示灯	面板背面的端子 1－面板背面的端子 3 之间	导通	
电源供给线	线束侧连接器 12B－1(茶)－车体之间	钥匙开关：ON	
地线	线束侧连接器 12B－3(黄红)－车体之间	搭铁良好	

诊断结论：

(2)发动机机油压力报警装置检测。

测量项目	测量端子	测量条件	检测数据
机油压力传感器	线束侧连接器茶黑—车体之间	钥匙开关：ON	
指示灯	面板背面的端子 1—面板背面的端子 4 之间	导通	
电源供给线	线束侧连接器 12B—1(茶)—车体之间	钥匙开关：ON	
地线	线束侧连接器 12B—4(茶黑)—车体之间	导通	
蜂鸣器电源供给线	线束侧连接器 2(茶)—车体之间	钥匙开关：ON	
蜂鸣器地线	线束侧连接器 1(茶黑)—车体之间	导通	

诊断结论：

_____

_____

(3)发动机水温报警装置检测。

测量项目	测量端子	测量条件	检测数据
水温指示灯	面板背面的端子 1—面板背面的端子 2 之间	导通	
水温指示灯电源供给线	线束侧连接器 12B—1(茶)—车体之间	钥匙开关：ON	
水温指示灯地线	线束侧连接器 12B—2(黄)—车体之间	导通	
水温传感器电源供给线	线束侧卡接端子(蓝)—车体之间	钥匙开关：ON	
警报装置电源供给线	线束侧连接器 12B—12(茶)—车体之间	钥匙开关：ON	
警报指示灯电源线	线束侧连接器 12A—2(黄)—车体之间	钥匙开关：ON	
警报装置地线	线束侧连接器 12A—6(黑)—车体之间	导通	
	线束侧连接器 12A—1(蓝黄)—车体之间	导通	

诊断结论：

_____

(4)发动机燃料警报装置检测。

测量项目	测量端子	测量条件	检测数据
燃料警报指示灯	面板背面的端子 1—面板背面的端子 18 之间	导通	
燃料警报指示灯电源供给线	线束侧连接器 12B—1(茶)—车体之间	钥匙开关：ON	
燃料警报指示灯地线	线束侧连接器 6B—18(黄绿)—车体之间	导通	
测量项目	测量端子	测量条件	检测数据
燃料传感器	连接器端子之间	燃料用完	
		有燃料	
燃料传感器电源供给线	线束侧连接器 2(黄绿)—车体之间	钥匙开关：ON	
燃料传感器地线	线束侧连接器 1(黑)—车体之间	导通	

诊断结论：

_____

【检查】

根据任务实施情况，自我检查结果及问题解决方案如下：

_____

_____

_____

_____

_____

_____

_____

_____

【评估】

任务完成 情况评价	自我评价	优、良、中、差	总评：
	组内评价	优、良、中、差	
	教师评价	优、良、中、差	

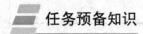

任务 2   联合收割机电气控制系统检测与维修

任务描述

联合收割机电气控制系统控制联合收割机行走与转向，完成收割、脱粒作业。其主要包括转向修正和旋转电气控制系统、自动（手动）脱粒深浅控制系统、收割部（割台）的升降控制系统。通过了解联合收割机电气控制系统的结构、工作原理，进行联合收割机电气控制系统组成元件的性能检测，正确评价联合收割机电气控制系统的技术性能，完成联合收割机电气控制系统故障的诊断与修理。

任务预备知识

2.1   转向修正和旋转电气控制系统的结构与原理

联合收割机转向修正和旋转动作是靠操作动力转向杆实现的。电气控制系统包括动力转向杆、方向杆开关、继电器、方向电磁线圈、方向电磁阀体、方向操作离合器油缸等。转向修正和旋转控制示意如图 7-17 所示，拨动动力转向杆，控制方向杆开关，以控制继电器的工作状态，从而控制方向电磁线圈的通断，以达到控制阀柱的动作的目的，并切换机油向各油缸的流动，最终实现转向修正和旋转动作。

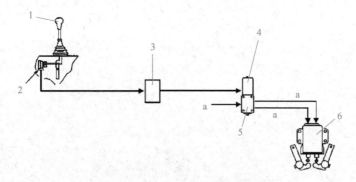

图 7-17 转向修正和旋转控制示意

1—动力转向杆；2—方向杆开关；3—继电器；
4—方向电磁线圈；5—方向电磁阀体；6—方向操作离合器油缸；a—油

向左右方向操作动力转向杆时，可仅使方向操作离合器断开而进行转向修正，也可使其刹车制动而进行旋转；向前后方向操作动力转向杆时，可进行收割部分的升降；向倾斜方向操作动力转向杆时，可同时进行收割部分的升降、转向修正和旋转。

2.1.1 方向杆开关机构

方向杆开关机构包括动力转向杆、方向转向杆、销部 A 等，如图 7-18 所示。方向杆开关机构的工作原理如下：

(1)如果要使联合收割机右转弯，则向右移动动力转向杆，动力转向杆则以支点螺栓为中心转动。方向杆开关在动力转向杆销部 A 动作的同时向左转动，内部开关闭合。

(2)如果要使联合收割机左转弯，则向左移动动力转向杆，动力转向杆则以支点螺栓为中心转动。方向杆开关在动力转向杆销部 A 动作的同时右转动，内部开关闭合。

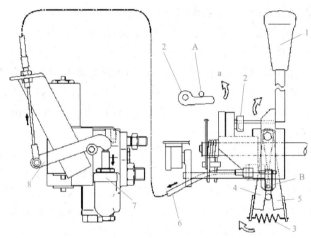

图 7-18 方向杆开关机构示意

1—动力转向杆；2—方向转向杆；3—复位弹簧；4—左制动臂；5—右制动臂；
6—动力制动绳；7—可调溢流阀；8—制动臂；A—销部；B—销部；a—右转

2.1.2 转向修正和旋转控制机构

转向修正和旋转控制机构包括复位弹簧、左制动臂、右制动臂、动力制动绳、可调溢流阀、制动臂、销部 B 等，如图 7-18 所示。转向修正和旋转控制机构的工作原理如下：

(1)左转向修正和左旋转。向左移动动力转向杆，到动力转向杆开关内部开关闭合为止，液压系统使操作离合器活塞被推出约 15.5 mm，使方向操作离合器分离，便会切断传向驱动轴的动力，实现联合收割机向左转向修正。

若继续向左移动动力转向杆，右制动臂在动力转向杆销部 B 动作的同时被压向右侧，拉紧动力制动绳的外层钢索(内部钢索被固定在制动臂的左面)，阀单元的制动臂受到内部钢索的牵引而向左转动，压入可调溢流阀，切断从制动口返回油箱的油路，液压系统使操作离合器活塞被继续推出(行程为 15.5～24 mm)，则会对驱动轴进行制动，实现联合收割机向左方向旋转。

(2)右转向修正和右旋转。向右移动动力转向杆，到动力转向杆开关内部开关闭合为止，液压系统使操作离合器活塞被推出约 15.5 mm，使方向操作离合器分离，便会切断传向驱动轴的动力，实现联合收割机向右转向修正。

若继续向右移动动力转向杆，左制动臂在动力转向杆销部 B 动作的同时被压向右侧，拉紧动力制动绳的外层钢索(内部钢索被固定在制动臂的左面)，阀单元的制动臂受到内部钢索的牵引而向右转动，压入可调溢流阀，切断从制动口返回油箱的油路，液压系统使操作离合器活塞被继续推出(行程为 15.5～24 mm)，则会对驱动轴进行制动，实现联合收割机向右方向旋转。

2.1.3　转向修正和旋转控制液压系统

转向控制液压系统包括动力转向杆、可调溢流阀、右方向操作离合器油缸、左方向操作离合器油缸、方向电磁阀、溢流阀、液压泵、油箱等。转向修正和旋转控制液压系统的工作原理如下：

(1)当动力转向杆处于中立位置时，从液压泵流出的机油经 P 口进入阀内，然后流向 T 口，返回油箱，联合收割机保持直线行走，如图 7-19(a)所示。

(2)将动力转向杆扳向左侧，到动力方向杆开关内部开关闭合为止，电磁线圈 b 通电，阀柱向左移动，从泵内流出的机油自 P 口流入阀内，并通过 B 口使左方向操作离合器油缸活塞被推出约 15.5 mm，使方向操作离合器分离，便会切断传向驱动轴的动力，实现联合收割机向左转向修正。若继续向左移动动力转向杆，通过传动机构，可调溢流阀被压入，切断从制动口返回油箱的油路，液压系统使操作离合器活塞被继续推出(行程为 15.5～24 mm)，则会对驱动轴进行制动，实现联合收割机向左方向旋转，如图 7-19(b)所示。

(3)将动力转向杆扳向右侧，到动力方向杆开关内部开关闭合为止，电磁线圈 a 通电，阀柱向右移动，从泵内流出的机油自 P 口流入阀内，并通过 A 口使右方向操作离合器油缸活塞被推出约 15.5 mm，使方向操作离合器分离，便会切断传向驱动轴的动力，实现联合收割机向右转向修正。若继续向右移动动力转向杆，通过传动机构，可调溢流阀被压入，切断从制动口返回油箱的油路，液压系统使操作离合器活塞被继续推出(行程为 15.5～24 mm)，则会对驱动轴进行制动，实现联合收割机向右方向旋转，如图 7-19(c)所示。

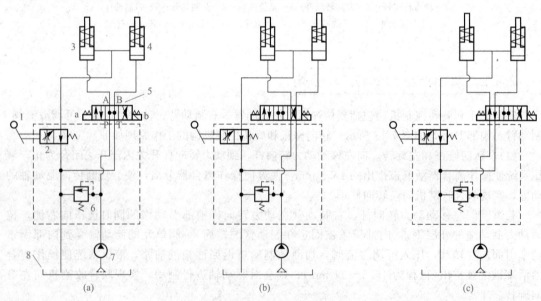

图 7-19　转向控制液压系统

(a)中立时；(b)左油缸动作时；(c)右油缸动作时

1—动力转向杆；2—可调溢流阀；3—右方向操作离合器油缸；
4—左方向操作离合器油缸；5—方向电磁阀；6—溢流阀；7—液压泵；8—油箱

2.1.4　转向修正和旋转控制电路

转向修正和旋转控制电路包括蓄电池、左方向继电器、右方向继电器、方向电磁线圈（左、右）、方向杆开关等。转向修正和旋转控制电路的工作原理如下：

（1）左转向修正和旋转控制。如图7-20所示，将动力转向杆扳向左侧，内部开关闭合时，电流由蓄电池正极→开关→左方向继电器内部线圈→动力转向杆开关闭合触点→蓄电池负极，使左方向继电器内部触点闭合。

此时，电流由蓄电池正极→开关→方向电磁线圈（左侧线圈）→左方向继电器内部闭合触点→蓄电池负极，方向电磁阀向左侧动作，油流向左方向操作油缸，左方向操作离合器油缸活塞被推出约15.5 mm，通过液压传动实现联合收割机左转向修正和旋转。

（2）右转向修正和旋转控制。如图7-20所示，将动力转向杆扳向右侧，内部开关闭合时，电流由蓄电池正极→开关→右方向继电器内部线圈→动力转向杆开关闭合触点→蓄电池负极，使右方向继电器内部触点闭合。

此时，电流由蓄电池正极→开关→方向电磁线圈（右侧线圈）→右方向继电器内部闭合触点→蓄电池负

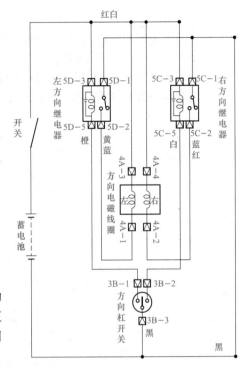

图7-20　转向修正和旋转控制电路

极，方向电磁阀的右侧动作，油流向右方向操作油缸，右方向操作离合器油缸活塞被推出约15.5 mm，通过液压传动实现联合收割机右转向修正和旋转。

2.2　收割部升降电气控制系统的结构与原理

联合收割机收割部的升降动作是靠操作动力转向杆实现的。电气控制系统包括动力转向杆、收割部高度杆开关、继电器、收割部电磁线圈、收割部油缸、收割部电磁阀体等。收割部的升降控制示意如图7-21所示，拨动动力转向杆，控制收割部高度杆开关，以控制继电器的工作状态，从而控制收割部电磁线圈的通断，以达到控制阀柱的动作的目的，并切换机油向各油缸的流动，最终实现收割部的升降动作。

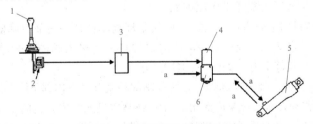

图7-21　收割部的升降控制示意

1—动力转向杆；2—收割部高度杆开关；3—继电器；

4—收割部电磁线圈；5—收割部油缸；6—收割部电磁阀体；a—油

向前后方向操作动力转向杆时，可进行收割部分的升降；向左右方向操作动力转向杆时，可仅使方向操作离合器断开而进行转向修正，也可使其刹车制动而进行旋转；向倾斜方向操作动力转向杆时，可同时进行收割部分的升降、转向修正和旋转。

2.2.1 收割部高度杆开关机构

收割部高度杆开关机构包括动力转向杆、收割部高度杆开关、销部A、支点轴等，如图7-22所示。收割部高度杆开关机构的工作原理如下：

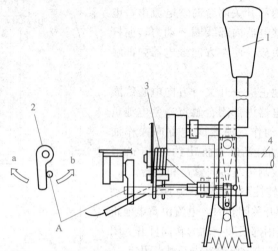

图7-22 收割部高度杆开关机构示意

1—动力转向杆；2—收割部高度杆开关；3—复位弹簧；
4—支点轴；A—销部；a—上升方向；b—下降方向

（1）如果要使收割部上升，则向上升方向（后方）移动动力转向杆，动力转向杆和转向杆支点以支点轴为中心转动。收割部高度杆开关在转向杆支点销部向 a 方向动作的同时向左转动，内部上升侧的开关闭合。

（2）如果要使收割部下降，则向下降方向（前方）移动动力转向杆，动力转向杆和转向杆支点以支点轴为中心转动（上升时相反）。收割部高度杆开关在转向杆支点销部向 b 方向动作的同时向右转动，下降侧的开关闭合。

2.2.2 收割部升降控制液压系统

收割部升降控制液压系统包括收割升降油缸、单向阀、升降电磁阀、溢流阀、液压泵、油箱等。收割部升降控制液压系统的工作原理如下：

（1）将动力转向杆扳向上升方向（后方），使收割部高度杆开关内部上降侧的开关闭合，电磁线圈 a 通电，阀柱向右移动，从液压泵内流出的机油自 P 口进入阀内，并通过 A 口流向收割油缸，将活塞推出，使收割部上升，如图7-23(b)所示。

（2）将动力转向杆扳向下降方向（前方），使收割部高度杆开关内部下降侧的开关闭合，电磁线圈 b 通电，阀柱向左移动，从液压泵内流出的机油自 P 口进入阀内，流向 B 口。该受压油作用于单向阀的提升阀上，油缸内的机油在收割部自重的作用下压缩，通过单向阀送入电磁线圈的 A 口，此时，由于 A 口与油箱口相连，因此机油返回油箱，使收割部下降，如图7-23(c)所示。

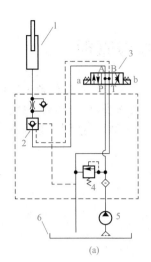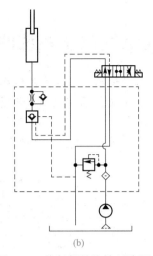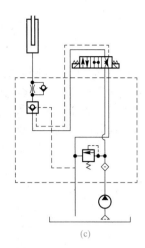

图 7-23　收割部升降控制液压系统

(a)中立时；(b)上升时；(c)下降时

1—收割升降油缸；2—单向阀；3—升降电磁阀；4—溢流阀；5—液压泵；6—油箱

2.2.3　收割部升降控制电路

收割部升降控制电路包括蓄电池、收割部升降继电器(上升)、收割部升降继电器(下降)、收割部升降电磁线圈(上升、下降)、收割杆开关等。收割部升降控制电路的工作原理如下：

(1)收割部上升控制。如图 7-24 所示，将动力转向杆扳向上升方向(后方)，收割部高度杆开关内部上升侧的开关闭合，电流由蓄电池正极→开关→收割部升降继电器(上升)的内部线圈→收割部高度杆开关闭合触点→蓄电池负极，使收割部升降继电器(上升)的内部触点闭合。

此时，电流由蓄电池正极→开关→收割部升降电磁线圈(上升侧)→收割部升降继电器(上升)的内部触点→蓄电池负极，将收割部升降电磁阀切换到使收割部上升的方向，受压油流入油缸，将活塞推出，使收割部上升。

(2)收割部下降控制。如图 7-24 所示，将动力转向杆扳向下降方向(前方)，收割部高度杆开关内部下降侧的开关闭合，电流由蓄电池正极→开关→收割部升降继电器(下降)的内部线圈→收割部高度杆

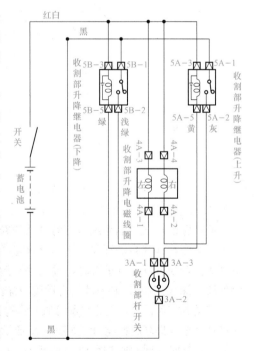

图 7-24　收割部升降控制电路

开关闭合触点→蓄电池负极，使收割部升降继电器(下降)的内部触点闭合。

此时，电流由蓄电池正极→开关→收割部升降电磁线圈(下降侧)→收割部升降继电器(下降)的内部触点→蓄电池负极，将收割部升降电磁阀切换到使收割部下降的方向，油缸内的油返回油箱，在收割部自重的作用下下降。

2.3 脱粒深浅电气控制系统的结构与原理

脱粒深浅电气控制系统的作用是调节供给到脱粒室的作物长度，即调节穗端的位置，对作物有效地进行脱粒。脱粒深浅电气控制系统包括蓄电池、熔断丝、脱粒深浅限位开关、脱粒深浅继电器、脱粒深浅驱动电机、脱粒深浅手动开关、脱粒深浅自动开关、穗端传感器(穗端侧)、穗端传感器(茎根侧)、茎根传感器、脱粒开关等元件，如图 7-25 所示。

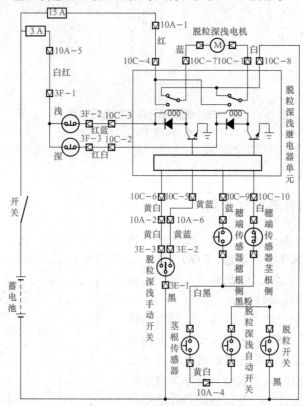

图 7-25　自动脱粒深浅控制电路

脱粒深浅电气控制系统可分为自动脱粒深浅控制和手动脱粒深浅控制两种模式。如图 7-25 所示，当脱粒深浅自动开关处于闭合状态(ON)时，进入自动脱粒深浅控制模式；当脱粒深浅自动开关处于断开状态(OFF)时，进入手动脱粒深浅控制模式，拨动脱粒深浅手动开关，实现作物的脱粒深浅控制(控制原理与自动脱粒深浅控制模式相似)。

自动脱粒深浅控制是指检测已收割作物穗端的位置，并自动将进入脱粒室中的作物长度保持在最佳状态以提高脱粒能力。如图 7-25 所示，当脱粒开关、脱粒深浅自动开关、茎根传感器都处于闭合位置时，同时脱粒深浅手动开关、穗端传感器无动作，自动脱粒深浅电气控制系统开始工作。

2.3.1　自动深脱粒控制

自动脱粒深浅电气控制系统开始工作后，当穗端传感器(茎根侧)触点被打开，而穗端传感器(穗端侧)触点处于打开状态时，脱粒深浅继电器单元中的右边三极管导通。如图 7-25 所示，电流由蓄电池正极→开关→3 A保险丝→脱粒深浅限位开关(深)→脱粒深浅继电器单元中的右边线圈→三极管→搭铁→蓄电池负极,使脱粒深浅继电器单元中的右边常开触点闭合。

此时,电流由蓄电池正极→开关→15 A保险丝→脱粒深浅继电器单元中的右边闭合触点→脱粒深浅电机→脱粒深浅继电器单元中的左边常闭触点→蓄电池负极,使脱粒深浅电机运转,驱动脱粒深浅链条部,将作物往深脱粒方向输送,以达到深脱粒目的。

当达到最深脱粒位置时,脱粒深浅限位开关(深)触点打开,脱粒深浅继电器单元中的右边线圈断电,脱粒深浅继电器单元中的右边常开触点恢复原状,电机停止运转。

2.3.2　自动浅脱粒控制

自动脱粒深浅电气控制系统开始工作后,当穗端传感器(茎根侧)触点被闭合,而穗端传感器(穗端侧)触点处于闭合状态时,脱粒深浅继电器单元中的左边三极管导通。如图7-25所示,电流由蓄电池正极→开关→3 A保险丝→脱粒深浅限位开关(浅)→脱粒深浅继电器单元中的左边线圈→三极管→搭铁→蓄电池负极,使脱粒深浅继电器单元中的左边常开触点闭合。

此时,电流由蓄电池正极→开关→15 A保险丝→脱粒深浅继电器单元中的左边闭合触点→脱粒深浅电机→脱粒深浅继电器单元中的右边常闭触点→蓄电池负极,使脱粒深浅电机运转,驱动脱粒深浅链条部,将作物往浅脱粒方向输送,以达到浅脱粒目的。

当达到最浅脱粒位置时,脱粒深浅限位开关(浅)触点打开,脱粒深浅继电器单元中的左边线圈断电,脱粒深浅继电器单元中的左边常开触点恢复原状,电机停止运转。

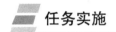 任务实施

2.1　检测转向修正和旋转电气控制系统性能

2.1.1　检测转向修正和旋转开关性能

如图7-26所示为转向修正和旋转开关及连接器。使用万用表对转向开关侧的连接器端子进行检测,检查方法和标准值见表7-19所示。

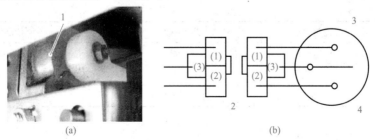

图7-26　转向修正和旋转开关及连接器

(a)方向杆开关安装位置;(b)连接器

1—方向杆开关;2—连接器3B;3—左转;4—右转

表 7-19　检查方法和标准值

测量部位	测量端子	测量条件	标准值
开关侧连接器	3—2 之间	动力转向杆：中立、左转	∞ Ω
		动力转向杆：右转	0 Ω
	3—1 之间	动力转向杆：中立、右转	∞ Ω
		动力转向杆：左转	0 Ω
	3—车体之间	搭铁良好	0 Ω

2.1.2　检测转向修正和旋转电磁线圈性能

如图 7-27 所示为转向修正和旋转电磁线圈及连接器。利用导线在相关端子之间施加蓄电池电压，如电磁线圈动作则表示正常，见表 7-20 所示。

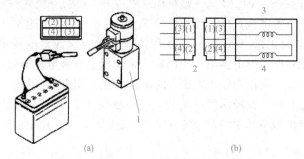

图 7-27　转向修正和旋转电磁线圈及连接器

(a)转向修正和旋转电磁线圈检测图；(b)连接器

1—转向修正和旋转电磁线圈；2—连接器 4B；3—左侧；4—右侧

表 7-20　电磁线圈性能检测结果

线圈名称	电源负极	电源正极	结果
左侧	1	3	电磁线圈动作
右侧	2	4	电磁线圈动作

如图 7-27 所示，使用万用表对转向、修正电磁线圈连接器端子进行检测，检查方法和标准值见表 7-21。

表 7-21　检查方法和标准值

测量部位	测量端子	测量条件	标准值
电磁线圈	1—3 之间	左侧	5.5 kΩ
	2—4 之间	右侧	5.5 kΩ
线束侧连接器	3、4—车体之间	主开关：ON	DC11～16 V

2.1.3　检测转向修正和旋转继电器性能

如图 7-28 所示为转向修正和旋转继电器及连接器。使用万用表对转向修正和旋转继电器连接器端子进行检测，检查方法和标准值见表 7-22。

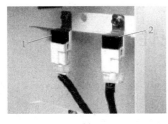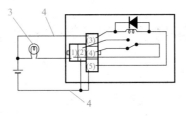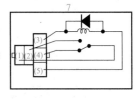

(a) (b) (c)

图 7-28　转向修正和旋转继电器及连接器

(a)方向继电器安装位置；(b)检测接线图；(c)连接器

1—方向继电器(右)；2—方向继电器(左)；3—指示灯；4—导线；

5—连接器5A、5B；6—连接器(配线侧)；7—连接器(继电器侧)

表 7-22　检查方法和标准值

测量部位	测量端子	测量条件	标准值
线束侧连接器	3—车体之间	主开关：ON	DC11～16 V
	2—车体之间		
	1—车体之间	搭铁良好	0 Ω
	5—车体之间		

2.1.4　诊断与排除转向修正和旋转电气控制系统故障

转向修正和旋转电气控制系统故障包括以下几类：

(1)左右方向操作油缸均不动作；

(2)左或右方向操作油缸不动作；

(3)动力转向杆处于中立位置(手不接触转向杆)时，左或右方向操作油缸动作。

转向修正和旋转电气控制系统故障的原因及排除方法见表 7-23。

表 7-23　转向修正和旋转电气控制系统故障的原因及排除方法

故障现象	分析故障	排除故障
左右方向操作油缸均不动作	方向杆开关不良	更换
	继电器单元地线不良	维修
	保险丝熔断	更换
左或右方向操作油缸不动作	方向杆开关不良	更换
	方向继电器(右或左)未接通电源	维修
	方向继电器不良	更换
	方向电磁线圈(右或左)不良	
动力转向杆处于中立位置(手不接触转向杆)时，左或右方向操作油缸动作	方向杆开关安装位置不良	维修
	方向继电器(右或左)不良	更换

2.2 检测收割部升降控制系统性能

2.2.1 检测收割部升降杆开关性能

如图 7-29 所示为收割部升降杆开关及连接器。使用万用表对收割部升降杆开关连接器端子线束进行检测，检查方法和标准值见表 7-24。

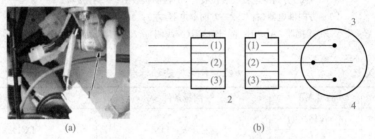

(a)   (b)

图 7-29　收割部升降杆开关及连接器

(a)收割部升降杆开关安装位置；(b)连接器

1—收割部升降杆开关；2—连接器 3A；3—下降侧；4—上升侧

表 7-24　检查方法和标准值

测量部位	测量端子	测量条件	标准值
开关侧连接器	2—3 之间	动力转向杆：中立、下降	∞ Ω
		动力转向杆：上升	0 Ω
	2—1 之间	动力转向杆：中立、上升	∞ Ω
		动力转向杆：下降	0 Ω
线束侧连接器	1、3—车体之间	主开关：ON	DC11～16 V
	2—车体之间	搭铁良好	0 Ω

2.2.2 检测收割部升降电磁线圈性能

如图 7-30 所示，利用导线在相关端子之间施加蓄电池电压，如电磁线圈动作则表示正常，见表 7-25。

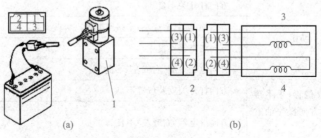

(a)   (b)

图 7-30　收割部升降电磁线圈及连接器

(a)收割部升降电磁线圈检测图；(b)连接器

1—收割部升降电磁线圈；2—连接器 4B；3—下降侧；4—上升侧

表 7-25　检查方法和结果

线圈名称	电源负极	电源正极	结果
下降侧	1	3	电磁线圈动作
上升侧	2	4	电磁线圈动作

如图 7-30 所示为收割部升降电磁线圈及连接器。使用万用表对收割部升降电磁线圈连接器端子线束进行检测，检查方法和标准值见表 7-26 所示。

表 7-26　检查方法和标准值

测量部位	测量端子	测量条件	标准值
电磁线圈	1—3 之间	下降侧	5.5 kΩ
	2—4 之间	上升侧	5.5 kΩ
线束侧连接器	3、4—车体之间	主开关：ON	DC11~16 V

2.2.3　检测收割部升降继电器性能

如图 7-31 所示，用导线将继电器、蓄电池和指示灯连在一起，此时，指示灯点亮。拆下连接器端子 5 上连接的导线，指示灯熄灭。

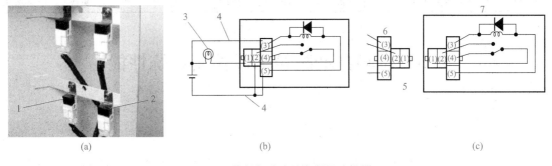

图 7-31　收割部升降继电器及连接器

(a)割台升降继电器安装位置；(b)检测接线图；(c)连接器

1—收割部升降继电器(上升)；2—收割部升降继电器(下降)；3—指示灯；
4—导线；5—连接器 5A、5B；6—连接器(配线侧)；7—连接器(继电器侧)

如图 7-31 所示为收割部升降继电器及连接器。使用万用表对收割部升降继电器连接器端子线束进行检测，检查方法和标准值见表 7-27。

表 7-27　检查方法和标准值

测量部位	测量端子	测量条件	标准值
线束侧连接器	3—车体之间	主开关：ON	DC11~16 V
	2—车体之间		
	1—车体之间	搭铁良好	0 Ω
	5—车体之间		

2.2.4 诊断与排除收割部升降电气控制系统故障

收割部升降电气控制系统故障包括以下几类：

(1)收割部的上升、下降均不动作；

(2)收割部不上升或不下降；

(3)动力转向杆处于中立位置(手不接触转向杆)时，收割部上升或下降。

收割部升降电气控制系统故障的原因及排除方法见表7-28。

表7-28 收割部升降电气控制系统故障的原因及排除方法

故障现象	分析故障	排除故障
收割部的上升、下降均不动作	收割部升降杆开关不良	更换
	继电器单元地线不良	维修
	保险丝熔断	更换
收割部不上升或不下降	收割部升降杆开关(上升或下降侧)不良	更换
	收割部上升(下降)继电器未接通电源	维修
	收割部上升(下降)继电器不良	更换
	上升(下降)侧电磁线圈不良	
动力转向杆处于中立位置(手不接触转向杆)时，收割部上升或下降	收割部升降杆开关的安装位置不良	维修
	收割部上升(下降)继电器不良	更换

2.3 检测自动脱粒深浅控制系统性能

2.3.1 检测脱粒深浅电机及继电器性能

如图7-32所示为脱粒深浅电机及继电器。使用万用表对脱粒深浅电机及继电器连接器端子线束进行检测，检测方法和标准值见表7-29。

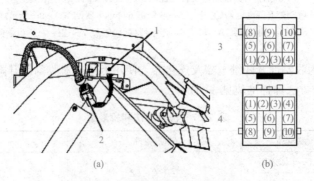

图 7-32 脱粒深浅电机及继电器

(a)脱粒深浅继电器安装位置；(b)连接器

1—脱粒深浅继电器；2—连接器；3—连接器(配线侧)；4—连接器1(继电器侧)

表 7-29　检测方法和标准值

测量项目	测量端子	测量条件	标准值
脱粒深浅电机电源	4—车体之间	主开关：ON	DC11~16 V
脱粒深浅电机搭铁线	8—车体之间	搭铁良好	0 Ω
脱粒深浅电机	7—1 之间	导通	1 Ω
深脱粒继电器电源	2—车体之间	主开关：ON	DC11~16 V(深脱粒侧行程终端除外) DC0 V(深脱粒侧行程终端)
浅脱粒继电器电源	3—车体之间	主开关：ON	DC11~16 V(浅脱粒侧行程终端除外) DC0 V(浅脱粒侧行程终端)
手动开关	6—车体之间	搭铁良好	∞ Ω(未操作手动开关时) 0 Ω[将手动开关扳到深(上)侧时]
	5—车体之间	搭铁良好	∞ Ω(未操作手动开关时) 0 Ω[将手动开关扳到浅(下)侧时]

2.3.2　检测茎根传感器、脱粒深浅自动开关、穗端传感器、脱粒开关性能

如图 7-33 所示为茎根传感器、脱粒深浅自动开关、穗端传感器、脱粒开关。使用万用表对茎根传感器、脱粒深浅自动开关、穗端传感器、脱粒开关连接器端子线束进行检测，检查方法和标准值见表 7-30。

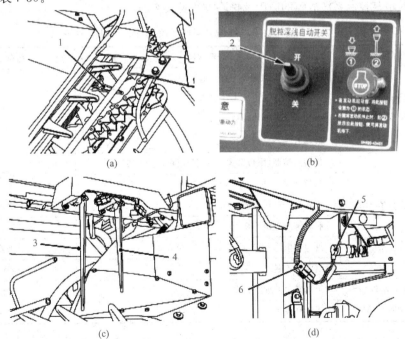

(a)　　　　　　　　　　(b)

(c)　　　　　　　　　　(d)

图 7-33　茎根传感器、脱粒深浅自动开关、穗端传感器、脱粒开关

(a)茎根传感器安装位置；(b)脱粒深浅自动开关；(c)穗端传感器安装位置；(d)连接器安装位置

1—茎根传感器；2—脱粒深浅自动开关；

3—穗端传感器 S1；4—穗端传感器 S2；5—脱粒开关；6—连接器

表 7-30 检查方法和标准值

测量项目	测量端子	测量条件	标准值
茎根传感器	传感器侧连接器端子之间	传感器 ON	0 Ω
		传感器 OFF	∞ Ω
穗端传感器(穗端侧)	传感器侧连接器端子之间	传感器 ON	0 Ω
		传感器 OFF	∞ Ω
穗端传感器(茎根侧)	传感器侧连接器端子之间	传感器 ON	∞ Ω
		传感器 OFF	0 Ω
脱粒深浅自动开关	开关侧连接器端子之间	开 ON	0 Ω
		关 OFF	∞ Ω
脱粒开关	传感器侧连接器端子之间	开关 ON	0 Ω
		开关 OFF	∞ Ω

2.3.3 诊断与排除脱粒深浅电气控制系统故障

脱粒深浅电气控制系统故障包括以下几类:

(1)自动脱粒深浅控制时不动作,但手动时正常动作;

(2)脱粒深浅链条在自动、手动时均不动作;

(3)脱粒深浅链条在自动时动作,但在手动时不动作。

脱粒深浅电气控制系统故障的原因及排除方法见表 7-31。

表 7-31 脱粒深浅电气控制系统故障的原因及排除方法

故障现象	分析故障	排除故障
自动脱粒深浅控制时不动作,但手动时正常动作	脱粒深浅自动开关不良或地线断线	更换或维修
	穗端传感器不良或地线断线	
	茎根开关不良或地线断线	
	脱粒开关不良或地线断线	
脱粒深浅链条在自动、手动时均不动作	保险丝熔断(限位开关 3 A/脱粒深浅电机 15 A)	更换
	限位开关不良	
	脱粒深浅电机电源、地线不良	维修
	脱粒深浅电机不良	更换
	继电器电源不良	维修
	继电器不良	变换
脱粒深浅链条在自动时动作,但在手动时不动作	手动开关的地线不良	维修
	手动开关不良	更换

任务实施工作单

【资讯】

一、器材及资料

_____

_____

_____

_____

二、相关知识

1. 结合自动脱粒深浅控制电路，简述其自动深脱粒控制工作原理。

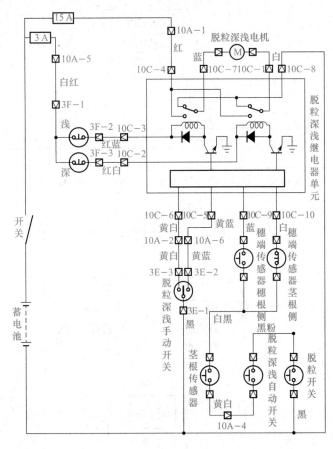

_____

_____

_____

_____

_____

_____

2. 结合收割部升降控制电路，简述其收割部上升控制工作原理。

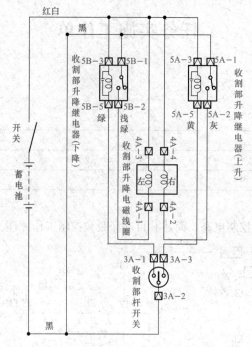

_____

_____

3. 结合转向修正和旋转控制电路，简述其转向修正和旋转控制工作原理。

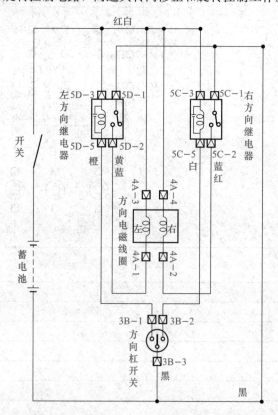

_____

_____

_____

_____

_____

_____

_____

_____

_____

_____

【计划与决策】

_____

_____

_____

【实施】

1. 对自动脱粒深浅控制系统检修，记录检测数据，判断装置是否工作正常。

(1)脱粒深浅电机及继电器检测。

测量项目	测量端子	测量条件	检测数据
脱粒深浅电机电源	4—车体之间	钥匙开关：ON	
脱粒深浅电机地线	8—车体之间	搭铁良好	
脱粒深浅电机	7—1之间	导通	
深脱粒继电器电源	2—车体之间	钥匙开关：ON	
浅脱粒继电器电源	3—车体之间	钥匙开关：ON	
手动开关	6—车体之间	搭铁良好	
	5—车体之间	搭铁良好	

诊断结论：

_____

(2)茎根传感器、脱粒深浅自动开关、穗端传感器、脱粒开关检测。

测量项目	测量端子	测量条件	检测数据
茎根传感器	传感器侧连接器端子之间	传感器 ON	
		传感器 OFF	
穗端传感器(穗端侧)	传感器侧连接器端子之间	传感器 ON	
		传感器 OFF	
穗端传感器(茎根侧)	传感器侧连接器端子之间	传感器 ON	
		传感器 OFF	

测量项目	测量端子	测量条件	检测数据
脱粒深浅自动开关	开关侧连接器端子之间	开	
		关	
脱粒开关	传感器侧连接器端子之间	开关 ON	
		开关 OFF	

诊断结论：

2. 对收割部升降控制系统检修，记录检测数据，判断装置是否工作正常。

（1）收割部升降杆开关性能检测。

测量部位	测量端子	测量条件	检测数据
开关侧连接器	2—3之间	动力转向杆：中立、下降	
		动力转向杆：上升	
	2—1之间	动力转向杆：中立、上升	
		动力转向杆：下降	
线束侧连接器	1、3—车体之间	钥匙开关：ON	
	2—车体之间	搭铁良好	

诊断结论：

（2）收割部升降电磁线圈性能检测。

利用导线在相关端子之间施加蓄电池电压。

线圈名称	电源负极	电源正极	结果
下降侧	1	3	
上升侧	2	4	

使用万用表对收割部升降电磁线圈连接器端子线束检测。

测量部位	测量端子	测量条件	检测数据
电磁线圈	1—3之间	下降侧	
	2—4之间	上升侧	
线束侧连接器	3、4—车体之间	钥匙开关：ON	

(3)收割部升降继电器性能检测。

测量部位	测量端子	测量条件	检测数据
线束侧连接器	3－车体之间	钥匙开关：ON	
	2－车体之间		
	1－车体之间	搭铁良好	
	5－车体之间		

诊断结论：

_____

_____

3. 对转向、修正电气控制系统检修，记录检测数据，判断装置是否工作正常。

(1)转向、修正开关性能检测。

测量部位	测量端子	测量条件	检测数据
开关侧连接器	3－2之间	动力转向杆：中立、左转	
		动力转向杆：右转	
	3－1之间	动力转向杆：中立、右转	
		动力转向杆：左转	
	3－车体之间	搭铁良好	

诊断结论：

_____

_____

(2)转向、修正电磁线圈性能检测。

利用导线在相关端子之间施加蓄电池电压。

线圈名称	电源负极	电源正极	结果
左侧	1	3	
右侧	2	4	

使用万用表对转向、修正电磁线圈连接器端子进行检测。

测量部位	测量端子	测量条件	检测数据
电磁线圈	1－3之间	左侧	
	2－4之间	右侧	
线束侧连接器	3、4－车体之间	钥匙开关：ON	

诊断结论：

_____

_____

(3)转向、修正继电器性能检测。

测量部位	测量端子	测量条件	检测数据
线束侧连接器	3—车体之间	钥匙开关：ON	
	2—车体之间		
	1—车体之间	搭铁良好	
	5—车体之间		

诊断结论：

_____

【检查】

根据任务实施情况，自我检查结果及问题解决方案如下：

_____

_____

_____

【评估】

任务完成情况评价	自我评价	优、良、中、差	总评：
	组内评价	优、良、中、差	
	教师评价	优、良、中、差	

实践与思考

一、实践项目

1. 按照本项目"任务1"中的任务实施要求，检测排草报警系统性能。

2. 按照本项目"任务1"中的任务实施要求，诊断与排除排草报警系统故障。

3. 按照本项目"任务1"中的任务实施要求，检测2号螺旋轴报警系统性能。

4. 按照本项目"任务1"中的任务实施要求，诊断与排除2号螺旋轴警报故障。

5. 按照本项目"任务1"中的任务实施要求，检测辅助报警系统性能。

6. 按照本项目"任务1"中的任务实施要求，诊断与排除辅助报警系统故障。

7. 按照本项目"任务2"中的任务实施要求，检测转向修正和旋转电气控制系统性能。

8. 按照本项目"任务2"中的任务实施要求，诊断与排除转向修正和旋转电气控制系统故障。

9. 按照本项目"任务2"中的任务实施要求，检测收割部升降控制系统性能。

10. 按照本项目"任务2"中的任务实施要求，诊断与排除收割部升降电气控制系统故障。

11. 按照本项目"任务2"中的任务实施要求，检测自动脱粒深浅控制系统性能。

12. 按照本项目"任务2"中的任务实施要求，诊断与排除脱粒深浅电气控制系统故障。

二、思考题

1. 叙述联合收割机排草堵塞报警系统的工作原理。

2. 叙述联合收割机2号螺旋轴堵塞报警系统的工作原理。

3. 叙述联合收割机转向修正和旋转电气控制系统的工作原理。

4. 叙述联合收割机收割部升降电气控制系统的工作原理。

5. 叙述联合收割机自动脱粒深浅电气控制系统的工作原理。

项目8 插秧机电气系统维修

项目描述

　　本项目的要求是掌握插秧机插植部水平控制系统、报警控制系统的结构与工作原理等知识，完成插秧机插植部水平控制系统、报警控制系统元件的性能检测，以及故障维修等工作任务。

项目目标

　　1. 掌握插秧机插植部水平控制系统的结构、工作原理。能对插秧机插植部水平控制系统的技术性能进行正确评价。能正确分析插秧机插植部水平控制系统故障，能进行插秧机插植部水平控制系统的故障维修。

　　2. 掌握插秧机报警控制系统的结构、工作原理。能对插秧机报警控制系统的技术性能进行正确评价。能正确分析插秧机报警控制系统故障，能进行插秧机报警控制系统的故障维修。

　　3. 树立爱岗敬业、精益求精的意识，增强创新精神和社会责任感。

课程思政学习指引

　　通过介绍我国农机研发、生产、维修工作者的先进事迹，强化爱岗敬业教育，鼓励学生为国家农机工业技术创新而努力学习。讲述我国农机研发、生产、维修工作者在平凡工作中做出的不平凡贡献，邀请农机维修企业的知名工匠前来学校授课，催发学生的创新精神和社会责任感，增强学生锐意进取的内驱动力。

任务　插秧机电气控制系统检测与维修

任务描述

　　插秧机插植部水平控制、警报等电气系统是确保插秧机正常工作的重要组成部分。通过了解插秧机电气控制系统的作用、类型、组成、工作原理，进行插秧机电气系统主要元件的性能检测，正确评价插秧机电气系统的技术性能，完成插秧机电气系统故障的诊断与修理。

1.1 插秧机插植部水平控制系统的结构与原理

插植部水平控制系统实时采集田块的平整度，调整控制插植部（插秧）的水平高度，保证所有秧苗插入泥土的深度达到规定要求，在提高插秧机的工作效率的同时保证插秧质量。该系统由田块平整度信息采集单元、信息处理单元和执行单元三部分组成。田块平整度信息采集单元主要由倾斜角传感器构成，信息处理单元由单片机构成，执行单元由水平控制继电器和直流电机构成。系统硬件结构如图 8-1 所示。

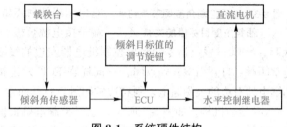

图 8-1 系统硬件结构

在插秧机作业过程中，倾斜角传感器实时采集插植部的水平位置信号，并以模拟信号形式发送给信息处理单元，信息处理单元（ECU）将这个信号与倾斜目标值进行比较，产生开关控制命令，来控制水平控制继电器工作，从而实现对直流电机的转动方向控制，使插植部保持水平，保证插秧质量。其控制流程如图 8-2 所示。

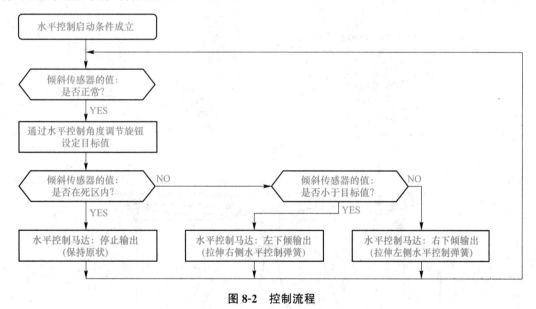

图 8-2 控制流程

1.1.1 插植部水平控制系统部件

（1）水平控制角度调节旋钮。水平控制角度调节旋钮的作用是根据田块情况预设定插秧部左右倾斜目标值。水平控制角度的调节范围为插秧部角度−2°（左下倾）～0°（水平）～+2°（右下倾）。在手动转动调节旋钮时，将产生与调节范围（目标值）相对应的模拟输入信号 ECU。水平

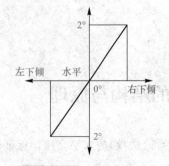

**图8-3 水平控制角度调节旋钮和
倾斜角度目标值的关系**

控制角度调节旋钮和倾斜角度目标值的关系如图8-3所示。

（2）倾斜角传感器。倾斜角传感器用于检测插秧部的左右倾斜状态。为了保证传感器的测量精度，倾斜角传感器被安装在秧苗传送箱的支架上，使其敏感轴与插秧部的旋转轴垂直，插秧部处于水平状态时，倾斜角传感器输出约2.0 V的电压，插秧部左下倾时，输出电压降低（2.0 V→0.5 V）；右下倾时，输出电压升高（2.0 V→3.5 V）。

（3）水平控制继电器。水平控制继电器，如图8-4所示，它由两组双触点继电器组成，图中1号端子接电源正极，5号端子接电源负极，3号、6号端子接电动机，2号、4号端子接

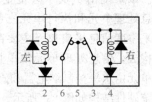

图8-4 水平控制继电器结构

ECU。当ECU发出指令使水平控制继电器左边的线圈通电，则左边常闭触点打开而常开触点闭合。同样当ECU发出指令使水平控制继电器右边的线圈通电，则右边常闭触点打开而常开触点闭合。

（4）传动机构。如图8-5所示，水平控制电机根据微型计算机单元的输出指令，通过水平控制继电器控制其正转或反转。水平控制电机的旋转力被传递到水平控制轴及水平控制滚轮上，通过水平控制拉索使右侧及左侧的水平控制弹簧左右动作。水平控制弹簧安装在载秧台端部的板上，随着载秧台的移动，插秧部以摆动支点毂为支点向左下倾斜或右下倾斜。

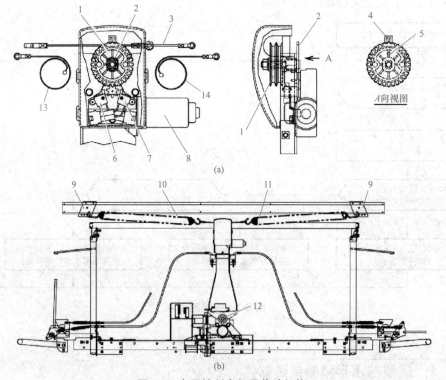

(a)

(b)

图8-5 水平控制电机及传动机构

(a)水平控制电机及传动附件；(b)水平控制电机及传动机构

1—水平控制滚轮；2—水平控制轴；3—水平控制拉索；4—突起部；5—对准标记；
6—水平控制限位开关(右)；7—水平控制限位开关(左)；8—水平控制马达；9—板；
10—水平控制弹簧(右)；11—水平控制弹簧(左)；12—摆动支点毂；13—组装右侧拉索；14—组装左侧拉索

1.1.2 插植部水平控制系统电路

高速插秧机插植部水平控制系统电路如图 8-6 所示。它由电源、点火开关、水平控制继电器、直流电机、水平控制限位开关(左、右)、控制单元(ECU)、栽插离合器开关、倾角传感器、倾斜目标值预设旋钮等组成。

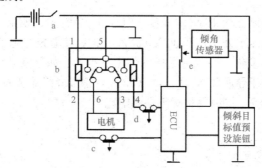

图 8-6 插植部水平控制系统电路

a—点火开关；b—水平控制继电器；c—水平控制限位开关(左)；d—水平控制限位开关(右)；e—栽插离合器开关

整个系统由蓄电池供电,当 ECU 接收到栽插离合器开关闭合信号后,ECU 将读取倾角传感器插秧部的位置信号,同时还读取水平控制角度调节旋钮设定的目标值信号,并比较这两个信号。根据运算结果,发出控制指令,接通水平控制继电器中左(右)电磁线圈的搭铁回路,使左(右)两个常开触点闭合,从而接通水平控制电机的电源,使水平控制电机正向(反向)旋转。

当测得插秧部的左倾(右倾)幅度超过设计值时,左侧(右侧)的水平控制限位开关将被顶开,切断左(右)电磁线圈的搭铁回路,使左(右)两个常开触点恢复原状,使水平控制电机停止工作。

1.2 插秧机报警控制系统的结构与原理

插秧机报警控制系统主要由秧苗用尽警报系统,以及发动机水温、燃油、机油、充电等辅助报警系统组成,如图 8-7 所示。插秧机通过蜂鸣器或指示灯输出,或通过两者同时动作,向操作人员提示作业中的异常情况。

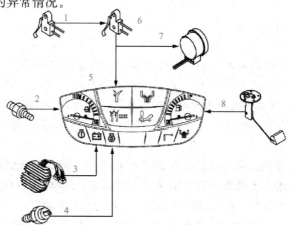

图 8-7 插秧机报警控制系统示意

1—秧苗用尽开关；2—水温传感器；3—调节器；4—机油压力传感器；5—仪表盘；
6—栽插离合器开关；7—警报蜂鸣器；8—燃料传感器

1.2.1 秧苗用尽警报系统

秧苗用尽警报系统的作用是在插秧机工作时检测载秧台上秧苗是否用完。该系统由蓄电池、秧苗用尽指示灯、警报蜂鸣器、栽插离合器开关、秧苗用尽开关、ECU 等组成。秧苗用尽警报系统电路如图 8-8 所示。

栽插离合器开关处于闭合状态时（即插秧机处于工作状态），如果载秧台上装有秧苗，则 6 个秧苗用尽开关都被秧苗压下处于打开（OFF）状态，ECU 使警报蜂鸣器和秧苗用尽指示灯电路开路，此时警报蜂鸣器不鸣响，秧苗用尽指示灯也不点亮。如果载秧台上缺少秧苗时，6 个秧苗用尽开关中的某 1 个处于导通（ON）状态，ECU 控制警报蜂鸣器和秧苗用尽指示灯电路导通，秧苗用尽警报指示灯即点亮，同时警报蜂鸣器鸣响。

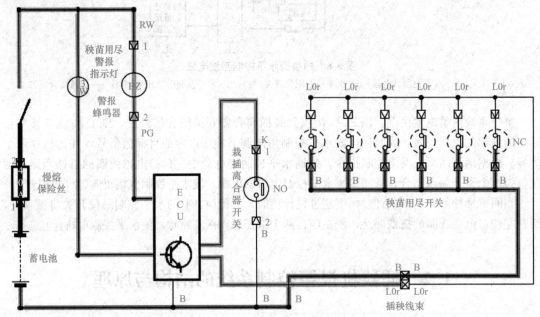

图 8-8　秧苗用尽警报系统电路

1.2.2　发动机报警系统

发动机报警系统包括冷却液水温报警、燃油报警、机油压力报警、充电报警、发动机报警等报警系统，如图 8-9 所示。

（1）水温报警电路。发动机水温报警电路由蓄电池、主开关、熔断丝、水温计（表）、水温传感器等组成，如图 8-9 所示。水温计（表）采用的是电磁式，水温传感器采用热敏电阻，工作原理详见项目 6 的任务 6.3。

水温报警电路控制原理：电流经蓄电池正极→主开关→熔断丝→仪表盘 14 端子→水温计（表）→仪表盘 4 端子→水温传感器→蓄电池负极。冷却液水温高时，热敏电阻呈低阻性，指针指向高温区；冷却液水温低时，热敏电阻呈高阻性，指针指向低温区。

（2）燃料报警电路。发动机燃料报警电路由蓄电池、主开关、熔断丝、燃料计（表）、燃料传感器等组成，如图 8-9 所示。燃料计（表）采用的是电磁式，燃料传感器采用浮子滑变电阻，工作原理详见项目6的任务6.3。

燃料报警电路控制原理：电流经蓄电池正极→主开关→熔断丝→仪表盘14端子→燃料计（表）→仪表盘1端子→燃料传感器→蓄电池负极。燃料充足时（油量增加时），浮子滑变电阻呈低阻性，指针指向满油区；燃料不足时（油量减少时），浮子滑变电阻呈高阻性，指针指向亏油区。

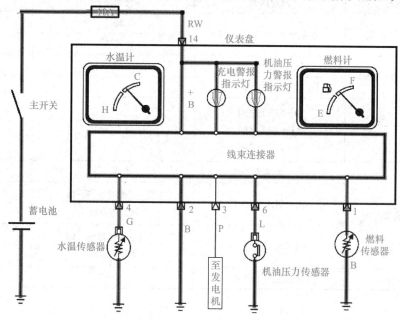

图8-9　发动机报警系统电路

(3)机油压力报警电路。发动机机油压力报警电路由蓄电池、主开关、熔断丝、机油压力警报指示灯、机油压力传感器等组成，如图8-9所示。

机油压力报警电路控制原理：电流经蓄电池正极→主开关→熔断丝→仪表盘14端子→机油压力警报指示灯→仪表盘6端子→机油压力传感器→蓄电池负极。机油压力符合标准值时，机油压力传感器触点打开，指示灯熄灭；机油压力低于标准值时，机油压力传感器触点闭合，指示灯点亮。

(4)充电报警电路。发动机充电报警电路由蓄电池、主开关、熔断丝、充电警报指示灯、发电机（调节器）等组成，如图8-9所示。充电工作原理详见项目3的任务3。

充电报警电路控制原理：电流经蓄电池正极→主开关→熔断丝→仪表盘14端子→充电警报指示灯→仪表盘3端子→发电机（调节器）→蓄电池负极。如果磁电机产生的电压达到标准值（必须高于蓄电池电压），能够向蓄电池充电，电压调节器中的集成电路（Unit）检测到主开关IG端子的电压信号，使电子开关截止，充电指示灯熄灭；反之，如果发电机能产生的电压没有达到标准值（一般为14 V），不能向蓄电池充电，使电子开关导通，充电指示灯点亮。

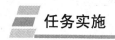任务实施

1.1　检测插植部水平控制系统元件性能

使用万用表对插植部水平控制系统部件端子进行检查，检查方法和标准值见表8-1。图8-10

所示是水平控制限位开关，图 8-11 所示是水平控制继电器，图 8-12 所示是倾斜传感器，图 8-13 所示是水平控制马达。

表 8-1　检查方法和标准值

测量部位	测量端子	测量条件	标准值
水平控制限位开关	连接器黑—黑端子之间	松开	导通
		按下	不导通
水平控制继电器(线圈)	端子 1—2 之间	—	导通
	端子 1—4 之间	—	导通
水平控制继电器（常闭触点）	3—5 端子之间 3—6 端子之间 6—5 端子之间	触点闭合	导通
倾斜传感器	白—黑端子之间	水平(0°)	约 2.5 V
	白—黑端子之间	左下倾(连接器侧下倾：朝①的方向)	0.5~2.5 V（降低）
	白—黑端子之间	右下倾(连接器侧上倾：朝②的方向)	2.5~4.5 V（升高）
水平控制马达	连接器端子之间	—	约 0.4 Ω

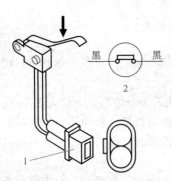

图 8-10　水平控制限位开关
1—连接器黑；2—常闭

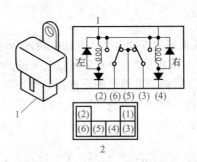

图 8-11　水平控制继电器
1—继电器；2—继电器端子

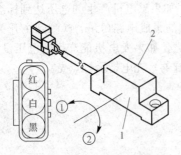

图 8-12　倾斜传感器
1—倾斜传感器；2—标签粘贴面

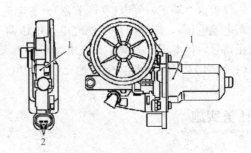

图 8-13　水平控制马达
1—水平控制马达；2—端子

1.2 检测秧苗用尽警报系统元件性能

图 8-14 所示是栽插离合器开关，图 8-15 所示是秧苗用尽开关，图 8-16 所示是警报蜂鸣器。使用万用表对秧苗用尽警报系统部件端子进行检查，检查方法和标准值见表 8-2。

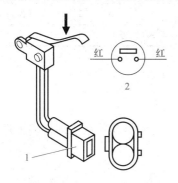

图 8-14　栽插离合器开关
1—连接器白；2—常开

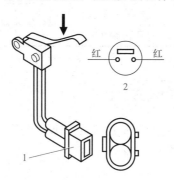

图 8-15　秧苗用尽开关
1—连接器白；2—常闭

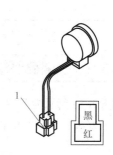

图 8-16　警报蜂鸣器
1—连接器

表 8-2　检查方法和标准值

测量部位	测量端子	测量条件	标准值
栽插离合器开关	连接器红—红端子之间	按下	导通
		松开	不导通
秧苗用尽开关	连接器红—红端子之间	松开	导通
		按下	不导通
警报蜂鸣器	连接器红、连接器黑	万用表（一）搭连接器红，万用表（＋）搭连接器黑	蜂鸣器输出

1.3 检测开关元件性能

1.3.1 主开关及安全开关检测

如图 8-17 所示为主开关及连接器和安全开关。使用万用表对电源等其他系统部件端子进行检查，检查方法和标准值见表 8-3。

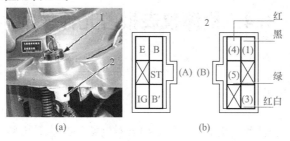

图 8-17　主开关及连接器和安全开关
(a)主开关安装位置；(b)连接器
1—主开关；2—连接器(A)、开关侧(B)、线束侧

表 8-3　检查方法和标准值

测量部位	测量端子	测量条件	标准值
电源线	4(红)—车体之间	主开关:关	约 12 V
	3(红白)—车体之间	主开关:开	约 12 V
启动器线	5(绿)—车体之间	安全开关:ON	导通
接地线	1(黑)—车体之间	—	0 Ω
安全开关	两根导线之间	踩下停车刹车板	0 Ω

1.3.2　检测照明组合开关

如图 8-18 所示为照明组合开关及连接器。使用万用表对电源等其他系统部件端子进行检查,检查方法和标准值见表 8-4。

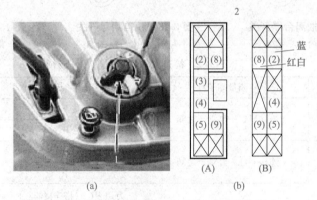

图 8-18　照明组合开关及连接器
(a)组合开关;(b)连接器
1—组合开关;2—连接器(A)、开关侧(B)、线束侧

表 8-4　检查方法和标准值

测量部位	测量端子	测量条件	标准值
照明开关电源线	8(红白)—车体之间	主开关:开	约 12 V
前照灯电源线	2(蓝)—车体之间	/	约 1 Ω

1.4　检测仪表报警元件性能

1.4.1　检测仪表盘性能

如图 8-19 所示为仪表盘及连接器。使用万用表对电源等其他系统部件端子进行检查,检查方法和标准值见表 8-5。

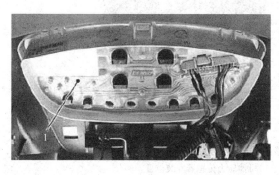

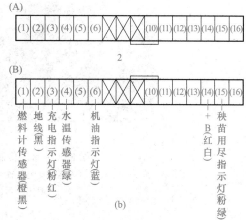

图 8-19　仪表盘及连接器

(a)仪表盘电流板；(b)连接器

1—仪表盘；2—连接器 A、仪表盘侧 B、线束侧

表 8-5　检查方法和标准值

测量部位	测量端子	测量条件	标准值
燃料计(仪表盘侧)	1—14 端子之间	—	70～80 Ω
	1—2 端子之间	—	100～110 Ω
充电警报指示灯(仪表盘侧)	3—2 端子之间	—	20～40 Ω
水温计(仪表盘侧)	4—14 端子之间	—	50～60 Ω
	4—2 端子之间	—	120 Ω
机油压力警报指示灯(仪表盘侧)	6—14 端子之间	—	20～40 Ω
秧苗用尽指示灯(仪表盘侧)	15—14 端子之间	—	10～20 Ω
电源线(线束侧)	14(红白)—车体之间	主开关：开	12 V
接地线(线束侧)	2(黑)—车体之间	—	0 Ω
燃料传感器(线束侧)	1(橙黑)—车体之间	—	1～112 Ω
水温传感器(线束侧)	4(绿)—车体之间	—	14～292 Ω
各种指示灯(线束侧)	各端子—端子之间	—	0 Ω

1.4.2　检测水温传感器及机油压力传感器性能

如图 8-20 所示为水温传感器及机油压力传感器。使用万用表对电源等其他系统部件端子进行检查，检查方法和标准值见表 8-6。

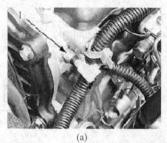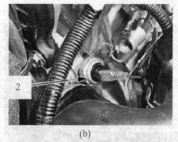

(a)   (b)

图 8-20 水温传感器及机油压力传感器

(a)水温传感器安装位置；(b)机油压力传感器安装位置

1—水温传感器；2—机油压力传感器

表 8-6 检查方法和标准值

测量部位	测量端子	测量条件	标准值
水温传感器端子检测			
传感器侧	端子－车体之间	50 ℃	134～174 Ω
		80 ℃	48～57 Ω
		100 ℃	26～29 Ω
		120 ℃	15～18 Ω
线束侧	信号线端子(绿)－车体之间	—	约 10 V
机油压力传感器端子检测			
传感器侧	机油压力传感器前端的端子部－车体之间	发动机停止时	导通
		发动机运行时	不导通
线束侧	信号线端子(蓝)－车体之间	主开关：开	约 12 V

1.4.3 检测燃料传感器性能

如图 8-21 所示为燃料传感器。使用万用表对电源等其他系统部件端子进行检查，检查方法和标准值见表 8-7 所示。

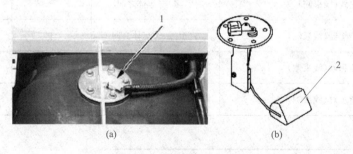

(a)   (b)

图 8-21 燃料传感器

(a)燃料传感器安装位置；(b)浮子

1—燃料传感器；2—浮子

表 8-7　检查方法和标准值

测量部位	测量端子	测量条件	标准值
传感器侧	端子之间	浮子上升(燃料：F)	1~5 Ω
		浮子下降(燃料：E)	108~112 Ω
线束侧	信号线 1(橙黑)—车体之间	—	约 8 V
	接地线 2(黑)—车体之间	—	0 Ω

1.5　诊断与排除插秧机电气系统故障

1.5.1　诊断与排除插植部水平控制系统故障

插植部水平控制系统故障包括以下几类：

(1)调节倾斜目标值预设旋钮时，载秧台不动作；

(2)摆动倾斜角传感器，使其左倾或右倾，载秧台只能做一侧的调整动作。

插植部水平控制系统故障的原因及排除方法见表 8-8。

表 8-8　插植部水平控制系统故障的原因及排除方法

故障现象	分析故障	排除故障
调节倾斜目标值预设旋钮时，载秧台不动作	水平控制继电器损坏	更换
	水平控制限位开关(左、右)损坏	
	栽插离合器开关损坏	
	倾斜目标值预设旋钮损坏	
	倾斜角传感器损	
	电机损坏	
	ECU 损坏	
	导线断路	维修
摆动倾斜角传感器，使其左倾或右倾，载秧台只能做一侧的调整动作	水平控制继电器损坏	更换
	水平控制限位开关(左或右)损坏	
	倾斜角传感器损坏	
	ECU 损坏	
	导线断路	维修

1.5.2　诊断与排除报警系统故障

报警系统故障包括以下几类：

(1)秧苗用尽时，警报指示灯或蜂鸣器不工作；

(2)发动机水温计(表)指示失灵；

(3)发动机油量计(表)指示失灵。

报警系统故障的原因及排除方法见表8-9。

表8-9　报警系统故障的原因及排除方法

故障现象	分析故障	排除故障
秧苗用尽时，警报指示灯或蜂鸣器不工作	栽插离合器开关损坏	更换
	秧苗用尽开关损坏	
	秧苗用尽指示灯损坏	
	警报蜂鸣器损坏	
	ECU损坏	
	导线断路	
	导线断路	维修
发动机水温计(表)指示失灵	水温计(表)损坏	更换
	传感器损坏	
	导线接触不良	维修
发动机油量计(表)指示失灵	油量计(表)损坏	更换
	传感器损坏	
	导线接触不良	维修

任务实施工作单

【资讯】

一、器材及资料

_____

_____

_____

_____

二、相关知识

1. 根据下图所示，简述燃料阻断控制系统的组成及工作原理。

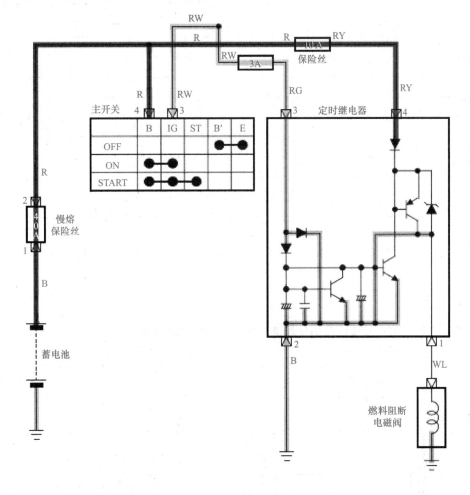

_____

_____

_____

_____

2. 根据下图所示，简述插植部水平控制系统的组成及工作原理。

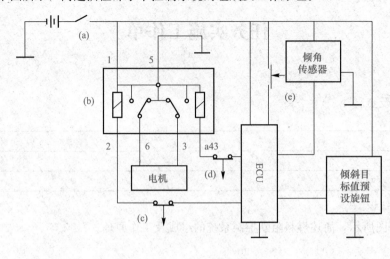

3. 根据下图所示，简述秧苗用尽警报系统的组成及工作原理。

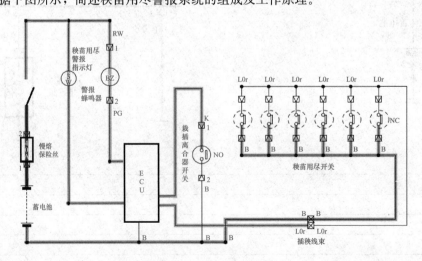

_____

_____

_____

_____

_____

_____

_____

_____

_____

_____

_____

【计划与决策】

_____

_____

_____

【实施】

1. 对燃料阻断控制系统的性能进行检测，记录检测数据，判断装置是否工作正常。

(1)燃料阻断电磁阀检测。

测量部位	测量端子	测量条件	检测数据
线束侧连接器	连接器端子(白蓝)—车体之间	将主开关置于[开]后再次[关]	
燃料阻断电磁阀侧	端子—车体之间	导通	

诊断结论：
_____

(2)定时继电器检测。

测量部位	测量端子	测量条件	检测数据
线束侧连接器	连接器4(红黄)—车体之间	主开关：OFF	
	连接器3(红绿)—车体之间	主开关：ON	
	连接器1(白蓝)—车体之间	导通	
	连接器2(黑)—车体之间	导通	

诊断结论：
_____

2. 对插植部水平控制系统的性能进行检测，记录检测数据，判断装置是否工作正常。

测量部位	测量端子	测量条件	检测数据
水平控制限位开关	连接器黑—黑端子之间	松开	
		按下	
水平控制继电器(线圈)	端子1—2之间	—	
	端子1—4之间	—	

测量部位	测量端子	测量条件	检测数据
水平控制继电器（常闭触点）	3—5 端子之间	触点闭合	
	3—6 端子之间		
	6—5 端子之间		
倾斜传感器	白—黑端子之间	水平(0°)	
	白—黑端子之间	左下倾（连接器侧下倾：朝①的方向）	
	白—黑端子之间	右下倾（连接器侧上倾：朝②的方向）	
水平控制马达	连接器端子之间	—	

诊断结论：

3. 对秧苗用尽警报系统的性能进行检测，记录检测数据，判断装置是否工作正常。

测量部位	测量端子	测量条件	检测结果
栽插离合器开关	连接器红—红端子之间	按下	
		松开	
秧苗用尽开关	连接器红—红端子之间	松开	
		按下	
警报蜂鸣器	连接器红、连接器黑	万用表(—)搭连接器红，万用表(＋)搭连接器黑	

诊断结论：

4. 对其他辅助电器的性能进行检测，记录检测数据，判断装置是否工作正常。
(1)主开关及安全开关检测。

测量部位	测量端子	测量条件	检测数据
电源线	4(红)—车体之间	主开关：关	
	3(红白)—车体之间	主开关：开	
启动器线	5(绿)—车体之间	安全开关：ON	
接地线	1(黑)—车体之间	—	
安全开关	两根导线之间	踩下停车刹车板	

诊断结论：

(2)照明组合开关检测。

测量部位	测量端子	测量条件	检测数据
照明开关电源线	8(红白)—车体之间	主开关：开	
前照灯电源线	2(蓝)—车体之间	—	

诊断结论：

_____

(3)仪表盘检测。

测量部位	测量端子	测量条件	检测数据
燃料计(仪表盘侧)	1－14 端子之间	—	
	1－2 端子之间	—	
充电警报指示灯 (仪表盘侧)	3－2 端子之间	—	
水温计(仪表盘侧)	4－14 端子之间	—	
	4－2 端子之间	—	
机油压力警报指示灯 (仪表盘侧)	6－14 端子之间	—	
秧苗用尽指示灯 (仪表盘侧)	15－14 端子之间	—	
电源线(线束侧)	14(红白)－车体之间	主开关：开	
接地线(线束侧)	2(黑)－车体之间	—	
燃料传感器(线束侧)	1(橙黑)－车体之间	—	
水温传感器(线束侧)	4(绿)－车体之间	—	
各种指示灯(线束侧)	各端子－端子之间	—	

诊断结论：

_____

(4)燃料传感器检测。

测量部位	测量端子	测量条件	检测数据
传感器侧	端子之间	浮子上升(燃料：F)	
		浮子下降(燃料：E)	
线束侧	信号线1(橙黑)－车体之间	—	
	接地线2(黑)－车体之间	—	

诊断结论：

_____

(5)水温传感器及机油压力传感器检测。

测量部位	测量端子	测量条件	检测数据
水温传感器端子检测			
传感器侧	端子－车体之间	50 ℃	
		80 ℃	
		100 ℃	
		120 ℃	
线束侧	信号线端子(绿)－车体之间	—	

测量部位	测量端子	测量条件	检测数据
机油压力传感器端子检测			
传感器侧	机油压力传感器前端的端子部—车体之间	发动机停止时	
		发动机运行时	
线束侧	信号线端子(蓝)—车体之间	主开关：开	

诊断结论：

_____

【检查】

根据任务实施情况，自我检查结果及问题解决方案如下：

_____

_____

_____

_____

【评估】

任务完成情况评价	自我评价	优、良、中、差	总评：
	组内评价	优、良、中、差	
	教师评价	优、良、中、差	

一、实践项目

1. 按照本项目"任务"中的任务实施要求，检测插植部水平控制系统元件性能。

2. 按照本项目"任务"中的任务实施要求，检测秧苗用尽警报系统元件性能。

3. 按照本项目"任务"中的任务实施要求，检测开关元件性能。

4. 按照本项目"任务"中的任务实施要求，检测仪表报警元件性能。

5. 按照本项目"任务"中的任务实施要求，诊断与排除插植部水平控制系统故障。

6. 按照本项目"任务"中的任务实施要求，诊断与排除报警系统故障。

二、思考题

1. 叙述插秧机插植部水平控制系统的工作原理。

2. 叙述插秧机秧苗用尽警报系统的工作原理。

3. 叙述发动机水温报警、燃油报警、机油压力报警、充电报警系统的工作原理。

附　录

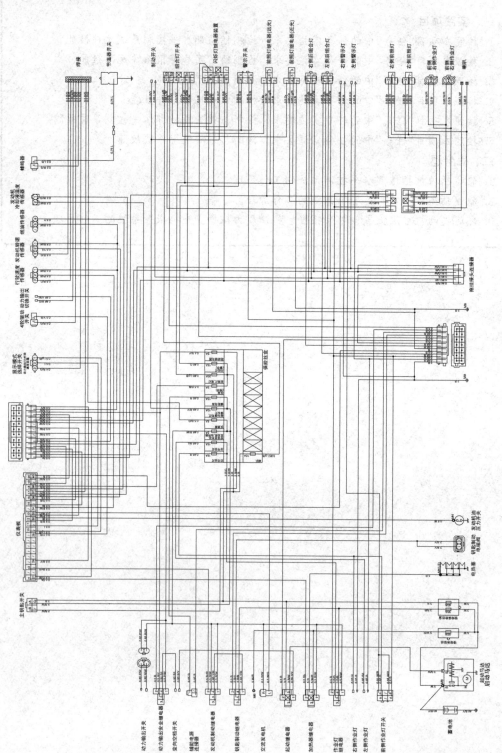

附图一　拖拉机配线图

326

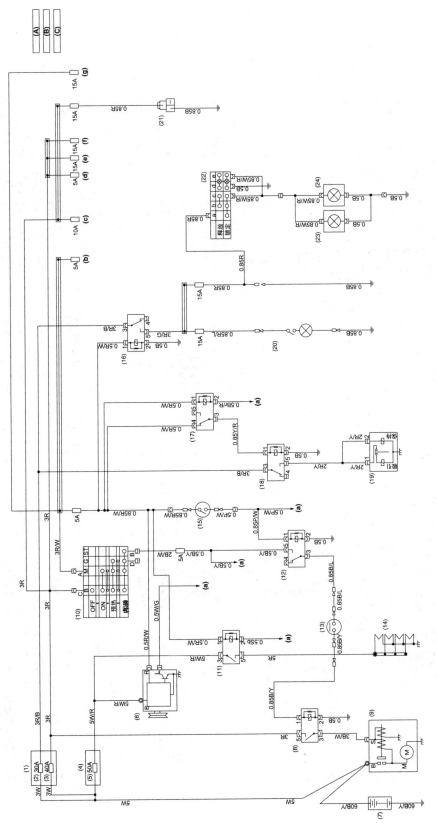

附图二 拖拉机电路图（1）启动系统、充电系统和作业灯电路

（1）慢熔保险丝盒；（2）燃油/作业灯；（3）钥匙灯；（4）慢熔保险丝；（5）充电/加热器；（6）交流发电机；（7）蓄电池；（8）启动继电器；（9）启动马达；
（10）主钥匙开关；（11）电热塞继电器；（12）动力输出安全继电器；（13）变向空挡开关；（14）电热塞；（15）动力输出开关；（16）作业灯开关；（17）发电机制动继电器；
（18）燃油制动电磁阀；（19）钥匙制动继电器；（20）左侧作业灯；（21）辅助电源连接器；（22）前侧作业灯；（23）左侧作业灯；（24）；右侧作业灯；
（A）燃油/作业灯；（B）钥匙灯；（C）钥匙/IG；（a）至仪表盘；（b）至仪表盘；（c）至转向信号灯；（d）至仪表－照明；（e）至前照灯；（f）至闪烁灯、尾灯；（g）至喇叭

327

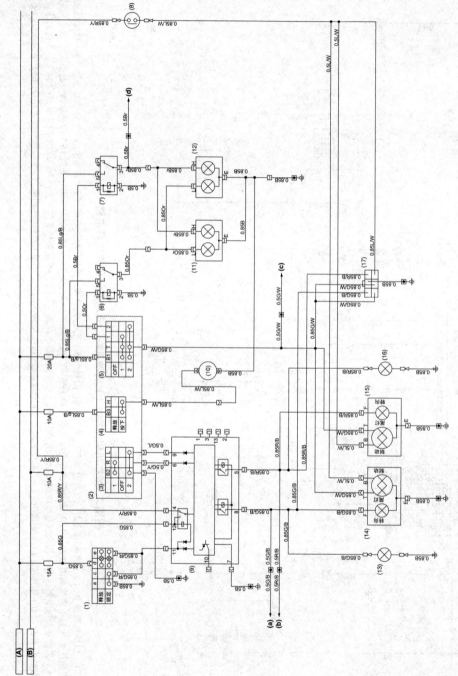

附图三 拖拉机电路图（2）照明系统电路

（1）警示开关；（2）组合灯开关；（3）转向灯开关；（4）喇叭开关；（5）前照灯开关；（6）前照灯继电器<低>；
（7）前照灯继电器<高>；（8）左侧警示灯；（9）闪烁灯装置；（10）喇叭；（11）左侧前照灯；（12）右侧前照灯；
（13）左侧警示灯；（14）后侧组合灯<左侧>；（15）后侧组合灯<右侧>；（16）右侧警示灯；（17）拖挂接头连接器；
（A）钥匙灯；（B）钥匙/IG；（C）钥匙/IG；（a）至仪表盘<左转>；（b）至仪表盘<右转>；（c）至仪表盘<照明>；（d）至仪表盘<近光>

328

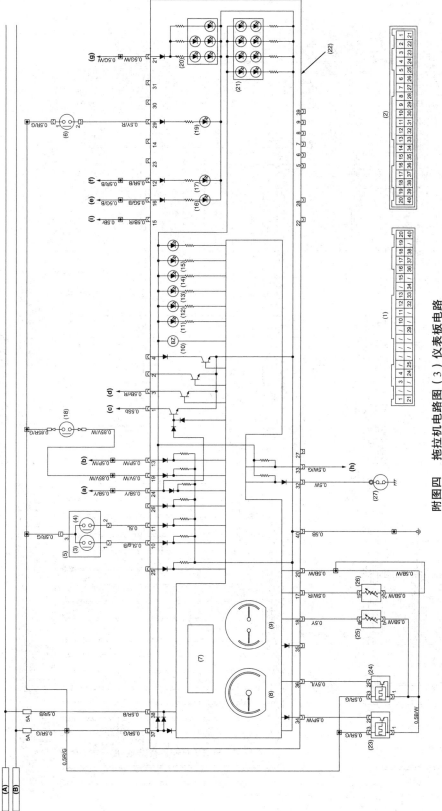

附图四 拖拉机电路图（3）仪表板电路

（1）仪表板＜线束侧＞；（2）仪表板＜线束侧＞；（3）动力输出小时表；（4）速度装置；（5）显示模式选择开关；（6）4轮驱动开关；（7）LED显示器；（8）转速计；
（9）燃油表温度表；（10）蜂鸣器；（11）发动机油压指示器；（12）充电指示器；（13）动力输出指示器；（14）加热器指示器；（15）燃油位指示器；
（16）转向信号＜左侧＞指示器；（17）转向信号＜右侧＞指示器；（18）动力输出切换开关；（19）4轮驱动指示器；（20）后照灯；（21）LED背光灯；（22）仪表板；
（23）行驶速度传感器；（24）发动机转速传感器；（25）燃油传感器；（26）发动机冷却液传感器；（27）发动机冷却液传感器；（27）发动机油压开关；
（A）钥匙灯；（B）钥匙灯；（a）至主动力输出开关；（b）至动力输出开关；（c）至加热器继动器；（d）至发动机制动继动器；（e）至闪烁灯装置＜左输出＞；
（f）至闪烁灯装置＜右输出＞；（g）至交流发电机；（h）至灯光开关；（i）至灯光开关＜远光＞

329

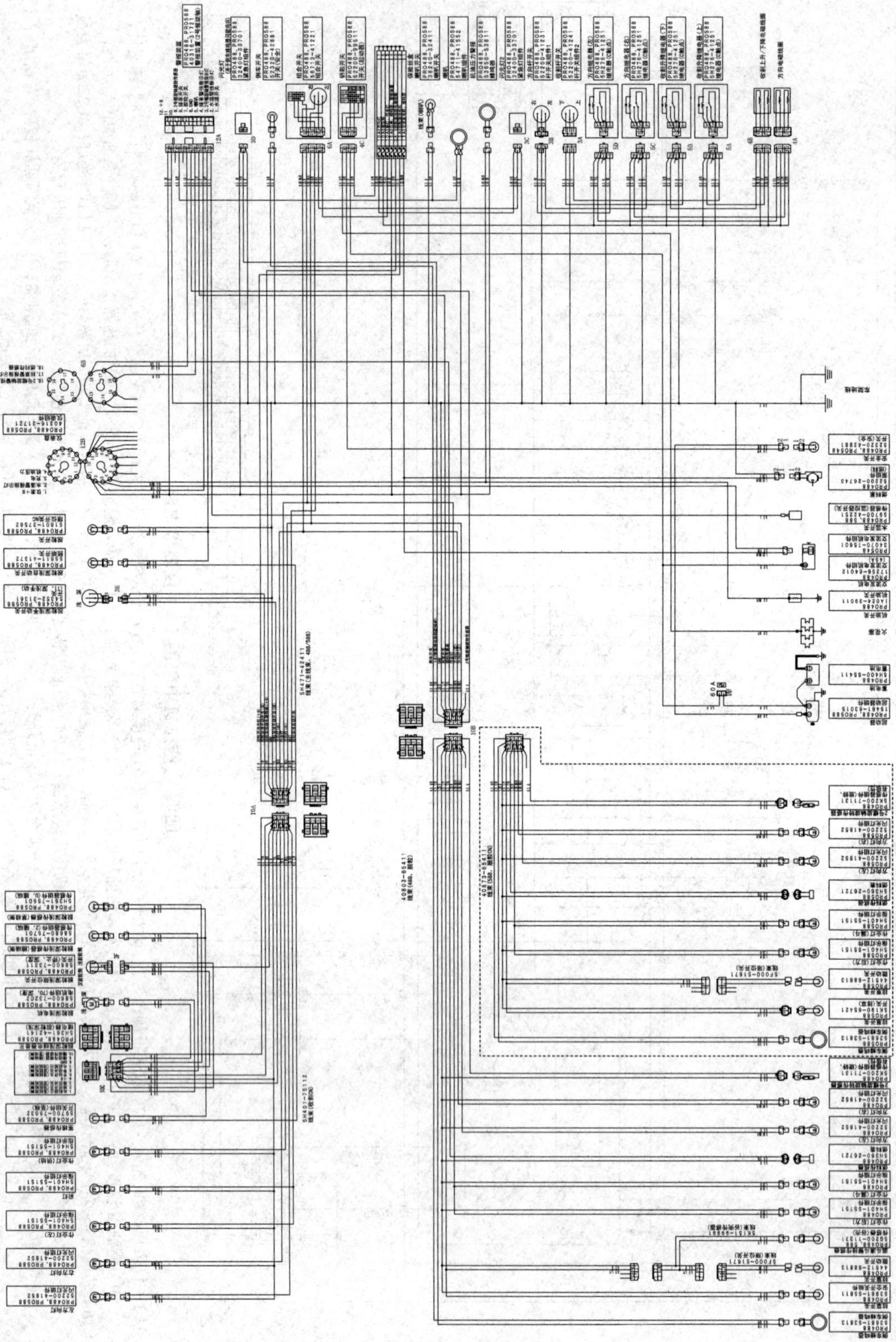

附图五 联合收割机配线图

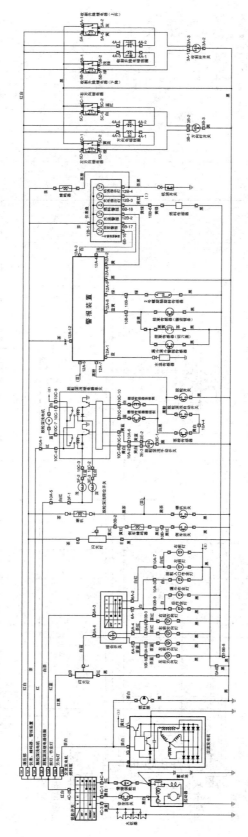

附图六 联合收割机电路图

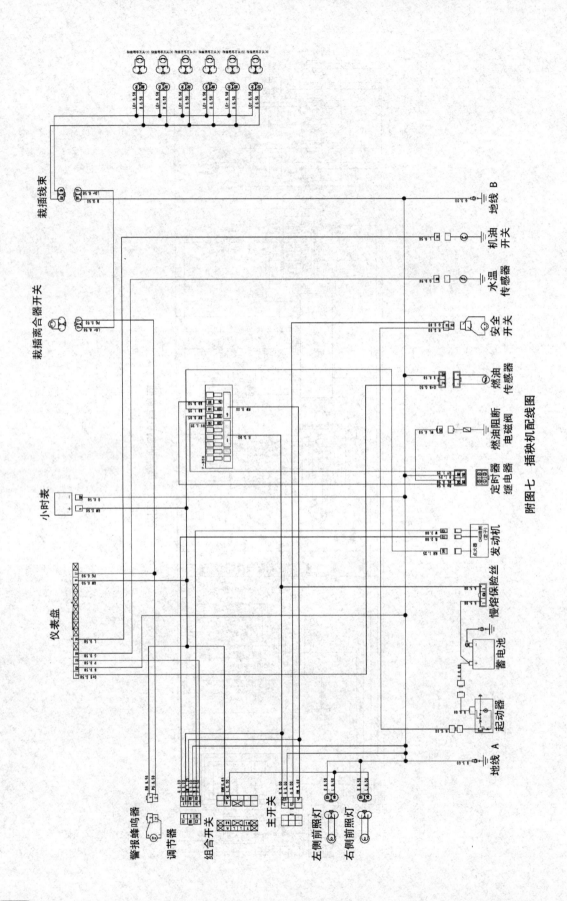

附图七 插秧机配线图

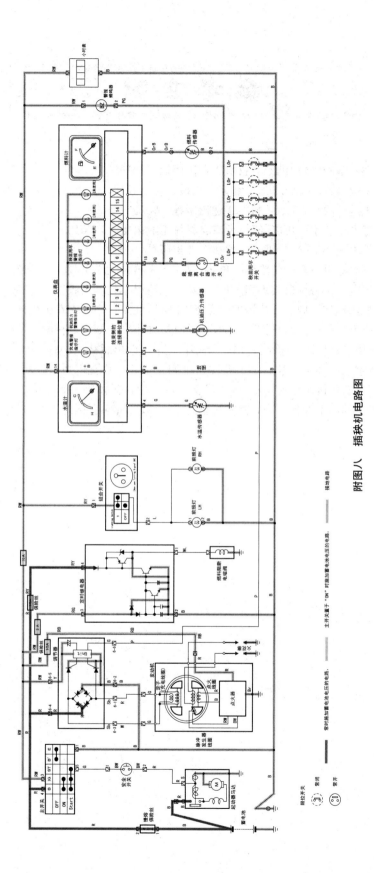

附图八　插秧机电路图

参 考 文 献

[1] 秦雯 . 电子技术基础[M] . 北京：机械工业出版社，2019 .

[2] 孟凤果 . 电子测量技术[M] . 2版 . 北京：机械工业出版社，2017 .

[3] 王亚敏 . 电工基础[M] . 北京：机械工业出版社，2019 .

[4] 丁卫民 . 电工电子技术与技能[M] . 北京：机械工业出版社，2012 .

[5] 李军 . 电工技术及实训[M] . 北京：机械工业出版社，2017 .

[6] 徐立平 . 汽车电器设备构造与维修[M] . 武汉：华中科技大学出版社，2017 .

[7] 倪训阳 . 汽车电气设备构造与维修[M] . 天津：天津科学技术出版社，2020 .

[8] 何兵存 . 农机修理技术职业技能培训鉴定指南[M] . 北京：中国农业出版社，2013 .

[9] 要保新 . 农机电气故障诊断与排除实训指导[M] . 北京：中国农业科学技术出版社，2016 .

[10] 孙立群 . 电子电路识图完全掌握[M] . 北京：化学工业出版社，2014 .

[11] 赵玲玲，杨奎河，许海 . 电工识图基本技能[M] . 北京：中国电力出版社，2017 .

[12] 夏俊芳 . 现代农业机械化新技术[M] . 武汉：湖北科学技术出版社，2016 .

[13] 耿端阳，张道林，王相友，等 . 新编农业机械学[M] . 北京：国防工业出版社，2011 .